エネルギー工学

改訂2版

関井 康雄　脇本 隆之 著

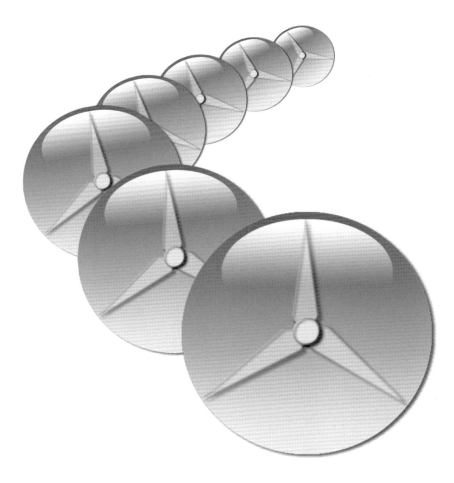

電気書院

まえがき

「エネルギー」の言葉の意味を国語辞典『広辞苑』で調べると，「物理学的な仕事を成しうる諸量（運動エネルギー，位置エネルギーなど）の総称．物体が力学的仕事をなしうる能力の意味であったが，その後，熱，光，電磁気，さらに質量までもエネルギーの一形態であることが明らかにされた」と説明されています．人間が生活していく上で，エネルギーは食糧とともに欠かせないもので，エネルギー消費量は文明のレベルを示す指標の一つです．現代社会が多量のエネルギー消費に支えられていることはいうまでもありません．高度な文明がエネルギーの有効利用によって成り立っていることは明らかで，私たちの日々の生活や産業活動にとってエネルギーは欠かせないものであり，今日の産業や社会はエネルギーの利用なしでは成り立ちません．とりわけ私たちは利便性の高い電気エネルギーの恩恵を受けながら日々の豊かな生活を享受しています．本書はこの電気エネルギーの発生と輸送の工学について学ぶ学徒の教科書，参考書として執筆したもので，電気エネルギーを大量に創生するための発電技術である水力発電，火力発電，原子力発電に加えて，化石燃料の枯渇と地球環境の保全の観点から近年重要性が増している再生可能性エネルギーを利用した太陽光発電，風力発電，地熱発電，並びに燃料電池発電と，電気エネルギーを需要地に送るための電力輸送システムについて記述しています．

本書の内容を簡単に紹介しますと，第1章において，エネルギーの物理的概念やエネルギー資源を電気エネルギーに変換する原理について述べたのち，第2章，第3章，第4章でそれぞれ水力発電，火力発電，原子力発電について，各々の発電方式の特徴や発電の原理，発電所のシステム，発電所を構成している主要な設備とその機能，各発電所の運転や保守について説明しています．これらに加えて，第3章の火力発電の章では地球環境保全との関連で重要な環境保全対策について地球温暖化の問題と併せて説明し，第4章の原子力発電の章では発電所の安全運転に欠かせない放射線の管理や発電所の防災対策について，放射線の健康に及ぼす影響にも触れながら説明しています．第5章では再生可能性エネルギーを利用した太陽光発電，風力発電，地熱発電について，第6章では燃料電池発電について，それぞれの発電原理と発電システムの構成要素と特性について説明し，技術開発のための国家プロジェクトとしてすすめられたサンシャイン計画とニューサンシャイン計画についても，それらが今日の実用化に果たした役割に言及しながら説明しています．最後の第7章では電気エネルギーを消費地に送り届けるための電力輸送システムを取り上げ，架空送電線，地中送電線，変電所，配電システムについて，それぞれのシステム構成と機能，システムの構成要素である機器類の概要について説明しています．

本書は千葉工業大学電気電子情報工学科の電気工学コースの学生に対する１年間の講義として筆者らが行った講義「エネルギー工学」の内容を基に，大学，高等専門学校で電気エネルギーの発生と輸送について学習する学生諸君の教科書，あるいは参考書として，あるいはこの分野の仕事に従事している技術者の参考書として利用されることを想定して執筆したもので，初学者でも理解できるように電気エネルギーの発生と輸送システムの原理と，具体的なシステム構成に関する必須の事柄について最近の動向を交えながら記述したものです．本書の執筆に当たっては多くの先達の手になる著書を参考にするとともに，資源エネルギー庁，環境庁などの関係官庁や各種団体，電力各社，発送配変電機器の製造を行っている各企業がインターネット上に公開しているホームページの内容をも参考にしました．本書に掲載した図表や写真の一部はこれらの公開ホームページ上に掲載されているものや出版各社や学会，団体が刊行している書籍中に掲載されているものを利用させていただきました．また，本書中に掲載した写真の一部は(財)日本原子力文化振興財団，東京電力(株)，日本エーイーパワーシステムズ（株），日立電線（株）より御提供いただきました．これらの図表や写真の転載についてご快諾いただいた諸団体，企業に熱く御礼申し上げる次第です．これに加えて，本書の草稿原稿全体を閲読して誤謬を訂正するとともに，多くの貴重なコメントをいただいた大阪工業大学の伊佐弘名誉教授および，初期段階の草稿を閲読し，貴重なご助言をいただいた（社）電気学会の出版事業委員会委員の橋場弘道氏に衷心より御礼申し上げる次第です．また，本書がこのような形で上梓することができたのは，ひとえに電気書院出版企画部開発室長の金井秀弥氏のご尽力に負うところが大きく，同氏に対し心より御礼申し上げる次第です．

　最後に，本書が発電と電力輸送について学ぶ好学の士にひろく迎えられ，役立つことを念願しております．

重版のためのまえがき

　2011年1月に刊行されたこの教科書の初版本には誤植や誤りが多くみられましたので，重版の機会に全体を見直して誤りを訂正しました．また，2011年3月には東京電力福島第一原子力発電所において，多量の放射性物質が放出されるレベル7の大事故が発生しました．この事故発生を考慮し，重版では第4章原子力発電と第5章再生可能エネルギーによる発電の記述を補充しました．本重版の発行に際しては，本書の初版本を全編にわたり閲読された河野照哉東京大学名誉教授より，誤謬・誤植のご指摘と懇切丁寧なご助言をいただきました．ここに深甚なる感謝とお礼を申し上げる次第でございます．版を改めたこの教科書がエネルギー工学について学ぶ多くの方々に役立つことを念願する次第でございます．

改訂 2 版のためのまえがき

　本書の初版本は 2011 年 1 月に刊行されましたが，翌年の 2012 年 1 月には改訂新版が，また 2014 年 2 月には改訂新版の増刷版が刊行されました．これらの改訂新版や増刷版の刊行の折には初版本にあった多くの誤植や誤謬を訂正するとともに，2011 年 3 月に発生した東京電力福島第一原子力発電所の事故発生を考慮し，内容全体を見直し，第 4 章「原子力発電」と第 5 章「再生可能エネルギーによる発電」の記述を大幅に改訂・補充しました．お陰様で，本書は大学や高等専門学校の教科書として広く採用され，エネルギー工学に関する基本的な専門書として利用されて参りました．2014 年 2 月の改訂新版の増刷版の刊行以来すでに 3 年余が経過し在庫も少なくなりましたので，このほど新たな改訂版(改訂 2 版)を刊行することになりました．この 3 年間に日本における原子力発電や再生可能エネルギーを利用した発電の状況も大きく変化し，地球温暖化防止のための新たな国際枠組みである「パリ協定」も採択されるに至っておりますので，本書に掲載されている統計データをリニューアルするのと併せて，これらの状況の変化を反映させた内容に書き改め，エネルギー工学に関わる現状を的確に紹介することといたしました．版を改めたこの教科書が，引き続き「エネルギー工学」について学ぶ多くの方々に役立つことを念願する次第です．

2018 年 2 月

目　次

第1章　エネルギーの概念 …………………………………………… 1

- 1-1　人類とエネルギー …………………………………………… 1
- 1-2　エネルギーとエネルギー資源 ……………………………… 5
- 1-3　エネルギー変換と発電 ……………………………………… 19

第2章　水力発電 ……………………………………………………… 25

- 2-1　水力発電の概要 ……………………………………………… 25
- 2-2　水力発電の原理 ……………………………………………… 30
- 2-3　水力発電所の土木設備 ……………………………………… 41
- 2-4　水車と水車発電機 …………………………………………… 45
- 2-5　水力発電所の運転と保守 …………………………………… 58
- 2-6　水力発電所の建設 …………………………………………… 60

第3章　火力発電 ……………………………………………………… 63

- 3-1　火力発電の概要 ……………………………………………… 63
- 3-2　火力発電の原理 ……………………………………………… 66
- 3-3　熱機関 ………………………………………………………… 79
- 3-4　水蒸気の状態変化と汽力サイクル ………………………… 83
- 3-5　火力発電所の設備 …………………………………………… 90
- 3-6　複合サイクル発電 …………………………………………… 101
- 3-7　環境保全対策 ………………………………………………… 107

第4章　原子力発電　125

- 4-1　原子力発電の概要　125
- 4-2　原子力発電の原理　132
- 4-3　原子炉の理論　139
- 4-4　原子炉と原子力発電所　146
- 4-5　軽水炉による原子力発電所　153
- 4-6　原子力発電所の防災　156
- 4-7　核燃料サイクル　174
- 4-8　原子力発電所の廃止措置　178

第5章　再生可能エネルギーによる発電　185

- 5-1　太陽光発電　186
- 5-2　風力発電　200
- 5-3　地熱発電　207
- 5-4　再生可能エネルギー利用プロジェクト　214

第6章　燃料電池発電　223

- 6-1　電池の原理と構造　223
- 6-2　燃料電池発電システム　231
- 6-3　燃料電池の開発のステップ　231

第7章　電力輸送システム　237

- 7-1　電力輸送システムの構成　237
- 7-2　送電システム　238
- 7-3　変電所　261
- 7-4　配電システム　274

参考文献　296

索引　299

第1章 エネルギーの概念

《この章の学習内容》

　超高層ビルや大型旅客機，高性能のコンピュータなどは現代文明の象徴ですが，これらの近代的な建物や施設，装置もすべて「エネルギー」の有効利用により成り立っています．私たちの日々の生活や産業活動に欠かせない自動車や鉄道，家庭生活に不可欠の照明や電話，洗濯機，掃除機，調理機器，パーソナルコンピュータなどはエネルギーの利用なしには成り立ちません．人類は昔からエネルギーと深い関わりを持ってきましたが，第1章では人類とエネルギーの歴史的な関わりに触れながら，現代社会におけるエネルギーと人間生活の関係について学び，エネルギーの全体像を捉えることを目指します．この章の学習を通して，「電気エネルギー」がほかのエネルギーとどのように異なり，どのように有用かを理解します．あわせてこの章でエネルギーを生み出すエネルギー資源についても学習します．

1-1 人類とエネルギー

(1) 人類のエネルギー利用

　「エネルギー」の語源はギリシャ語で「仕事」を意味するエルゴン（$\varepsilon\rho\gamma o\nu$）から派生したエネルゲイア（$\varepsilon\nu\varepsilon\rho\gamma\varepsilon\iota a$）で，「仕事をする能力」という意味を表す語です．また「エネルギー」の意味を国語辞典『大辞林』で調べると，「力，力を出すもと，精力，活動力」「物体や物体系が持っている仕事をする能力の総称．力学的仕事を基準とし，これと同等と考えられるもの，あるいはこれに換算できるもの」と説明されています．また，『広辞苑』では「物理学的な仕事を成しうる諸量（運動エネルギー，位置エネルギーなど）の総称．物体が力学的仕事を成しうる能力の意味であったが，その後，熱，光，電磁気やさらに質量までもエネルギーの一形態であることが明らかにされた」と説明されています．人間が生活していくうえで，エネルギーは食糧と同様に欠かせないもので，エネルギー消費量は文明のレベルを示す指標の1つです．今日の社会は多量のエネルギー消費に支えられていることはいうまでもありません．**表1.1**はエネルギー利用に関連する主な歴史的事項を示したものですが，人類の歴史はエネルギー利用と密接な関連を持ってきたことがわかります．

第1章 エネルギーの概念

表1.1 エネルギーの利用に関わる重大な出来事

年　代	エネルギーの利用に関わる事跡
数十万年前	火と道具の利用
B.C.～4000	蓄力の利用
A.D. 数百年	水車の利用
900	風車の利用
1592	温度計の利用（ガリレオ）
1682	「プリンシピア」発表（ニュートン）
1775	蒸気機関の発明（プールトン，ジェームス・ワット）
1800	ボルタの電池の発明
1824	カルノーサイクル
1831	電磁誘導の発見（ファラデー）
1843	熱の仕事当量の決定（1 Cal = 4.2 J（ジュール））
1879～1880	炭素電球の発明（エジソン，スワン）
1900	プランクの量子論
1905	エネルギーと質量の当量関係の理論（アインシュタイン）
1916	アインシュタインの一般相対性理論
1932	ウランの核分裂の発見（ハーン，シュトラスマン）
1942	世界最初の原子炉の完成（フェルミ）
1954	最初の原子力発電所

（出典）伊東弘一 ほか：『エネルギー工学概論』，コロナ社，p.2，表 1.1，1997

　図1.1は人類の歴史におけるエネルギー利用の推移を示したものです．文明の発達とともにエネルギーを利用する技術が開発され，それによってエネルギーの利用量が増大してきたことがわかります．エネルギー利用の増大は人口増大をもたらし，それがまたエネルギー利用の増大につながり，さらに文明を発展させてきたことは明らかで，結局，人口の増加とエネルギーの需要の伸びは密接に関連していることがわかります．

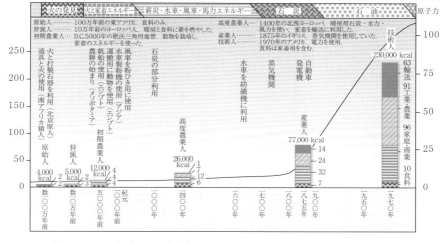

〔資料〕NIRA『エネルギーを考える』に加筆
（注）1. 棒グラフ［一人当たりエネルギー消費量］（単位：1000 キロカロリー）．
2. 曲線グラフ［世界のエネルギー消費量］（単位：石油換算 100 万バレル／日）．
3. バレルとは原油の生産・販売の計量単位．1 バレルは 42 ガロン（159 リットル）．かつて石油が樽（バレル）で輸送されていたことに由来．

図 1.1　人類のエネルギー利用の歴史

（出典）経済産業省 資源エネルギー庁：『エネルギー白書 2006』（第 201-1-4 図）

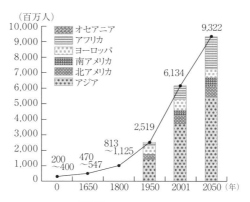

〔資料〕United Nations

図 1.2　世界の人口推移と将来予測

（出典）経済産業省 資源エネルギー庁：『エネルギー白書 2006』（第 201-1-5 図）

第1章 エネルギーの概念

　図1.2は世界人口の予測ですが，この予測通りに人口増大が進むとすれば，世界のエネルギー需要は今後もさらに増大し続けると予想されます．

（2）現代社会とエネルギー

　わが国は第二次世界大戦後の復興を経て，産業が大きく発展しましたが，これに伴ってエネルギーの需要量も飛躍的に増えました．図1.3は日本における1次エネルギー供給量の推移を示したものです。この統計からもその動向を読み取ることができます．実際に利用されるエネルギーの形態は様々で，20世紀の後半には熱源，動力源，照明，計測制御，情報通信など様々な分野において電気エネルギーが利用されるようになっています．

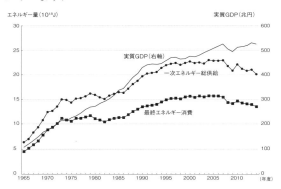

図1.3　日本の1次エネルギー供給量の推移

（出典）経済産業省 資源エネルギー庁：『エネルギー白書2016』（第211-1-1図，第211-3-1図）をもとに作成

　図1.4は家庭電気器具の普及の伸びを示したものです。この図に示されているように，私たちは日常生活で電気エネルギーを利用した器具をいろいろな形で利用しています．

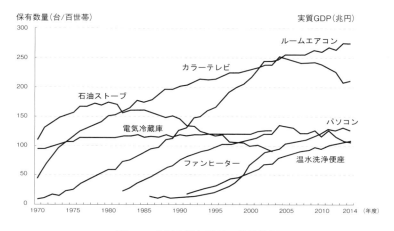

図 1.4　各種の電気器具の普及状況
（出典）経済産業省 資源エネルギー庁：『エネルギー白書 2016』（第 212-2-4 図）

1-2　エネルギーとエネルギー資源

　私たちの周囲に存在するエネルギーを分類すると，**表 1.2** に示すように，力学エネルギー（運動エネルギー，位置エネルギー），熱エネルギー，化学エネルギー，電磁気エネルギー，光エネルギー，核エネルギーに分けられます．**1-2** ではこれらのエネルギーの特徴について説明します．

表 1.2　エネルギーの形態と物理的内容

エネルギーの形態	エネルギーの物理的内容
力学エネルギー	物体の位置，運動，回転のエネルギー
熱エネルギー	分子の運動エネルギー
化学エネルギー	物質を構成する原子間の結合エネルギー
電磁気エネルギー	電界，磁界中の荷電粒子の位置，運動のエネルギー
光エネルギー	光子の量子力学的エネルギー
核エネルギー	陽子，ならびに中性子の結合エネルギー

（出典）藤井康正，茅陽一：岩波講座 現代工学の基礎『エネルギー工学』，岩波書店，p.2，表 1.1，2001

第1章 エネルギーの概念

(1) 各種のエネルギー

(a) 力学エネルギー

自然界に現れる力学エネルギーとして、① 風の持つ運動エネルギー（風力エネルギー）、② 降水（雨、雪）の持つポテンシャルエネルギー、③ 波や潮流の持つ運動エネルギー、などが挙げられます．これらのエネルギーのいずれも、もともとは太陽エネルギーに起因するものです．風力エネルギーや水力エネルギーを貯えている媒体は空気や水などの流体ですが、流体に貯えられた力学エネルギーが物体に力を及ぼし、その力によって力学的仕事が行われます．力学エネルギーについてはエネルギー保存の法則が成り立つことが知られていますが、これを数式で表せば、式(1.1)のようになります．

$$E = \frac{1}{2}mv^2 + U = 一定 \tag{1.1}$$

m：運動している物体・流体の質量，v：運動している物体・流体の速度，U：ポテンシャルエネルギー

式 (1.1) 中の $\frac{1}{2}mv^2$ の項は運動エネルギー，U の項は位置エネルギーに対応しています．重力場（重力の働いている場）では位置エネルギー U は $U = mgH$（H：基準面からの高さ，g：重力の加速度）と表されます．力学エネルギーを蓄えている流体は、蓄えているエネルギーを物体の直線運動や回転運動に変え、力学的仕事を行います．

図 1.5 に示す断面積 S のシリンダ内が圧力 p の気体で満たされている場合を想定し、ピストンが p よりも δp だけ高い圧力 p'（$p' = p + \delta p$）$> p$ で無限にゆっくりとシリンダ内の気体を押す場合を考えると、この場合に気体の受ける微小な仕事 dW は $dW = p \cdot S \cdot (-ds) = -p \cdot dV$ と表すことができます．ここで、$(-ds)$ は加えられた p' によって左方向に移動したピストンの変位、dV はシリンダ内の体積の減少分に対応しています．したがって、最終的に気体になされる仕事 W は $W = \int p dV$ となります．

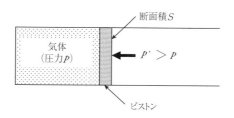

図 1.5 圧力 p の気体で満たされているシリンダ

(b) 熱エネルギー

　熱エネルギーは暖房などの熱源として日常生活において欠かせませんが，蒸気機関や内燃機関などの動力源や火力発電の熱源としても重要な役割を果たしています．熱エネルギーは物質を構成する分子や原子が持っている運動エネルギーとポテンシャルエネルギーに起因しています．気体分子運動論によれば，物質を構成する分子や原子はその温度に応じた並進運動や回転運動，振動などの運動を行っており，これらの運動のエネルギーの総和が熱エネルギーとして現れます．熱エネルギーに関する基本法則は第 3 章で詳しく説明する**熱力学の第 1 法則**が主な法則となります．この法則はエネルギー保存の法則を熱エネルギーを含む形に拡大したものです．

　いま，1 つの閉じた系を考え，ある状態（状態 1）において，その系に蓄えられているエネルギー（内部エネルギー）が U_1 の場合を想定します．この系に外部から熱エネルギー Q と，力学的仕事 W が加えられ，最初の状態（状態 1）と異なる状態（状態 2）に変わり，その系の内部エネルギーが U_2 になったとすると，内部エネルギーの増加分 ΔU （ $= U_2 - U_1$ ）は Q と W の和で与えられます．これを数式で表すと，式 (1.2) になります．式 (1.2) は熱力学の第 1 法則を数式で表したものです．

$$\Delta U = U_2 - U_1 = Q + W \tag{1.2}$$

＜補足　熱の仕事当量＞

　運動している物体に摩擦力のような抵抗力が働く場合，摩擦力のなす仕事は物体やその周囲の温度上昇に費やされます．1842 年にマイヤーは，この事実に基づいて「熱は力学的仕事と同等の量で，消失した力学的仕事が熱になる」という法則を

得ました．この法則は，エネルギー保存の法則が力学的エネルギーと熱エネルギーを含めて成立することを示したものです．消費された力学的仕事の量 W に対応して発生した熱量を Q とした場合，両者の比 $J\ (=\dfrac{W}{Q})$ は 4.1868 J/cal であることが確かめられています．J の値が熱の仕事当量です．

熱力学の第1法則と同様に重要な法則が**熱力学の第2法則**です．熱力学の第2法則は様々に表現されていますが，クラウジウスの定理では「熱が低温の物体から高温の物体に自然に移ることはありえない」と表現されています．また，「熱は高い温度から低い温度にしか流れない」という表現もあります．熱力学の第2法則は，状態が変化する場合に，どのような過程を経てもとの状態に戻しても，外界に何らかの変化が残る「**不可逆変化**」が存在することを示しています．

(c) 化学エネルギー

化学エネルギーは原子の結合エネルギーに起因しています．2原子分子の場合，原子の結合エネルギーは引力のポテンシャルエネルギーと斥力(せきりょく)のポテンシャルエネルギーの和で与えられ，原子間距離によって変化します．結合エネルギーはポテンシャルエネルギーが最小になるときのエネルギーです．

表1.3　結晶の結合エネルギー

結晶	物質	化学式	結合エネルギー (kcal/mol)	結合エネルギー (eV)
イオン結晶	岩塩	NaCl	183	7.9
共有結合結晶	ダイアモンド	C	170	7.4
金属結晶	銅	Cu	80.8	3.5
分子結晶	アルゴン	Ar	1.85	0.08
水素結合結晶	氷	H_2O	23.09	1.0

(出典) 向坊隆 編：岩波講座基礎工学『エネルギー工学』, 岩波書店, p.42, 表2.1, 1969

表1.3 は結晶の結合エネルギーの例です．化学エネルギーは化学反応の際に出入りするエネルギーで，反応前の物質系と反応後の物質系の間にエネルギーの差があるとそのエネルギーが熱エネルギーとして放出されます．例えば，炭素 C および，水素 H の燃焼反応では，反応時につぎの熱エネルギーが放出されます．

$$C + O_2 \rightarrow CO_2 + 4.1 \text{ eV} \ (= 94.05 \text{ kcal/mol},\ 発熱反応)$$
$$2H_2 + O_2 \rightarrow 2H_2O + 2.96 \text{ eV} \ (= 68.32 \text{ kcal/mol},\ 発熱反応)$$

(d) 光エネルギー

　光エネルギーの源は太陽からの輻射のエネルギーです．地上に到達する輻射は地球表面に存在する大気の層で吸収を受けるため，図 1.6 (e) に示すように，太陽が発する輻射（図 1.6 (a)）とは異なっています．

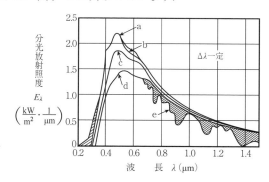

a：大気圏外太陽放射
b：オゾンによる吸収後
c：レイリー散乱後
d：エーロゾル（煙霧質）による吸収，散乱後
e：水蒸気と酸素による吸収後，すなわち地表での直射太陽放射

図 1.6　太陽の輻射エネルギーのスペクトル分布
（出典）関根泰次：『エネルギー工学序論』，電気学会，p.42, 2.5 図, 1996

(e) 核エネルギー

　図 1.7 に示すように，原子は正電荷を有する原子核とその原子核を取り巻く複数個の電子とで構成されています．原子の大きさはそれを取り巻く電子軌道の直径にほぼ等しく，10^{-8} cm 程度です．これに対し，原子の中心にある原子核の大きさは 10^{-12} cm 程度で 4 ケタ小さい値です．原子核は正電荷を有する陽子と電荷を持たない中性子とで構成されています．

第1章 エネルギーの概念

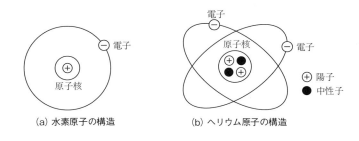

(a) 水素原子の構造　　　(b) ヘリウム原子の構造

図 1.7　原子の構造

　原子の質量の大部分は原子核の質量ですが，一般に原子核の質量はそれを構成している陽子の質量と中性子の質量の和よりも小さく，質量保存の法則が成立していません．これは，陽子と中性子とが原子核を構成する場合に質量の一部が失われる**質量欠損**が生じ，エネルギーとして外部に放出するためです．この放出されるエネルギー相当分が**結合エネルギー**です．アインシュタインの法則によれば，質量 m とエネルギー E とは相互に変換が可能で，両者の間には次の (1.3) 式が成立することが明らかにされています．原子エネルギーとして利用される核エネルギーはウラン 235 のような核分裂性物質が核分裂反応を生じる際の質量欠損により放出されるエネルギーです．

$$E = mc^2 \tag{1.3}$$

c：光速度（$= 2.998 \times 10^8$ m/s）

(f) 電気エネルギー

　電気エネルギーは様々な形で利用されており，私たちの日常生活において欠くことのできないエネルギーとなっています．モータの利用による電気エネルギーの力学エネルギーへの変換は重量物の運搬や移動に利用されていますし，ジュール熱やセラミック発熱体の発する赤外線の輻射は暖房に，白熱電灯や放電の光は照明に用いられています．電気エネルギーの本質は荷電粒子の位置エネルギーと運動エネルギーです．電界中を電荷が移動するとき，電界の静電気力や外部の力が電荷に対して仕事をすることになり，これが電気エネルギーとなります．

(2) エネルギー資源

　人類はこれまでの歴史においてエネルギーを利用して文明を発展させてきましたが，エネルギーを生み出すエネルギー資源は時代とともに変わり，太古から中世に至るまではもっぱら木材がエネルギー資源として利用されてきました．18世紀には石炭が利用されるようになり，産業革命をもたらしたことはよく知られています．やがて19世紀にかけて産業革命を契機に石炭，石油などの化石燃料が広く利用されるようになり，社会の発展を支えてきました．2度にわたる大戦を経た20世紀の後半には核エネルギーの利用が進み，今日では核燃料が重要なエネルギー資源となっています．

　エネルギーを生み出す資源である木材，石炭，石油などは1次エネルギー，熱や電気など実際に利用されるエネルギーは2次エネルギーとして区分されています．エネルギー資源は石炭や石油のように消費によって減少していくものと，太陽エネルギーのように通常の使用では減ることのないものに分けられ，前者を枯渇型エネルギー資源，後者を再生可能エネルギー資源として区別して扱われています．枯渇型エネルギー資源としては石炭，石油，天然ガスなどの化石燃料と，原子エネルギーを生み出す核燃料が挙げられます．一方，再生可能エネルギー資源としては太陽エネルギー，水力エネルギー，風力エネルギー，海洋エネルギー，地熱エネルギーなどが挙げられます．これまで，長年にわたり人類文明の発展を支えてきたエネルギー資源は枯渇型エネルギー資源ですが，近年，資源枯渇の問題と，化石燃料の大量使用によってもたらされた地球環境の破壊がクローズアップされており，再生可能エネルギー資源利用の技術開発が進んでいます．

(a) 化石燃料

①石炭

　石炭は数百万年前に生存していた動植物，とくに湖や沼に生息していた動植物が地殻変動によって大地に埋められ，化石化したもので，その化学的成分は炭素，水素，酸素，窒素，硫黄，水分，灰分などです．石炭は18世紀後半以降にエネルギー資源として広く利用されるようになり，やがて産業革命を引きおこしました．石炭は産地によって化学的成分が異なり，無煙炭，瀝青炭（れきせいたん），褐炭（かったん）などに分類されています．それぞれの化学的成分と発熱量を示すと**表1.4**のようになります．石炭はエネルギー

資源として利用されるだけでなく，工業材料の原料としても広く利用されています．工業材料として利用される場合には乾溜，ガス化，酸化分解，水素化分解などの化学的処理がなされます．石炭をエネルギー源として利用する場合にも，石炭を固体のまま燃焼させるのではなく，ガス化した石炭を使用する石炭ガス化複合発電の開発が進められています．図1.8に世界における石炭の可採埋蔵量を示します．

表1.4　石炭の成分比と発熱量

種類	成分 (%)							発熱量 MJ/kg
	C	H	O	S	N	灰分	水分	
無煙炭	79.61	1.51	1.32	0.42	0.43	13.21	3.50	28.97 − 28.51
瀝青炭	62.25	4.74	11.84	2.24	1.26	16.80	0.87	25.91 − 24.81
褐炭	52.79	4.77	14.58	0.58	0.90	8.66	17.72	21.93 − 24.81

(出典)『電気工学ハンドブック(第6版)』，電気学会, p.1081, 26編, 表2, 2001

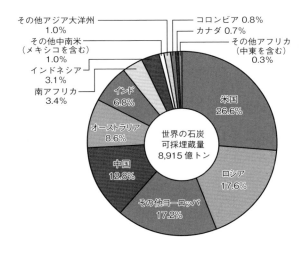

図1.8　世界の石炭可採埋蔵量（2015年末時点）
(出典) 経済産業省 資源エネルギー庁：『エネルギー白書2017』（第222-1-30図）

②石油・天然ガス

石油は海中の大陸棚に堆積していた微生物（プランクトン）が腐敗，分解し，高圧力の下で岩石中に溶け込み，長い年月の間に溜まったものです．天然ガスは石油中の沸点の低い成分（メタン，プロパン，ブタンなど）です．

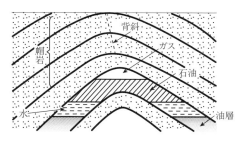

図 1.9　石油の存在する地層構造
(出典) 関根泰次：『エネルギー工学概論』, 電気学会, p.34, 2.4 図, 1979

　図 1.9 に石油の存在する地層の構造を示します．試掘に成功すると石油は油層のガス圧，水圧によって噴出します．1 次回収による回収率は埋蔵量の 10〜25% といわれており，ガス圧や水圧が低下すると自然の噴出力が衰えますが，外部から人工的にガスや水を圧入すれば油田に残っている油を回収することができます．このような方法（**増進回収法**）によって 2 次回収，3 次回収を行った場合には回収率が 60% 以上になるといわれています．図 1.10 (a)・(b) は世界における原油，および天然ガスの埋蔵量です．天然ガスの産地は原油ほど偏っておらず，資源小国といわれる日本ではエネルギー資源の安定確保の点からも天然ガスの重要性が増しています．

(b)　**核燃料**

　天然に産する核燃料はウランとトリウムです．ウラン鉱床中の鉱石として最も重要なものはピッチブレンドで，化学組成は UO_2 と U_3O_8 です．天然ウラン中に 0.71% 含まれているウラン 235 は核分裂反応によって 1 原子あたり**約 200 MeV** のエネルギーを放出します．したがって，1 g のウラン 235 が生み出すエネルギーは 230000 Wh で，石炭 3.3 t が生み出すエネルギーに相当します．原子力発電の核燃料としてはウラン 235 の濃度を 2〜4% に高めた低濃縮ウランが利用されています．天然ウランの大半を占めるウラン 238 は中性子を捕獲して新たな核分裂性物質プルトニウム 239 を生成します．ウラン資源は世界的に広く分布していて図 1.11 に示すように，オーストラリア，カザフスタン，ロシア，カナダなどは資源量が多く生産量も上位を占めています．

第 1 章 エネルギーの概念

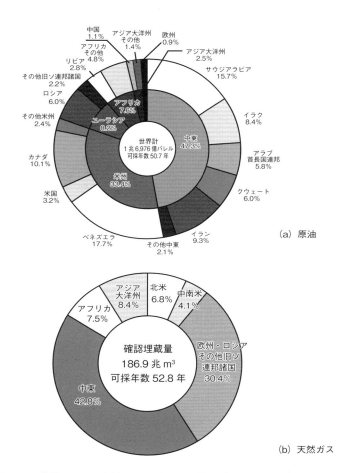

図 1.10 世界における原油, 天然ガスの埋蔵量 (2015 年末現在)
(出典) 経済産業省 資源エネルギー庁:『エネルギー白書 2017』(第 222-1-1 図, 第 222-1-11 図)

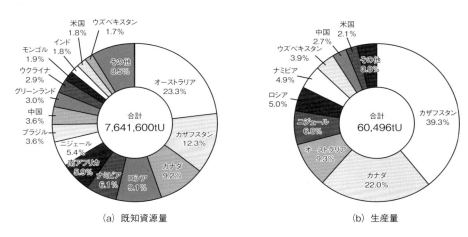

(a) 既知資源量　　　　　　(b) 生産量

図 1.11　世界のウラン認知資源量と生産量（2015 年現在）

(出典) 経済産業省 資源エネルギー庁：『エネルギー白書 2017』（第 222-2-5 図，第 222-2-6 図）

表 1.5　主な枯渇性エネルギー資源の長所と問題点

資源	エネルギー供給に占める比率（％）*	長　所	問　題　点
石炭	16.8	埋蔵量が豊富で供給安定性が高い	CO_2 や硫黄酸化物を排出し，地球温暖化や環境汚染の原因となる
石油	52.7	相対的にコストが安い	CO_2 を排出し地球温暖化の原因となる．産出国が中東地域に偏っている
天然ガス	10.7	供給源が安定していて CO_2 の排出量も少ない	コストが高い．気体であり取扱いが難しい
ウラン	16.1	CO_2 を排出しない	放射性廃棄物処理の問題がある

（＊）1997 年

　表 1.5 は石炭，石油，天然ガス，ウランなどの枯渇型エネルギー資源がエネルギー供給に占める比率と，それぞれの長所，ならびに問題点を示したものです．

(c) 再生可能エネルギー資源

　太陽エネルギーのように無尽蔵で枯渇することがないエネルギー資源を再生可能エネルギー資源といいます．再生可能エネルギー資源として次のものがあります．

①水力エネルギー

図 1.12 に示すように，地球上の水の循環は太陽熱によって蒸発した海洋の水の一部が雲となり，これが降水となり，地表に降ることによって行われています．降水の一部は蒸発して大気中に戻りますが，一部は地下水となり，その大部分は再び地上に現れて河川に合流します．地球上の水資源の97％は海水で，淡水は3％です．淡水の75％は万年雪と氷河で，湖沼や河川に存在する淡水は全体の1％足らずです．このうちの一部がエネルギー資源として利用されています．発電に利用される水は河川や湖沼に蓄えられた水で，その水量は降水量と密接に関係しています．

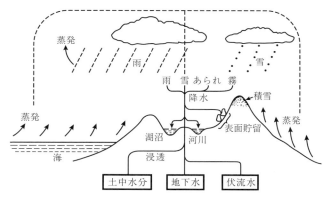

図 1.12 水の大循環

（出典）関根泰次：『エネルギー工学序論』, 電気学会, p.41, 2.4 図, 1996

表 1.6 に世界，および日本各地の年間降雨量の統計を示します．

表 1.6 各地の年間降雨量

世　界		日　本	
地　名（国）	年間降雨量 (mm)	地　名（県）	年間降雨量 (mm)
ポナペ（ミクロネシア）	4726.3	阿蘇山（熊本）	5,833
ラエ（ニューギニア）	4687.9	屋久島（鹿児島）	5,503
シトウエ（ミャンマー）	4111.6	油津（宮崎）	4,315
パダン（インドネシア）	4008.0	尾鷲（三重）	5,833
アスワン（エジプト）	0.7	紋別（北海道）	708.5
ワジハルファ（スーダン）	0.9	網走（北海道）	769.0

（出典）国立天文台編：『2007年版　理科年表』, 丸善を基に作成

②太陽エネルギー

太陽エネルギーの源泉は太陽で行われている核融合反応です．図 1.6 に示したように，太陽の輻射スペクトルの波長領域は 0.2〜数 μm で，紫外線から赤外線の波長領域に及んでいます．重水素がヘリウムに転換する核融合反応により毎秒 400 万 t の質量欠損が生じ，58×10^{28} kcal/ 年のエネルギーが放出されています．このうち，地表に到達するエネルギーは 72 兆（72000000000000）kW です．光に垂直な平面上 1 cm^2 に到達する 1 分間あたりの太陽エネルギーのエネルギー密度 I_0（太陽定数）は $I_0 = 1.94$〜1.97 cal/cm^2・min $= 1.38$ kW/m^2 と試算されています．

③風力エネルギー

風は地表上の温度の不均一によって生じるので，風力エネルギーも太陽エネルギーに由来しています．風力エネルギー E_w は次の式を用いて定量的に扱われています．

$$E_w = 0.00066\, Av^3\ [\text{kW}] \tag{1.4}$$

A：受風面積 [m^2]，v：風速 [m/s]，$v = v_0 \times \left(\dfrac{h}{h_0}\right)^n$，$n: \dfrac{1}{2}$〜$\dfrac{1}{9}$

v：標高 h のところの風速，v_0：地表の風速，h_0：地表の標高

④海洋エネルギー

海洋エネルギーとして ① 潮流エネルギー，② 潮汐エネルギー，③ 海洋温度差エネルギーが挙げられます．潮流エネルギーは風力エネルギーに似ています．水は密度が大きいため，風力エネルギーよりもエネルギーの量が大きく，同じ流速，流量で比較した場合，空気の 800 倍といわれています．赤道付近では海面温度が 30 ℃ 近くになるのに対し，深海では温度が低く，表層から 800〜1000 m の深層の海水温度は 4〜6 ℃ といわれています．この温度差を利用した発電が海洋温度差発電です．とくに赤道付近では表層と深海の温度差が大きいので発電に適していると考えられており，日本もＮＰＯ法人「海洋温度差発電推進機構」などで検討が進められています．

⑤地熱エネルギー

図 1.13 に示すように，地球の内部構造は中心部分の核とそれを取り囲むマント

ルで構成されています．地球内部では岩石中に存在する放射性物質（ウラン238，トリウム232，カリウム40）が徐々に崩壊し，莫大なエネルギーが発生しています．このエネルギーの熱により地球内部は温度が高く，中心部で6000℃，マントルと核の境界付近で4000℃と推定されています．これらの熱はゆっくりと地球表面から外部に放散しています．地表近くには異常な高温の地域がありますが，この高温は放射性物質の崩壊熱によるものではなく，プレートの移動などの活動に伴って生じるマグマ（溶融岩石）によるものと考えられています．マグマの温度は1000℃以上と推定されています．マグマに起因する天然の水蒸気や熱水は地熱発電に利用されています．

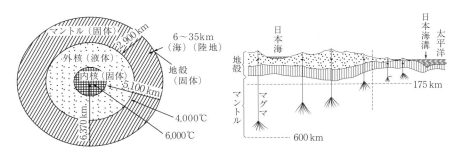

図1.13　地球の内部構造とマグマ
(参考文献) 関根泰次：『エネルギー工学序論』，電気学会, p.46, 2.7, 2.8 図, 1996

⑥バイオマスエネルギー

「バイオマス」という語は，生物を表す「バイオ」に，まとまった量を意味する「マス」を合成して作られた言葉で，エネルギーや物質として利用できる程度にまとまった生物起源の物質という意味です．日本でエネルギーとして利用されているバイオマスエネルギーは廃棄物の焼却によるエネルギーで，例えば，製紙業等で排出される産業廃棄物（黒液，チップ廃材），農林・畜産業で排出され廃棄物（モミ殻，牛糞等），一般の廃棄物（ごみ，廃食油等）等の燃焼で得られる電力や熱エネルギーです．このほかに，サトウキビやナタネ等の植物を燃料用アルコールなどに転換して利用することも考えられており，米国やEUなどで積極的に技術開発が進められています．

バイオマスを燃焼させた場合にはCO_2が発生しますが，同時に植物が生長する

ことにより CO_2 を吸収するので，全体で見ると CO_2 の量が増加しない「カーボンニュートラル」の特性を持っています．バイオマスを化石燃料の代替燃料とすることにより，CO_2 の発生を抑制できると期待されています．日本ではこのバイオマスの利用を推進するための法律が制定されており，今後利用技術の開発と導入の促進が図られる予定です．

1-3 エネルギー変換と発電
（1）エネルギーの相互変換

　各種のエネルギーは相互に変換が可能です．エネルギー変換を目的別に見てみると，第一にエネルギーを得る目的のエネルギー変換があります．石炭・石油などの化石燃料を燃焼して暖房用の熱エネルギーを得ることや，各種エネルギー資源を用いた発電はこの目的で行われるエネルギー変換です．光電管を用いて光信号を電気信号に変換する場合のように，情報を他の形態に移す目的のエネルギー変換や，トランスデューサのようにエネルギーの形態を変えると同時に，量的な関係も正確に伝達するエネルギー変換もあります．**表1.7** に各種のエネルギー資源（1次エネルギー）が変換装置によって種々の形態のエネルギーに変換される状況を示します．

（2）電気エネルギーへの変換

　電気エネルギーには様々な優れた性質があるため，多くの1次エネルギーは電気エネルギーに変換して利用されています．電気エネルギーの特徴を列記すると次の通りです．
　（a）クリーンである．
　（b）他のエネルギーに容易に変換でき，変換効率が高い．
　（c）輸送が容易であり，電線により高速に伝送できる．
　（d）エネルギーの流れを制御しやすく，スイッチ1つで開閉できる．
　（e）貯蔵がむずかしい．

　電気エネルギーを得るための「発電」は化石燃料や核燃料，水力資源などの1次エネルギーを利用して電気エネルギーをつくり出すエネルギー変換プロセスですが，よく知られているように，大量の電気エネルギーを得るために利用されている発電方式として水力発電，火力発電，原子力発電が挙げられます．これらに加え，

太陽エネルギーや風力エネルギー,地熱エネルギーなどの再生可能エネルギー資源を利用した発電技術の開発が進み,実用化が進行中です.これら各種の発電方式をエネルギー変換という観点からまとめて,**表 1.7**,**表 1.8** に示します.

表 1.7　エネルギー資源からのエネルギー変換

エネルギー資源	エネルギーの形態	変換装置
水力,風力 潮汐,波浪	力学→力学 力学→電気	水車,風車,水力タービン 水力発電(回転型発電機)
太陽	光→熱 光→熱→電気 光→電気	太陽熱温水器 熱電発電,熱電子発電 太陽電池
化石燃料 (石炭,石油,天然ガス) 2次燃料 (水素,アルコール)	化学→熱 化学→熱→力学 化学→熱→力学→電気 化学→熱→電気 化学→電気	暖房器具(石油ストーブ, 石炭ストーブなど) 熱機関(ピストン蒸気機関, 内燃機関,蒸気タービン,ガスタービン,ロケット) 火力発電(回転型発電機) MHD発電,熱電発電 燃料電池
地熱	熱→力学→電気	地熱発電
原子核	核分裂→熱→力学→電気 核分裂→熱→電気	原子力発電 MHD発電,熱電発電

向坊隆 編:『エネルギー工学』,岩波書店,p.71 表 3.4, 1969 を改変

表 1.8　各種の発電方式

エネルギー資源	発電方式	エネルギーの変換プロセス
水力	水力発電	力学的エネルギー → 電気エネルギー
化石燃料	火力発電	化学的エネルギー → 熱エネルギー → 力学的エネルギー → 電気エネルギー
核燃料	原子力発電	核エネルギー → 熱エネルギー → 力学的エネルギー → 電気エネルギー
太陽エネルギー	太陽光発電	太陽光エネルギー → 電気エネルギー
風力	風力発電	力学的エネルギー → 電気エネルギー
地熱	地熱発電	熱エネルギー → 力学的エネルギー → 電気エネルギー

(3) 電磁誘導の法則に基づく電気的エネルギーの発生

水力発電,火力発電,原子力発電,あるいは,再生可能エネルギー資源を利用した風力発電や地熱発電では発電機を用いて電気エネルギーを発生させています.発電機は電磁誘導の法則に基づいて力学的エネルギーを電気的エネルギーに変換する装置です.**図** 1.14 に示すように,ある回路に鎖交する磁束 ϕ が変化すると,その変化の割合 ($\frac{d\phi}{dt}$) に等しい大きさの起電力 U ($= -\frac{d\phi}{dt}$) が生じます.これが**電磁誘導の法則**です.

図 1.15 に示すように,一様な磁束密度 B のある場所で,幅 a,長さ b のコイル(巻数 n)が角速度 ωt で回転している場合,コイルが磁束密度に垂直な面から ωt だけ回転した状態を想定すると,磁束密度の方向に垂直な面のコイルの面積は $ab\cos(\omega t)$ となります.したがって,コイルと鎖交する磁束密度 ϕ は $\phi = Bab\cos\omega t$ となり,起電力 U は次式で与えられます.

$$U = Bab\,\omega\sin\omega t \tag{1.5}$$

これが発電機の原理です.今日,ほとんどの電気エネルギーはこの原理によりつくられています.

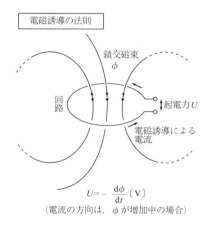

図 1.14 電磁誘導の法則

(出典)河野照哉:『電気磁気学』,丸善,p.133,図 6.2,1997

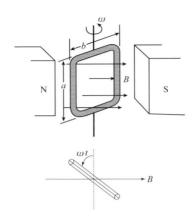

図 1.15　回転型発電機の原理

(出典) 山田直平 原著, 桂井誠 著:『電気磁気学 (3 版改訂)』, 電気学会大学講座, p.320, 図 11.5 (a)

＜補足　ファラデーの電磁誘導現象の発見＞

　ファラデーは多くの分野で画期的な研究業績を挙げた偉大な科学者です．1813年にイギリスの化学者デービーの助手になったファラデーは 1821 年には電気回転の実験に成功し，1825 年に王立研究所の実験主任になった後に，電磁誘導，電気分解，磁性体などの研究に携わり，多くの業績を挙げました．1821 年に行った電気回転に関する実験では，**図 1.16** の装置により，① 針金に電流を流せるようにしておき，その外側に磁石を糸で吊るし，磁石が自由に動けるようにしておくと，電流を流したときに磁石が回転すること（**図 1.16** の右側），② 磁石を固定しておき，導線を自由にしておくと導線が回転すること（**図 1.16** の左側）を示しました．この実験結果に基づいて，ファラデーは「電流を流したときに円形の磁力線が発生する」と推論しました．

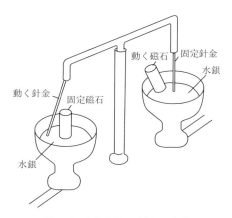

図 1.16　電気回転に関する実験

また，**図 1.17** に示すように，リング状の鉄に針金を別々に巻いて 2 つのコイル（コイル 1，コイル 2）を作り，一方のコイル（コイル 1）に電流を流したり切ったりして他方のコイル（コイル 2）に電流が流れるかどうかを調べ，コイル 1 に電流を流し始めたときと切ったときに他方のコイル（コイル 2）の近くに置いた磁針が振れることを発見しました．ファラデーはこのようにして電磁誘導現象を発見したのでした．

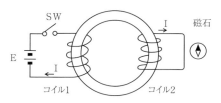

図 1.17　電磁誘導に関する実験

演習問題

(1) わが国の総発電電力量はいくらであるか調べなさい．
(2) 水力，火力，原子力および風力発電の総発電電力量に占める割合はどのくらいになるか調べなさい．
(3) 電気エネルギーを貯蔵する方法について述べなさい．

第2章 水力発電

《この章の学習内容》
大地に降り注いだ雨や雪は，川を下って海にそそぎ，蒸発し雲となり，再び大地に雨や雪を降らせます．このように，水は繰り返し使えるクリーンで再生可能なエネルギーで，この水資源を利用した水力発電は日本の発電量の10％弱を担っている重要な発電方式です．近年ではCO_2の排出量の少ない環境に優しい発電という観点からも注目されています．第2章ではこの水力発電について理解するためにつぎのような項目について学びます．

　　① 水力発電の種類と構成
　　② 水力発電の原理
　　③ ダムに代表される水力発電所の土木設備
　　④ 水力発電所で使用されている水車と発電機
　　⑤ 水力発電所の運転と保守

水力発電の理解を深めるには，発電の原理を理解することがとくに重要ですので，まず水力発電の理論について学び，静止状態および運動状態の水の力学的性質や，これらの特性と発電電力の関連について理解を深めます．また，水力発電所の設備や水車の構造と特性について学びます．さらに，水力発電所の運転や保守，発電所の建設についても学び，水力発電についての理解を深めます．

2-1 水力発電の概要

（1）水力発電所の種類と構成

水力発電所は発電所の立地状態により，水路式発電所，ダム式発電所，ダム水路式発電所に分けられます．また，発電所の機器の設置場所によって屋内式，屋外式，半屋外式，地下式などに分かれます．自然環境の破壊を防ぐため，近年，水力発電所は地下に建設されることが多く，また，制御技術や情報通信技術，ロボット工学などの発達の成果をとり入れ，遠方の制御所で運転操作や状態監視を行う無人の水力発電所が増えています．

(a) 水路式発電所

　水路式発電所は河川の水をせきとめ，取水口で取り入れた水を水路で発電所に導き，その間の落差を利用する発電方式で，河川の自然勾配をそのまま利用します．水路式発電所では取水口からとり入れられた水は沈砂地を経て水槽に導かれ，水圧管を通して水車を駆動した後，放水路から放水されます．水路式発電所の特徴を挙げれば次の通りです．

① ダムの建設費が少なく，ダム決壊の場合にも被害が小さい．
② 年間の設備利用率が高く，ベース負荷用に適している．
③ 発電量は河川流量に左右され，発電所の出力を大きくできない．
④ 水車，発電機の休転時，洪水時には水が無駄な放流となる．
⑤ 沈砂池，調整池，水槽などの保守・点検に手間がかかる．

　水路式発電所の具体例として東京電力株式会社の信濃川発電所が挙げられます．

(b) ダム式発電所

　ダム式発電所は河川にダムを設けて発電に必要な水を貯水し，ダムによって得た落差を利用して発電する方式で，水力発電に広く採用されています．ダム式発電所ではダムの水を取り入れ口から取りこみ，水圧管を経て水車を駆動します．水車駆動後の水は放水路から放出されます．ダム式発電所の特徴は次の通りです．

① 発電量が河川流量に左右されることがなく，無効放流もほとんどない．
② 発電所の出力を大きくとれるのでピーク負荷用に適している．
③ 長い水路，沈砂池，調整池，水槽などが不要．
④ ダムは洪水調整，工業用水，農業用水などにも利用できる．
⑤ ダムの建設には多額の費用と長い工期を要する．

　日本国内においてこの方式の水力発電所は多く，代表例として，東京電力株式会社の新高瀬川発電所，電源開発株式会社の田子倉発電所などを挙げることができます．

(c) ダム水路式発電所

　ダム水路式発電所は水路式発電所とダム式発電所の混合タイプの発電所で，ダムによって落差を作り，さらに水路によって落差を大きくする方式です．ダム水路式

発電所ではダムの取り入れ口から取水された水は圧力トンネルを通してサージタンクに導かれ，水圧管を経て水車を駆動した後に放水路から放水されます．ダム水路式発電所の例として，関西電力株式会社の黒部川第4発電所，電源開発株式会社の奥只見発電所などを挙げることができます．**図2.1（a）**，および，**図2.1（b）**に水路式発電所とダム式発電所のイメージ図を示します．

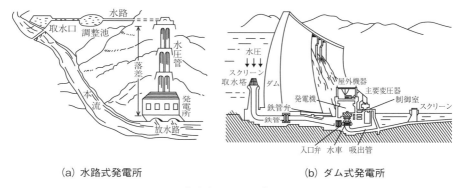

(a) 水路式発電所　　　　　　　　　　(b) ダム式発電所

図2.1　水路式発電所とダム式発電所

(出典) 福田務，相原良典：『絵とき 電力技術』，オーム社，p.51，1991

(d) 揚水式発電所

揚水発電は**図2.2**に示すように，高低差のある地点2か所に上部貯水池と下部貯水池を設け，負荷が軽く電力に余裕がある夜間の余剰電力を利用して上部貯水池に水を汲み上げておき，多量の電力を必要とするピーク負荷時に上部貯水池の水を利用して発電を行う方式です．揚水発電所は電気エネルギーを水の力学的エネルギーに変換して蓄えるエネルギー貯蔵装置としての機能を果たします．

揚水発電の方式には**純揚水式**と**混合揚水式**があります．また，**図2.3**に示すように，水車とポンプの設置方式によって，**① 別置式**，**② タンデム式**，**③ ポンプ水車式**に分けられます．上部貯水池に河川の流入がある混合揚水式発電所の例として，東京電力株式会社の新高瀬川揚水発電所が挙げられます．最近の揚水発電所はほとんどが純揚水式で，ポンプ水車を設置した大型揚水発電所が各地に建設されています．

第2章 水力発電

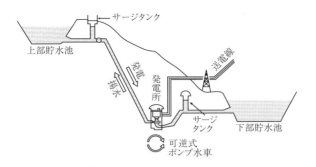

図 2.2 揚水発電所の構成
(出典) 関根泰次, 堀米孝:『エネルギー工学概論』, 電気学会, p.70 3.2 図, 1979

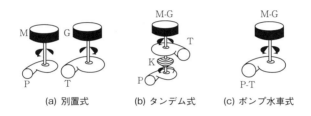

図 2.3 揚水発電所のポンプと水車の設置方式
(出典) 道上勉:『発電・変電 (改訂版)』, 電気学会, p.84, 2編 図 6.1, 2000

　表 2.1 は 1985 年以降に建設された純揚水式の揚水発電所の例ですが, 最近では有効落差が 500 m 以上で, 出力 1000 MW を超える大容量の揚水発電所が各地に建設され, 昼間のピーク負荷を調整する役割を果たしています. また, パワーエレクトロニクス技術を応用して発電機や電動機の回転速度を変化させながら運転する**可変速方式**が採用されるようになりました. さらに, 水車を最適な回転速度で運転できるようになり, 部分負荷での効率の向上や, 電力系統が変動したときの安定化に寄与しています.

表 2.1 1985 年以降に建設された揚水発電所

揚水発電所の名称	出力（MW）	有効落差（m）	上部ダム	下部ダム	運転開始
天　山（佐賀）	600	560	天山（R）	藤木（C）	1985
俣野川（鳥取）	1200	489	土用（R）	俣野川（C）	1986
下　郷（福島）	1000	415	大内（R）	大川（R, C）	1988
今　市（栃木）	1050	524	栗山（R）	今市（C）	1988
塩　原（栃木）	900	338	八汐（R）	蛇尾川（C）	1993
奥美濃（岐阜）	1500	500	川浦（C）	上大須（R）	1994
葛野川（山梨）	1600	714	上日川（R）	葛野川（C）	1999
神流川（群馬）	2700	653	南相木（R）	上野（C）	2005

注）R：ロックフィルダム，C：コンクリート重力ダム

＜補足　水力発電の歴史＞

　日本における最初の水力発電所は琵琶湖の疎水事業の一環として，1891 年（明治 24 年）に建設された京都府の蹴上(けあげ)発電所です．この発電所の発電電力は京都市の電灯用・動力用電源として利用されました．その後各地に水力発電所が建設されるようになり，1907 年（明治 40 年）には東京電灯株式会社の駒橋発電所（出力：15000 kW），1914 年（大正 3 年）には猪苗代水力株式会社の猪苗代第一発電所（出力：37500 kW）などが建設されました．第二次世界大戦後も戦争で荒廃した国の復興に必要な電力を確保するため，多額の資金を投入して水力発電所の建設が行われました．これにより，戦前から戦後の昭和 30 年代前半（〜1960 年）までは水力発電全盛の時代で，**水主火従**と呼ばれました．昭和 30 年代の後半になると大容量火力発電所の建設が，また，昭和 40 年代はじめには原子力発電所の建設が行われるようになり，水力発電所の役割は大きく変わり，ピーク負荷の調整を行うために揚水発電所が建設されるようになりました．**図 2.4** は揚水発電所に用いられるポンプ水車の揚程と単機出力の変遷を示したものです．この図からもわかるように，今日では各地に建設され大容量の揚水発電所により供給電力の調整が行われています．

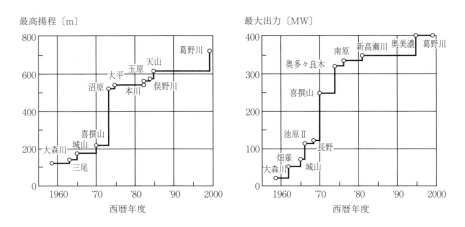

図 2.4　ポンプ水車の揚程と単機出力
(出典) 道上勉:『発電・変電 (改訂版)』, 電気学会, p.3, 1 編 図 2.1, 2000

2-2　水力発電の原理

本節では水力発電の原理について学びます．水力発電は水の持つ力学的エネルギーを電気エネルギーに変換する発電方式です．このため，水力発電について学ぶ際には水の力学的性質を十分に理解する必要があります．

(1) 水の物理特性

水の密度は 1 気圧 4 ℃で最大となり，その値は $\rho = 1000 \text{ kg/m}^3$ です．水を特徴づける物理特性として**粘性**や**圧縮性**が挙げられます．粘性は隣り合った流体の部分が異なる速度で運動する場合にその速度差をなくそうとする性質で，これは流体内の流速を等しくしようとする内部摩擦に相当しています．粘性の目安となる水の**粘度** μ は $\mu = 1.002 \times 10^{-3} \text{ Pa·s}$ (秒) (20 ℃, 1 気圧) で，その値は非常に小さいので，近似的に**完全流体**（粘度 0 の流体）とみなすことができます．また，圧縮性の目安となる水の圧縮率 β ($\beta = \dfrac{1}{v} \cdot \dfrac{dv}{dp}$, v：体積，p：圧力) は 4 ℃, 1 気圧で $0.518 \times 10^{-9} \text{ m}^2\text{/N}$ とこれも非常に小さく，近似的に水を**非圧縮性流体**（縮まない流体）として扱うことができます．

<補足>

粘度 μ の流体の流れを考え,流線((2)(c)で説明)に平行な2面間の距離を dy [m],その2面間の速度差を du [m/s] としたとき,2面間に働く剪断応力 τ は $\tau = \mu \dfrac{dv}{dp}$ となり,流体の粘度 μ に比例します.

(2) 水の力学的性質と水力学の法則

(a) パスカルの原理

気体や液体は自分自身で定まった形を持たず,どのような小さな力でも,その力を長時間働かせると,どのような大きな変形も可能です.このような性質を有する気体や液体は**流体**と総称されており,水も1つの流体で,その力学的性質は流体である水が静止している場合と,運動している場合(流れている場合)に分けて考察するのが一般的です.静止している水の力学的性質で重要なのは,水中における**力の釣り合い**です.静止している流体に対しては,有名な**パスカルの原理**が成立しています.このパスカルの原理を水に適用した場合,「静止している水の内部に1つの面を仮想したとき,その面の両側の部分が互いに及ぼす力はその面に垂直方向に作用し,互いに押しあう力(すなわち圧力)であり,任意の点における圧力は面に垂直で面の方向によらずに一定である」という原理が成立しています.この原理に基づいて重力の下で静止している水中の力(圧力)の釣り合いについて考察します.

(b) 重力の下で静止している水中の圧力分布

図 2.5 に示すように,重力の下で静止している水中で,水平面内に任意の2点 A,B を想定し,それぞれの点の圧力 p_A, p_B 間の関係を調べると,$p_A = p_B$ の関係が成り立ち,圧力は至るところで一定となります.

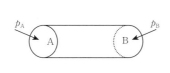
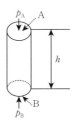

図 2.5　水平面内の圧力　　図 2.6　深さの異なる2点間の圧力差

一方，図 2.6 に示すように，重力が作用しているところで，深さの異なる 2 点 A，B の圧力をそれぞれ p_A，p_B とした場合，上面 A と下面 B 間の深さを h として，水柱の底面（B 面）上の力の釣り合いを考えると，A 面と B 面間に底面の断面積が S の水柱を考えて，底面 B に鉛直に作用する圧力 p_B は上面 A に加わる圧力 p_A に水柱部分の重力を加えた力と釣り合っているので，

$$p_B \times S = p_A \times S + \rho g h \times S \tag{2.1}$$

となります．式（2.1）中の ρ は水の密度，g は重力の加速度です．これより，

$$p_B = p_A + \rho g h \tag{2.2}$$

となり，面 A と面 B の間の圧力差 Δp は式（2.3）のようになり，Δp が深さ h に比例することがわかります．

$$\Delta p = p_B - p_A = \rho g h \tag{2.3}$$

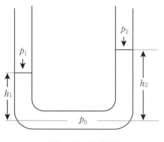

図 2.7　U 字管

さらに，図 2.7 に示すように異なる圧力 p_1，p_2 に連結された U 字管中に流体が存在しているときの力の釣り合いを考えると，流体の密度を ρ として式（2.4）の関係が成り立つことがわかります．

$$p_0 = p_1 + \rho g h_1 = p_2 + \rho g h_2 \tag{2.4}$$

これより，

$$\Delta p = p_1 - p_2 = \rho g (h_2 - h_1) = \rho g \Delta h$$
$$\Delta h = h_2 - h_1 \tag{2.5}$$

の関係が得られるので，基準面からの U 字管内の液面の高さ h_1 と h_2 の差 $\Delta h (= h_2 - h_1)$ を測定すれば，圧力差 $\Delta p (= p_1 - p_2)$ を測定することができます．これが U 字管を利用した圧力計の原理です．

<補足　圧力の単位と大気の圧力>

　大気圧中でガラス管に水銀を満たしたものを逆さにして立てると高さが約 760 mm で止まります．これより大気圧（p）の値を求めることができます．すなわち，$p = p_{(真空)} + \rho_{(Hg)} gh = \rho_{(Hg)} gh$ となるので，$p_{(真空)} = 0$, $p = p_1$ [atm] とすると $p_1 = \rho gh$ となります．具体的な数値を用いて計算をすれば，$h = 760$ mm, $\rho_{(Hg)} = 13.5951$ g/cm^3, $g = 980.665$ cm/s^2 ですので，

$$p = \rho_{(Hg)} gh = 13.5951 \text{ g/cm}^3 \times 980.665 \text{ cm/s}^2 \times 76 \text{ cm}$$
$$= 1.01325 \times 10^6 \text{ g/s}^2 \cdot \text{cm} = 1.01325 \times 10^5 \text{ N/m}$$
$$= 1.01325 \times 10^5 \text{ Pa} = 1013.25 \text{ hPa}$$

となり，大気圧を算出することができます．

<補足　水の圧力と圧力の単位>

　圧力は単位面積に働く力で，これに用いられる SI 単位はパスカル（Pa）で，1 Pa = 1 N/m^2 = 1 [(m・kg)/s^2]/m^2 と定義されています．圧力の単位として，SI 単位以外に，バール（bar），トル（Torr），標準大気圧，重力キログラム毎平方センチメートル（kgf/cm^2）なども用いられています．これらの単位の間の量的な関係は次の通りです．

　　　1 bar = 10^6 dyne/cm = 10^5 Pa = 0.1 MPa
　　　1 Torr = 133.322 Pa（= 1 mmHg），1 Torr は水銀柱の高さ 1 mm の圧力です．
　　　1 標準大気圧 = 101325 Pa = 1.01325 × 10^5 Pa = 0.101325 MPa = 1013.25 hPa
　　　1 kgf/cm^2 = 98066.5 Pa

　このほか大気圧を基準として表した圧力の単位（「ゲージ圧力（= 絶対圧力 − 大気圧）」）も利用されています．なお，1 標準大気圧は水銀柱 760 mm の圧力で，上記の SI 単位との量的関係は以下の計算から求められます．

　　　1 標準大気圧 = 13.5951 g/cm^3 × 980.665 cm/s^2 × 76 cm = 1.01325 × 10^6(g/s^{2}cm)
　　　= 1.01325 × 10^5 N/m = 1.01325 × 10^5 Pa = 1013.25 hPa（ヘクトパスカル）

(c) 流れている水の性質

流れている水の力学的特性を考察する場合の重要な物理量は圧力，速度，流量などです．とくに，水の流量や流速は水力発電の出力に関わりのある重要な量です．流れの状態が時間によって変わらない流れを**定常流**といいます．定常流では流体の運動の軌跡は時間が経過しても変わりません．流体の運動の軌跡を表す線を**流線**と呼びますが，流線上における各点の接線は，その点の速度ベクトルの方向を示しています．流体は**流管**（流線で作られた管）に沿って流れています．流れている流体の量（**流量**）は，流体が流れている管や河川の任意の断面を考え，単位時間にその断面を通過する流体の量を測定して求めます．

(d) 流れの連続性

「定常流では流管内の任意の2点の流量は一定」という性質があります．これが**流れの連続性**です．流れている流体の流量を Q，流速を v，流管の断面積を S とすると，これらの量の間に次の関係式が成立しています．

$$Q = Sv = 一定 \qquad (2.6)$$

式 (2.6) が**流れの連続の式**で，この式から，断面積 S が大きいところでは流速 v が小さいことがわかります．連続の式 (2.6) は次のようにして導かれます．

図 2.8 に示すように，流管の一部 AB をとり，A 面，B 面の断面積 S_A，S_B とその点の速度 v_A，v_B の関係を調べます．流体の密度 ρ は変わらないものとし，流管内の A，B に存在した流体が時間 δt の経過後に A'，B' に移動した場合を考えます．A 面，及び B 面における流体の速度を v_A，v_B とすると，質量保存の法則から AA' 内の質量と BB' 内の質量は等しいので

$$\rho_A S_A v_A \delta t = \rho_B S_B v_B \delta t \qquad (2.7)$$

の関係が成り立ちます．$\rho_A = \rho_B$ であることを考慮すれば，

$$S_A v_A = S_B v_B \text{ となり}$$

$$Sv = 一定 \qquad (2.8)$$

の関係式が成立していることがわかります．

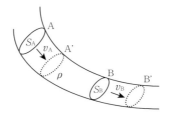

図 2.8　流管内の流れの連続性

(e) ベルヌーイの定理

　重力が作用しているところで，密度 ρ の理想流体（粘性のない非圧縮性の流体）が速度 v で流れている場合には流体内の圧力 p，流速 v，基準面からの高さ h の間に次の関係式（2.9）が成立します．これが**ベルヌーイの定理**です．

$$p + \rho g h + \frac{1}{2}\rho v^2 = \mathrm{H}(一定) \tag{2.9}$$

g：重力の加速度

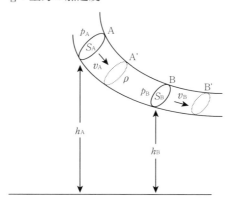

図 2.9　ベルヌーイの定理

　ベルヌーイの定理はエネルギー保存の法則を適用して導くことができます．**図 2.9** のような流管を考え，A, B 間にある流体が δt 後に A', B' に移動する場合を考えます．A, B における流管の断面積を S_A, S_B，流速を v_A, v_B，断面 A, B に働く圧力を p_A, p_B，断面 A, B の基準面からの高さを h_A, h_B とし，この部分の流体についてエネルギーの保存の法則を考えます．流体 AB が A'B' に移動する間に圧力によってなされる仕

事を W とすると，
$$W = (p_A S_A) \times (v_A \delta t) - (p_B S_B) \times (v_B \delta t)$$ となります．

一方，$E_{BB'}$ を BB' 部分の流体のエネルギー，$E_{AA'}$ を AA' 部分の流体のエネルギーとした場合，流体 AB が A'B' に移動する間に生じるエネルギー変化 ΔE は $\Delta E = (E_{BB'} - E_{AA'})$ と示すことができます．ここで，$E_{AA'}$ 及び $E_{BB'}$ はそれぞれ次の式で表すことができます．

$$E_{AA'} = \rho g h_A \times (v_A \delta t S_A) + \frac{1}{2} \rho v_A^2 (v_A \delta t S_A)$$

$$E_{BB'} = \rho g h_B \times (v_B \delta t S_B) + \frac{1}{2} \rho v_B^2 (v_B \delta t S_B)$$

したがって，$E_{BB'} - E_{AA'}$ は

$$E_{BB'} - E_{AA'} = \left(\rho g h_B + \frac{1}{2} \rho v_B^2\right) \times (v_B \delta t S_B) - \left(\rho g h_A + \frac{1}{2} \rho v_A^2\right) \times (v_A \delta t S_A)$$

となります．エネルギー保存の法則により，$W = \Delta E$ の関係が成り立つので，

$$p_A \times (S_A v_A \delta t) - p_B (S_B v_B \delta t) = \left(\rho g h_B + \frac{1}{2} \rho v_B^2\right) \times (v_B \delta t S_B)$$

$$- \left(\rho g h_A + \frac{1}{2} \rho v_A^2\right) \times (v_A \delta t S_A)$$

となり，

$$p_A \times (S_A v_A) + \left(\rho g h_A + \frac{1}{2} \rho v_A^2\right) \times (v_A S_A) = p_B (S_B v_B)$$

$$+ \left(\rho g h_B + \frac{1}{2} \rho v_B^2\right) \times (v_B S_B)$$

が得られます．これに，連続の式 (2.6) を当てはめれば，$S_A v_A = S_B v_b$ が成り立っているので，

$$p_A + \rho g h_A + \frac{1}{2} \rho v_A^2 = p_B + \rho g h_B + \frac{1}{2} \rho v_B^2$$

が得られます．A，B は任意の断面ですので，結局一本の流線上で次の関係式「ベルヌーイの定理」が成立していることが分かります．

$$p + \rho g h + \frac{1}{2} \rho v^2 = 一定$$

(f) ベルヌーイの定理の応用

ベルヌーイの定理を応用することによりトリチェリーの定理やベンチュリー管に関する重要な関係式を求めることができます．

① トリチェリーの定理

図 2.10 に示すように，液体を入れた容器の液面 A から深さ h の点 B に小さな穴がある場合を考えて，その穴から液が吹き出すときの速度 v を求めます．A 面，および B 面の圧力，速度をそれぞれ，p_A, p_B, v_A, v_B, 大気圧を p_0 とすれば，

$$p_A = p_B = p_0, \quad v_A = 0, \quad v_B = v, \quad h_A - h_B = h$$

が得られます．A, B 間にベルヌーイの定理を当てはめると，

$$p_A + \rho g h_A = p_B + \rho g h_B + \frac{1}{2} \rho v_B^2$$

となります．これより次の式 (2.10) が得られます．これがトリチェリーの定理です．

$$v = \sqrt{2g(h_A - h_B)} = \sqrt{2gh} \tag{2.10}$$

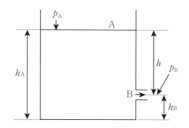

図 2.10　トリチェリーの定理

② ベンチュリー管

図 2.11 に示すように，管の直径が異なる管をベンチュリー管といいます．ベンチュリー管内の直径の異なる 2 つの点で圧力を測る場合を考えます．A 面，B 面の管の断面積を S_A, S_B，その面上の圧力を p_A, p_B，速度を v_A, v_B とします．連続の式 (2.8) を適用すれば，$v_A S_A = v_B S_B = Q$（流量）ですので，

$$v_A = \frac{Q}{S_A}, \quad v_B = \frac{Q}{S_B} \tag{2.11}$$

となります．A, B 間にベルヌーイの定理を当てはめると A, B は水平面上にあるので，

$$p_A + \frac{1}{2}\rho v_A{}^2 = p_B + \frac{1}{2}\rho v_B{}^2 \tag{2.12}$$

となり,これより,

$$p_A - p_B = \frac{\rho}{2}Q^2 \frac{S_A{}^2 - S_B{}^2}{(S_A S_B)^2} \tag{2.13}$$

が得られます.式(2.13)より

$$Q = S_A S_B \sqrt{2 \times \frac{p_A - p_B}{\rho(S_A{}^2 - S_B{}^2)}} \tag{2.14}$$

が得られます.式(2.14)を利用すれば,ベンチュリー管を用いて管の直径の異なる部分(A, B)の圧力差の測定から流量を測ることができます.

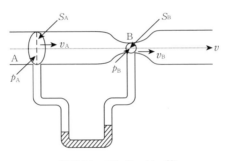

図 2.11 ベンチュリー管

(3) 水力発電所の出力

(a) 発電所出力

水力発電所の出力は発電に利用される水のエネルギーの大きさに依存します.水が有するエネルギーを決めているのは流量と落差です.重力の作用の下で,流量 Q [m³/s] の水が H [m] の位置変化を生じる場合を考えると,1 秒間に質量 M ($= \rho \times Q$, ρ:水の密度 $= 1{,}000$ kg/m³)の水が,H [m] の位置変化を生じるので,単位時間当たりには

$$E = M \times g \times H = \rho g Q H \quad (g:\text{重力の加速度} = 9.8 \text{ m/s}^2) \tag{2.15}$$

のエネルギー変化を生じることになります.式(2.15)に g, ρ の数値を代入すると,

$$E = 1000 \times 9.8 \times QH \text{ [kg/m}^3\text{]} \times \text{[m/s}^2\text{]} \times \text{[m}^3\text{/s]}$$
$$= 1000 \times 9.8 \times QH \text{ [kg} \cdot \text{m/s}^3\text{]}$$

$$= 9.8 \times 10^3 QH \text{ [W]} = 9.8 \ QH \text{ [kW]}$$

となり，水力発電所の理論出力 P は（2.16）式で与えられることがわかります．

$$P_G = 9.8 \ QH \text{ [kW]} \quad (Q：流量，H：有効落差) \tag{2.16}$$

水車の効率を η_T，発電機の効率を η_G とすれば，これらを考慮した発電所出力 P_G が次の式（2.17）で与えられることがわかります．

$$P_G = 9.8 \ \eta_T \eta_G QH \text{ [kW]} \tag{2.17}$$

(b) 河川流量と包蔵水力

水力発電に利用できる水量が**包蔵水力**です．包蔵水力を的確に把握することは発電所の計画を立てる場合に重要です．発電に利用される水は河川を流れる水なので，**河川流量**を正確に把握することが大切です．河川流量は降水量で決まりますが，降水量は地域差が大きく，日本国内でも降雨量の多いところと少ないところがあります．日本各地の年間降水量の統計は19世紀末以降記録されており，雨量の多い地域と少ない地域が明らかにされています．**表2.2**の降雨量は1981年から2010年までの気象庁のデータに基づく平均値です．

表 2.2　日本各地の年間降雨量

降雨量の多い地点		降雨量の少ない地点	
地　点	年降水量（mm）	地　点	年降水量（mm）
屋久島（鹿児島）	4477.2	常呂（北海道）	700.4
えびの（宮崎）	4393.0	留辺蘂（北海道）	701.9
魚梁瀬（高知）	4107.9	湧別（北海道）	715.5
尾鷲（三重）	3848.8	美幌（北海道）	716.5
宇奈月（富山）	（＊）3566.2	生田原（北海道）	730.7
箱根（神奈川）	3538.5	上田（長野）	890.8
色川（和歌山）	3528.2	十和田（青森）	983.3
佐喜浜（高知）	3403.9	玉野（岡山）	1003.9
深瀬（宮崎）	3370.9	軽米（岩手）	1006.2
船戸（高知）	3328.7	－	－

1981年から2010年の気象庁のデータの平年値（＊宇奈月は1984年から2010年）
降雨量の少ない地点は北海道がほとんどを占めるため下位6位以降は北海道以外の地点を取り上げている

(c) 河川流量の測定法

河川流量は**流速計**や**塩水速度法**により，流れの速さを測定し，これに河川の断面積を乗じて算出します．**図2.12**に流量の測定に用いられる流速計を示します．塩水速度法は流水中に食塩水を注入し，距離を隔てた2点に設けた電極間に流れる電流が急増する時間の差から流速を求め，流量を算出する方法です．**図2.13**に塩水速度法の流速測定の原理を示します．

図2.12 流速計
(出典) 道上勉：『発電・変電 (改訂版)』，電気学会, p.25, 2編 図1.11, 2000

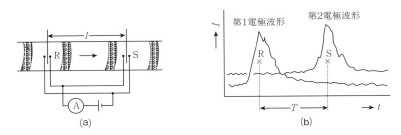

図2.13 塩水速度法
(出典) 道上勉：『発電・変電 (改訂版)』，電気学会, p.27, 2編 図1.14, 2000

(d) 流況曲線と河川流量の呼び方

河川流量は河川の横断面を1秒間に通過する流水の量ですが，河川流量は日々変化しています．横軸に1年間の日数をとり，縦軸に流量をとって流量の数値の大きい方から順に並べて曲線で結ぶと**図2.14**に示すような図が描けます．この図が**流況曲線**です．流況曲線を基に，渇水量，低水量，平水量，豊水量，洪水量が次のように定義されています．

渇水量： 365日中，355日これより下らない流量
低水量： 365日中，275日これより下らない流量

平水量： 365日中，185日これより下らない流量
豊水量： 365日中，95日これより下らない流量
洪水量： 3～4年に1回生じる出水の流量

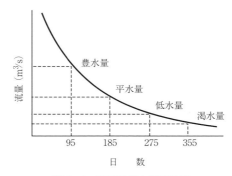

図 2.14　流況曲線と河川流量

2-3　水力発電所の土木設備

水のエネルギーを利用するため，水力発電所には様々な土木施設が構築されています．そのおもなものについて説明します．

(1) ダム

ダムは水位，水量を確保する目的で河川の水をせき止める設備で，次のような種類があります．

(a) コンクリート重力ダム

コンクリート重力ダムは水圧，地震等の外力を自重により支える構造のダムで，上流側が垂直面，下流側が斜面の構造で，安定性，耐久性に優れています．最も一般的なダムの構造です．コンクリート重力ダムを建設するには強固な地盤を必要とします．建設には多量の材料が必要で，建設コストもかかります．具体例として，田子倉ダム，佐久間ダムなどのコンクリート重力ダムが挙げられます．

(b) アーチダム

アーチダムは水平断面を上流に向かってアーチ型にしたダムで，川幅が狭くしか

も両岸が高く，堅固な地盤のところに建設されます．コンクリートダムより材料が少なくてすみます．具体例として，黒部川第4ダムが挙げられます．

(c) ロックフィルダム

　ロックフィルダムは岩石の塊を材料に用い，石を積み上げて作られたダムで，中心に遮水壁を入れ，浸水を防ぎます．コンクリートダムに比べて建設コストが安く，揚水発電所の貯水池用ダムとして建設される例が多く見られます．具体例として，高瀬川ダムが挙げられます．

(d) バットレスダム

　バットレスダムは上面を40～50度に傾斜した鉄筋コンクリート壁を遮水壁として水をせきとめ，これを後方から適当な間隔に設けた鉄筋コンクリートのバットレスで支えた構造のダムです．具体例として，東京電力株式会社の鹿沢ダムが挙げられます．**図2.15**に各種ダムの構造を示します．

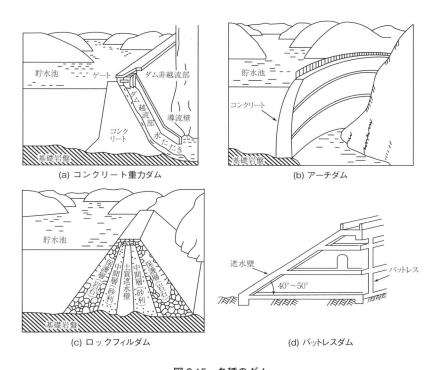

図 2.15 各種のダム

(出典) (a) (b) (c) 江間敏, 甲斐隆章:「電力工学 15」, コロナ社, p.65, 図 4.6, 2003
(d) 道上 勉:「発電・変電 (改訂版)」電気学会, p.43, 図 3.2, 2000

＜補足 多目的ダム＞

　ダムは発電用だけでなく，上水道や工業用水の確保，ならびに農業灌漑，防災などの目的でも建設されます．これらの様々な目的を持って建設されたダムが多目的ダムです．多目的ダムの例を**表 2.3** に示します．

第2章 水力発電

表 2.3 多目的ダムの例

名　称	ダムの用途	有効貯水量 (千 m³)	水力発電の最大出力 (kW)	上水量の容量 (千 m³)
八木沢ダム	F, A, N, W, P	175800	240000	36500
下久保ダム	F, N, W, I, P	120000	15270	43536
小河内ダム	W, P	185400	19000	185400

F：洪水調整，農地防災，A：灌漑用水，W：上水道用水，N：不特定用水，河川維持用水，I：工業用水，P：発電

（出典）『2007年版ダム年鑑』（財団法人日本ダム協会刊行／2007年）のデータを基に作成

（2）ダムの付帯設備

　ダムに付随する付帯設備として，① **余水吐き**，② **土砂吐き**，③ **魚道**，④ **警報設備**などがあります．余水吐きは洪水や発電を停止して水位が上昇する可能性があるときに余分な水を下流に流す設備，土砂吐きは河川などの上流から運ばれてたまった土砂を排出するための流出口です．また，魚道はダムができる前に産卵のために河川をさかのぼっていた魚類が上流に向かうことのできる程度の勾配をもって併設された水路です．警報設備はダムの水を放水する場合に下流地域に知らせるためのサイレンなどがあります．

（3）水路

　水路は水力発電のための水の通路で，**取水口**，**沈砂池**，**導水路**，**放水路**などで構成されています．このうち，沈砂池は水の中に含まれている土砂が水車等に流入しないように，途中で沈殿させるために，水路の途中に設けられる設備です．導水路は水槽，サージタンクまでの水の通路で，開きょ，暗きょ，トンネルなどに分けられます．放水路は水車から出た水を河川に放流するための水路で，地下発電所ではトンネルが掘られています．

（4）水槽

　水槽は水路中に設けられる貯水槽で，ヘッドタンクとサージタンクに分けられます．**ヘッドタンク**は無圧水路（大気圧に近い圧力で通水する水路）の末端と，水圧管路の接続点に配置される水槽で，流れ込んできた土砂を沈降させ，水量の変化に伴う水位変動の影響を緩和するための貯水槽です．**サージタンク**は圧力トンネル（水

路中のトンネル内を流れる水は水圧を有している）と水圧管との接続点に配置される貯水槽で，負荷の変動に伴って発生する水撃圧を軽減・吸収し，負荷変動に即応した水量の調整のために設けられます．

（5）水圧管路

水圧管路は水槽やダムからの高圧力の水を水車に送り込むための施設で，水車に送られる高圧力水の水圧に耐える必要があるので，溶接性のよい鋼管が使用されます．埋設式の場合にはPCコンクリート管，鉄筋コンクリート高圧トンネルが使用されます．管の断面は水圧に強い構造の円形に設計されます．**図 2.16**に水圧管路を示します．

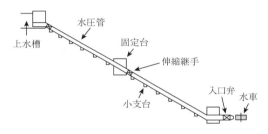

図 2.16　水圧管路

(出典) 吉川榮和，垣本直人，八尾健：『発電工学』，電気学会，p.74, 図 3.20, 2003

水圧管路は水圧に耐える強度設計が必要で，設計水圧を P，管の内径を D とした場合，管の必要厚さ t は次の式で与えられます．

$$t = \frac{PDf}{2\sigma\eta} \tag{2.18}$$

　　　f：安全率，σ：管材の引張り強さ，η：管の接合効率

実際の管厚設計では長年の使用による管の腐食を考慮して管の厚み t は式（2.18）で得られる値よりも 2 mm 程度厚い値に設計します．

2-4　水車と水車発電機

水車は水の持つ力学的エネルギーを機械的仕事に変える装置です．水車は水のエネルギーの利用方法の違いにより，**衝動水車**と**反動水車**に分かれます．衝動水車は

水の圧力エネルギーを運動エネルギーに変えてランナーに作用させる水車です．ペルトン水車が代表的な衝動水車です．反動水車は水の圧力エネルギーをそのまま水車に作用させ，ランナーを回転させる水車で，フランシス水車，斜流水車，プロペラ水車などがこのタイプです．

(1) 水車の種類と構造
(a) ペルトン水車

ペルトン水車は主軸にランナーが取りつけられており，ランナーの周辺に均等に配置されたノズルからの噴流を受けて回転する水車で，比速度が小さく高落差でも回転速度が低いため，250 m 以上の高落差に用いられており，スイスでは落差 1883 m の発電所（ビュードロン発電所）で用いられています．図 2.17 にペルトン水車の構造と写真を示します．ペルトン水車の特徴としてつぎの①・②が挙げられます．

① ランナーに当たる水の速度が変わらないので，負荷変化に対して効率の変動が小さい．
② 急激な負荷の変化に対しても，デフレクタにより水圧の上昇を低く抑えられる．

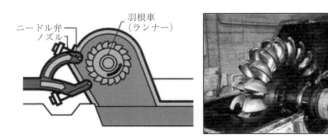

図 2.17 ペルトン水車
(出典) 中部電力株式会社 公式ホームページより

(b) フランシス水車

フランシス水車はランナー，案内羽根，ケーシング，吸出管で構成されています．水は水車の半径方向からランナーに向かって流れ込み，ランナーの内部で軸方向に向きを変えて流れます．流量と落差によって高速，中速，低速用に区別されており，落差や流量の広い範囲で用いられています（適用落差は 50〜500 m）．最高効率は

ペルトン水車より高いですが，落差が変化すると効率が大きく変化します．特に，軽負荷時や過負荷時には効率が大きく低下します．図 2.18 にフランシス水車の断面の構造とランナーの写真を示します．

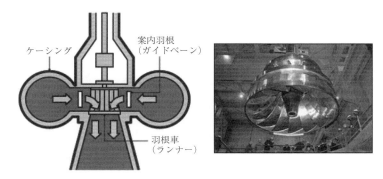

図 2.18　フランシス水車
(出典) 中部電力株式会社 公式ホームページより

(c) 斜流水車

斜流水車はフランシス水車のランナーバンドをはずしてランナーベーンを取りつけ，個々のベーンの角度を変えられるようにした水車で，フランシス水車に比べて落差，出力の変化に対する特性が優れています．斜流水車は比較的高い揚程（〜100 m）での運転が可能です．図 2.19 に斜流水車の断面構造とランナーの写真を示します．

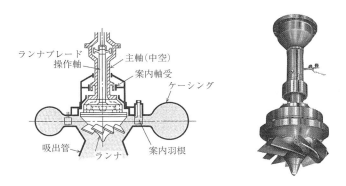

図 2.19　斜流水車
(出典) 道上勉：『発電・変電（改訂版）』，電気学会, p.56，2編 図 4.5, 2000

(d) プロペラ水車

プロペラ水車は回転軸の方向に水が通過する構造で，**ランナー**の羽根は船のスクリューのような形状です．ランナーの羽根は固定構造と可動構造があります．プロペラ水車のうち，ランナーの羽根が可動のものが**カプラン水車**です．**図 2.20** にプロペラ水車の構造とランナーの写真を示します．

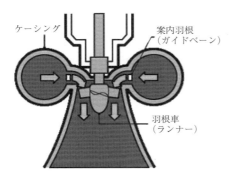

図 2.20　プロペラ水車
(出典) 中部電力株式会社 公式ホームページより

(e) 円筒水車

円筒水車は水車の入り口から吸出管までを同一の直線上に配置し，円筒形のケースに収められた水車で，発電機も水車に直結しています．流路の構造が簡単で，損失が少ない水車です．流量が大きく落差の低いところ（〜20 m）に用いられます．円筒水車の特徴を挙げると，次の通りです．

① 比速度を大きくとれるので，水車，発電機が小型になります．
② 水量や落差に応じて羽根の角度が変えられます．
③ 羽根を単独にはずせるので，保守点検が容易です．
④ 水車とケーシングが水の流れに沿った構造のため，損失は少ない．

図 2.21 に円筒水車の構造を示します．

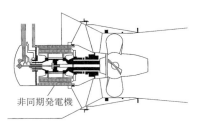

図 2.21 円筒水車
(出典) 吉川榮和, 垣本直人, 八尾健:『発電工学』, 電気学会, p.85, 図 3.29, 2003

(f) ポンプ水車

ポンプ水車は水車を逆方向に回転させた場合にポンプとして働く水車で, 揚水発電所で使用されます. ポンプ水車が開発される以前には, 揚水発電所には水車とポンプの2種類の装置を必要としましたが, ポンプ水車が開発された後にはポンプ水車1台で済むようになりました. フランシス形, 斜流形, プロペラ形のポンプ水車があり, 次のような落差のところで使用されています.

　　フランシス形……50～800 m　　斜 流 形……15～180 m
　　円 筒 形……20 m 以下

図 2.22 に縦軸形ポンプ水車の構造, 図 2.23 に東京電力株式会社の神流川揚水発電所に設置された最新形ポンプ水車の構造詳細図を示します.

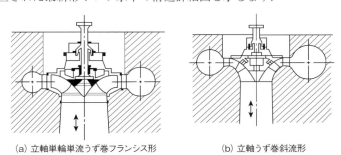

(a) 立軸単輪単流うず巻フランシス形　　(b) 立軸うず巻斜流形

図 2.22 ポンプ水車のタイプ
(出典) 林宗明, 若林二郎:『電力発生工学』, 電気学会, p.94 図 6.28, 1984

図 2.23　ポンプ水車の例
（出典）東京電力株式会社 公式ホームページより

（2）水車の特性

（a）比速度

　比速度は対象となる水車と相似で落差 1 m の水車を仮想し，1 kW の出力を発生するときにその仮想水車のとる回転速度です．定格回転速度を n，ノズル，またはランナー1個当たりの最大出力を P，有効落差を H とすると，比速度 n_s は次の式で与えられます．

$$n_s = n \times \frac{P^{\frac{1}{2}}}{H^{\frac{5}{4}}} \quad \text{[rpm]} \tag{2.19}$$

　　P：出力，　　H：有効落差，　　n：定格回転速度

＜補足　(2.19) 式の導出＞

　相似形の2つのランナーを考え，それぞれのランナーの直径を D_1，D_2 とします．それぞれの水車が動作している場合の流量を Q_1，Q_2 [m³/s]，落差を H_1，H_2 とすると，ランナーに入る水の流速はトリチェリーの定理［式 (2.10)］により，$\sqrt{H_1}$，$\sqrt{H_2}$ に比例します．したがって，ランナーの周速度を v_1，v_2 とすれば，$\dfrac{v_1}{v_2} = \dfrac{\sqrt{H_1}}{\sqrt{H_2}}$ となります．流量 Q_1，Q_2 は流速と流入面積に比例し，流入面積はランナーの直径の2乗に比例するので，

$$\frac{Q_1}{Q_2} = \left(\frac{D_1}{D_2}\right)^2 \left(\frac{\sqrt{H_1}}{\sqrt{H_2}}\right)$$

が成り立ちます．水車の出力 P_1，P_2 は流量と落差に比例するので，次の関係が得られます．

$$\frac{P_1}{P_2} = \frac{Q_1 H_1}{Q_2 H_2} = \left(\frac{D_1}{D_2}\right)^2 \left(\frac{H_1}{H_2}\right)^{\frac{3}{2}}$$

水車の回転速度は周速度 v に比例し，直径 D に反比例するので，回転速度 N_1，N_2 は

$$\frac{N_1}{N_2} = \frac{v_1}{v_2}\left(\frac{D_1}{D_2}\right)^{-1} = \left(\frac{P_1}{P_2}\right)^{-\frac{1}{2}} \left(\frac{H_1}{H_2}\right)^{\frac{5}{4}}$$

となります．

$H_1 = 1$ m，$P_1 = 1$ kW とすると，$N_1 = N_2 \dfrac{P_2^{\frac{1}{2}}}{H_2^{\frac{5}{4}}}$ となります．この N_1 が比速度です．

比速度を n_s で表せば，水車の定格回転速度 n を含む式 $n_s = n \dfrac{P_2^{\frac{1}{2}}}{H_2^{\frac{5}{4}}}$ ［式 (2.19)］が得られます．

比速度は水車の種類，落差などによって値が変わります．与えられた落差に対して n_s は大きくした方が重量が軽くなり経済的ですが，あまり大きくなるとキャビテーションが発生しやすくなります．**図 2.24** は落差と各水車の適用される比速度の限界を示した図です．

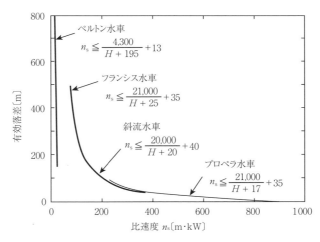

図 2.24　比速度の限界と適用落差

（出典）吉川榮和，垣本直人，八尾健：『発電工学』，電気学会，p.94，図 3.36, 2003

(b) 回転速度

表 2.4 は水車発電機の**標準回転速度**です．表の数値は規格（JEC4001-2006）で定められている値ですが，水車の定格回転速度（1 分間の回転数）はこの数値の中から選ばれます．定格出力 P と有効落差 H が与えられると，その H に対する水車の比速度 n_s の適用限界が**図 2.24** 中の式を用いて求められます．一方，水車に連結される交流発電機の同期速度 N は周波数を f，発電機の極数を p とすると

$$N = 120 \frac{f}{p} \tag{2.20}$$

で与えられるので，比速度 n_s の適用限度の範囲で**図 2.24** 中の式を用いて得られる数値に最も近い N の値を定格回転速度とします．

表 2.4 水車発電機の標準回転速度

極 数	50 Hz	60 Hz	極 数	50 Hz	60 Hz
6	1,000	1,200	28	214	257
8	750	900	32	188	225
10	600	720	36	167	200
12	500	600	40	150	180
14	429	514	48	125	150
16	375	450	56	107	129
18	333	400	64	94	113
20	300	360	72	83	100
24	250	300	80	75	90

（出典）『第 6 版 電気工学ハンドブック』，電気学会, p.1055, 25 編 表 9, 2001

(c) 無拘束速度

ある有効落差と水口開度，吸出し高さにおいて無負荷になったときに水車が回転する速度を**無拘束速度**といいます．発電機の動作中に送電線の故障などがおき，遮断器が急に動作したような場合には (3) (a) で説明する「調速機」が働いて回転速度の上昇を抑えますが，これが働かない場合には無負荷状態となり，水車の回転速度が上昇します．このときの回転速度が無拘束速度です．水車はこの速度で 1 分間以上運転しても機械的に耐えるように設計されています．**表 2.5** に各水車の定格回転速度と無拘束速度の関係を示します．

表2.5　各水車の無拘束速度

水　車	無拘束速度
ペルトン水車	定格回転速度の 150 ～ 200 %
フランシス水車	定格回転速度の 160 ～ 220 %
斜流水車	定格回転速度の 180 ～ 230 %
プロペラ水車（カプラン水車）	定格回転速度の 200 ～ 250 %

（出典）吉川榮和，垣本直人，八尾健：『発電工学』，電気学会, p.92, 表 3.1, 2003

(d) 効率

理論水力に対する出力（P）の比率が**効率**（η）で，式（2.21）で与えられます．

$$\eta = \frac{P_\mathrm{o}}{P_\mathrm{i}} \times 100 (\%) \tag{2.21}$$

P_o：水車の出力，　P_i：水車の入力

効率は水車の形式，比速度，出力によって変化します．**図 2.25** は各水車の出力と効率の関係を示す図です．それぞれの水車の効率についてまとめると次のようになります．

　ペルトン水車　…流量が変わっても噴射水の方向・速度が変わらず，効率の低下は緩やかです．
　フランシス水車…出力の変化により水の流れの方向が変わり，効率が低下します．
　プロペラ水車　…フランシス水車と同じように軽負荷時には効率は悪い．
　カプラン水車　…プロペラ水車の一種ですが，流量に応じて羽根の角度を変えられるため，部分負荷の場合における効率の低下は小さい．

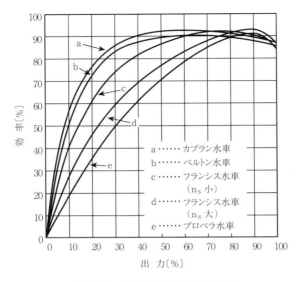

図 2.25　水車の出力と効率の関係

(出典)　山本 孟, 鈴木 正義, 高橋 三吉：『発変電工学』, コロナ社, p.61, 図 2.45, 1985

表 2.6 に効率が最大となる比速度とそのときの効率を示します．

表 2.6　水車の効率

水　車	効率が最大となる比速度	最大効率（％）
ペルトン水車	15	90
フランシス水車	200	92
カプラン水車	500	91

(e) キャビテーション

　水車の羽根の間を水が流れているときに気泡を発生する現象がキャビテーションです．キャビテーションは水車に流れ込む水の圧力が低下し，蒸気圧以下になったときの水の蒸発や水中に含まれている空気の分離によっておこります．キャビテーションが発生すると，圧力の高い所で気泡が急につぶれ，水車の効率や出力の低下が生じたり，水車の振動による騒音を発生したり，流れに接するバケットやランナーが損傷するなどの問題が生じます．キャビテーションの防止策としては，① ランナーの表面を平滑にするなどのランナー形状の改善，② ランナー材料やバケット材料の改善，③ 適正な回転速度の選定，④ ランナーのすえつけ位置を，可能な限り低く

するなどが挙げられます．

（3）水車の速度調整
(a) 調速機

水車は負荷が一定の場合には一定の回転速度で運転されますが，負荷が減少すると回転速度は上昇し，負荷が増加すると回転速度は低下します．発電機の出力は常に周波数を一定に保つことが求められるので，水車の回転速度を一定に保つ必要があります．このためには負荷の増減に応じて，水車の水口開度を変え，水車に流れこむ水量を調整することが必要です．回転速度の変化に応じて流入水量を自動的に調整する装置が**調速機**です．水量の調整はペルトン水車のニードル開度や反動水車のガイドベーン開度を調整して行います．調速機は周波数の検出部，電気制御部，油圧機構部，サーボモータ操作部などで構成されており，機械式の装置と電気式の装置がありますが，今日ではもっぱら電気式の調速機が用いられています．**図 2.26** は PID 制御方式の電気式調速機の構成です．

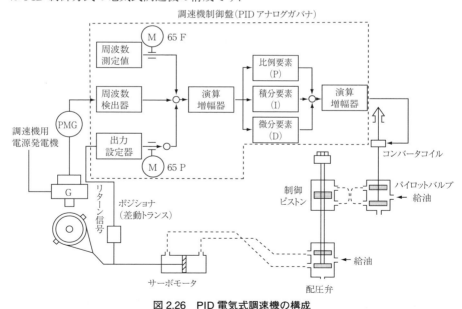

図 2.26　PID 電気式調速機の構成

（出典）『第 6 版 電気工学ハンドブック』, 電気学会, p.1052 , 25 編 図 43, 2001

(b) 調速機の特性
① 速度調定率（δ）
発電機の負荷が変動すると**図 2.27** に示すように回転数が変化します．

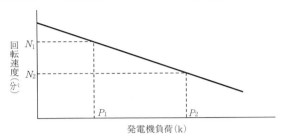

図 2.27　速度調定率

速度調定率 δ は発電機負荷（発電機出力）の変化率に対する回転速度の変化率の比で，次の式で定義されています．

$$\delta = \frac{\dfrac{N_2-N_1}{N_\mathrm{n}}}{\dfrac{P_1-P_2}{P_\mathrm{n}}} \times 100 [\%] \tag{2.22}$$

N_1：負荷変動前の回転速度，　N_2：負荷変動後の回転速度，
P_1：変動前の負荷，　　　　　P_2：変動後の負荷，
N_n：定格回転速度，
P_n：定常運転時の負荷，

P_1 を定常運転時の負荷（$P_1 = P_\mathrm{n}$），P_2 を事故発生時の負荷（$P_2 = 0$）とすると，速度調定率 δ は

$$\delta = \frac{N_2-N_1}{N_\mathrm{n}} \times 100 [\%] \tag{2.23}$$

となります．この場合の δ は 3～5％ です．

② 速度変動率（δ_m）
送電線の事故などで，発電機の負荷が遮断されると，発電機は電力系統から遮断され単独運転となり，速度は急に上昇し始めます．事故による負荷遮断が生じたと

きの発電機の応答を図で表すと**図 2.28** のようになります．**速度変動率**（δ_m）は負荷遮断などが発生して負荷が急激に変化した場合の過渡状態における回転速度の変化を表す量で，つぎの式で定義されています．

$$\delta_m = \frac{N_m - N_n}{N_n} \times 100 [\%] \tag{2.24}$$

N_n：定格回転速度，　　N_m：負荷急減時の最大回転速度

速度変動率 δ_m が大きくなると，遠心力に対する回転部の機械限界を超えるので，全負荷遮断の場合でも δ_m は 30〜40％程度以下となるように設計されています．なお，**図 2.28** 中の**不動時間** τ は調速機が動作してガイドベーンなどが閉じるまでの時間遅れで 0.2〜0.5 秒程度，**閉鎖時間** T_c はガイドベーンなどが閉じるのに要する時間で，フランシス水車などの反動水車では 1.5〜6 秒程度です．

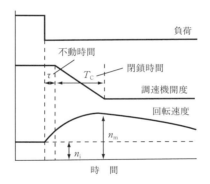

図 2.28　負荷遮断時の応答

(出典) 財満英一編：『発変電工学総論』，電気学会，p. 83, 図 2.59, 2007

（4）水車発電機

一般に水車発電機には突極型の同期発電機が用いられており，回転軸の方向によって立軸型と横軸型に分類されます．立軸型は床面積が少なくて済み，落差を有効に利用できるので，大型機に適しています．**図 2.29** は立軸型発電機の断面構造です．図に示すように，発電機は主軸，固定子巻線，回転磁極，軸受などで構成されており，回転子磁極から出る磁束が固定子巻線を横切ることにより電圧が誘起されます．

第 2 章 水力発電

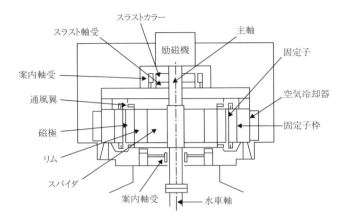

図 2.29 水車発電機の構造
(出典) 吉川榮和, 垣本直人, 八尾健:『発電工学』, 電気学会, p.100, 図 3.41, 2003

図 2.30 は立軸型発電機の軸受の配置を示したもので, スラスト軸受, 上部案内軸受, 下部案内軸受により, 回転部分の重量などを支えています.

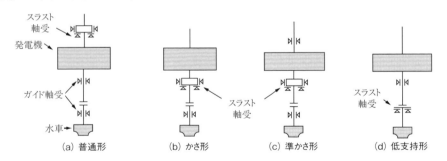

図 2.30 立軸型水車発電機の軸受の配置
(出典) 道上勉:『発電・変電 (改訂版)』, 電気学会, p.72, 2 編 図 5.1, 2000

2-5 水力発電所の運転と保守

水力発電所の機器や設備は, 電力需要や, 河川の状況に応じた適正な運転を行うことが必要です. また, 発電所では機器の状態を常に把握し, 必要に応じて修理を行い, 安定した発電が行えるようにしなければなりません.

(1) 水力発電所の運転制御

　水力発電所の運転は，最初は人間が機器を監視し，操作する「手動制御」で行われていました．その後，山間地の発電所を離れた地点から制御する「**遠隔制御方式**」が導入され，水力発電所の無人化が進められました．1970年代以降は制御用計算機を用いた**集中監視制御方式**が導入されるようになり，現在ではほとんどの水力発電所が無人化されています．

　水力発電所の運転では，水車発電機の運転・停止，発電機出力の調整，ダムのゲート開度の制御，発電所の運転状態や，故障・事故の監視などが必要です．これらを内容とする水力発電所の監視制御方式には，① 常時監視制御方式，② 遠隔常時監視制御方式，③ 随時監視制御方式，④ 随時巡回方式，などがあります．現在では，ほとんどの発電所が遠隔常時監視制御方式，または随時監視制御方式で運転されています．この2つの監視制御方式の概要を**表**2.7に示します．

表 2.7　水力発電所監視制御方式

種　類	概　要
遠隔常時監視制御方式	技術員が制御所に常駐し，監視および操作を制御所から行う方式
随時監視制御方式	自動負荷調整装置などが設置されている発電所で，必要に応じて発電所または技術員駐在所に常駐している技術員が発電所，または制御所に出向いて監視操作を行う方式

(2) 水力発電所の保守と設備診断

(a) 巡視と点検

　水力発電所では設備の機能を維持するため，巡視や点検が行われています．発電所の運転状態を確認するため，週1回または月1回程度行われるのが「普通巡視」で，設備状態の確認や記録が行われます．機器の点検，改修の要否を判定するための巡視が「**特別巡視**」，災害発生時などに行われるのが「**臨時巡視**」です．点検には，機器を分解しないで行う「**普通点検**」と，機器を分解して行う「**分解点検**」があります．「普通点検」は1〜3年に1回行われ，機器の状態の目視点検や，水を抜いて行う水車の内部点検などが行われます．「分解点検」では水車や発電機内部の破損，劣化状況の点検が行われ，損耗部品の交換と改修後の試験が実施されます．

(b) 設備診断

　水力発電所に設置されている水車や発電機の損傷や劣化状況を調べる**設備診断**は発電所の機能を維持するうえで重要で，様々な**設備診断技術**が開発されています．水車や発電機の欠陥の有無や損傷の調査には**超音波探傷検査**，**浸透探傷検査**，**磁粉探傷検査**などの方法が用いられ，発電機の巻線の絶縁劣化診断には誘電正接の測定や，部分放電検出などの**劣化診断法**が適用されます．揚水発電所などでは，これらと併せて各機器にセンサーを取りつけ，常時監視を行うシステムの導入も進められています．

2-6 水力発電所の建設

　水力発電所の建設はつぎのような点を考慮しながら進めていきます．

(1) 立地地点の選定

　立地地点の選定に際しては発電所出力に関係する流量と落差を考えながら，建設コストや工事の容易さなどが考慮されます．一般に河川の上流地域は高落差が得られますが，大きな流量は得られません．一方，下流地域では大きな流量が得られますが，大きな落差を得ることは困難です．水車の進歩により，近年では低落差でも効率の良い発電ができるようになっています．立地地点の選定に際して留意すべき点はつぎの通りです．

① 高落差が得やすく流量が豊富で流況がよいこと．
② 構造物を作る地形，地質が良いこと．
③ 建築材料が得やすく，資材の搬入が容易なこと．
④ 建設コストが安く，環境破壊がないこと．

(2) 使用水量と落差の決定

　水量は長期にわたる河川流量，流況曲線の測定，ダム水位の調査に基づいて決められます．流れ込み式発電所では10年以上の流況曲線を参照します．貯水池式発電所では最大出力換算で年間2000時間程度運転できるように決められます．水車は基準落差（流量を決める際に基準となる有効落差）で効率が最大となるように選定します．

(3) 水車の形式と台数の選定

　落差によって水車の形式が決まります．水車ごとに落差でとり得る比速度に限界があるので，その限界内で最も大きい回転速度がとれる水車を選びます．水車を選ぶ大体の基準は以下の通りです．

　　高落差，小流量 ──▶ ペルトン水車
　　中落差，大流量 ──▶ フランシス水車
　　低落差，大流量 ──▶ カプラン水車

　水車の台数は信頼性とコストを勘案のうえ決定します．単機容量を大きくすればコストダウンにつながりますが，事故が発生した場合にはその波及効果が大きくなります．立地地点によっては輸送上の制限から台数が決まることもあります．

演習問題

(1) 図のように大きな水槽がある．水面からの水深 h [m] の側壁に小孔を開けたときの，噴出する水の速度 v [m/s] を示せ．ただし，重力の加速度を g [m/s^2] とする．

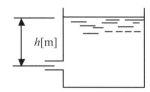

(2) 水力発電所の水圧管内における，単位体積あたりの水が保有している運動エネルギー [J/m^3] を表す式を示せ．ただし，水の速度は水圧管の同一断面において管路方向に均一とし，ρ を水の密度 [kg/m^3]，v を水の速度 [m/s] とする．

(3) プロペラ水車，フランシス水車，ペルトン水車を比速度の大きいものから順に並べると，[　　　] > [　　　] > [　　　] となる．

(4) フランシス水車について記述した次の文のうち，誤っているものはどれか．
　　(a) 適用落差は 50～500 m と広範囲である．
　　(b) 出力が変化しても，効率はほぼ一定である．
　　(c) 吸出管があるので，廃棄損失が少ない．

(d) カプラン水車と比べて構造が簡単で価格も安い．
　　(e) 高落差領域では，ペルトン水車と比較して比速度を大きくとれる．
(5) 揚水式発電所は，電気エネルギーを水の [　　　] エネルギーに変えて蓄え，これを必要に応じて再び [　　　] エネルギーに変換して供給する [　　　　] 設備の1つである．
(6) 水車の調速機は，負荷が変化しても回転速度を規定値に保つために，水車の [　　　] を加減する装置で，[　　　] 水車では [　　　] を，[　　　] 水車では [　　　] の開度を加減する．
　　[　流入水量，ペルトン，ニードル弁，フランシス，ガイドベーン　]
(7) 有効落差 625 m，水車出力 40 MW，回転速度 500 min^{-1} の4ノズルペルトン水車がある．この水車の比速度 [m・kW] はいくらになるか．
(8) 有効落差 256 m，最大使用水量 10 m^3/s，周波数 60 Hz の水力発電所がある．水車に効率 86 %，6ノズルのペルトン水車を採用した．このときの最大出力は何 kW になるか．
(9) 全揚程 225 m，ポンプ効率 88 %，電動機効率 98 % の揚水発電所がある．下部池から 6×10^6 m^3 の水を揚水する場合の必要電力量は何 kWh になるか．

第3章 火力発電

<この章の学習内容>

　火力発電による発電電力はわが国の発電電力の50％以上を占めており，これに用いられる化石燃料の確保は日本の重要な課題です．第3章ではこの火力発電の特徴や種類，原理，発電設備，ならびに，火力発電と関わりの深い環境問題について理解を深めるために，次の①〜⑦について学びます．

① 火力発電の概要と特徴
② 熱エネルギーの性質と熱力学の法則
③ 熱エネルギーを機械的な仕事に変換する熱機関とその動作原理
④ 水蒸気の状態変化とランキンサイクルを中心とした汽力発電サイクル
⑤ ボイラ，蒸気タービン，タービン発電機など火力発電所の設備
⑥ 火力発電所で広く採用されている複合サイクル発電（コンバインドサイクル発電）
⑦ 火力発電と関係の深い環境問題とその対策

3-1 火力発電の概要

（1）火力発電所の構成

　火力発電は化石燃料の燃焼によって得られる熱エネルギーを利用して電気エネルギーを得る発電方式です．**図 3.1** に示すように，火力発電所は燃料貯蔵設備，ボイラ，タービン，発電機，復水・給水設備，排気ガス処理施設などで構成されています．

（2）火力発電の特徴

　火力発電所は臨海地への立地が可能で，発電所の建設期間が短いことや，水力発電所に比べて建設コストが安いことなどの特徴があります．**表 3.1** は火力発電の特徴を水力発電と比較して示したものです．

第3章 火力発電

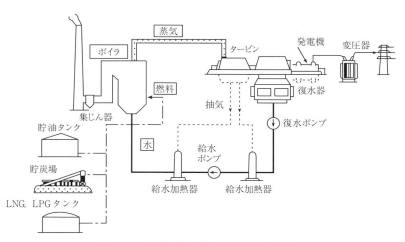

図 3.1 火力発電所(汽力発電所)の構成
(出典)『第 6 版 電気工学ハンドブック』,電気学会, p.1077 , 26 編 図 1, 2001

表 3.1 水力発電と火力発電の比較

項　目	水　力　発　電	火　力　発　電
出力変化の速度	速　い	遅　い
始動・停止	容　易	長時間を要する
最低出力の限度	無負荷で長時間運転ができる	無負荷での運転継続は困難
連 続 運 転	水量で制限される	長時間の連続運転ができる
建設コスト	高　い	安　い
運転コスト	安　い	高　い
環 境 対 策	ほとんど不要	大気汚染,温排水,騒音への対策が不可欠

(出典) 道上勉:『発電・変電(改訂版)』電気学会, p.12, 1 編, 表 4.1, 2000 を参考に作成

＜補足 火力発電の歴史＞

　1882 年(明治 15 年),エジソンがニューヨークで白熱電灯を灯す電源を確保するため,火力発電(直流)を行ったのが世界最初の火力発電でした.日本では 1887 年(明治 20 年)に蒸気機関を用いた最初の火力発電所が東京の日本橋に設置されました.その後,1901 年(明治 34 年)には蒸気タービン発電機(500 W×2 台)が初めて導入されました.第二次世界大戦前から戦後に至る期間(1911 年~1950 年代初頭)

は火力発電は渇水対策，または補給用として利用されたに過ぎませんでした．ところが，1960年代の高度経済成長期に入ると，急増する電力需要に対処するために，大容量の火力発電所の建設が進められ，「**火主水従**」の時代となりました．今日では，火力発電は日本の電力需要を支える重要な発電方式で，火力発電による電力は全電力の80%を超えています．

(3) 火力発電所の種類

火力発電は使用する燃料の種類によって，石炭火力，石油火力，天然ガス火力などに分けられます．**石炭火力**は石炭を燃料とする火力発電，**石油火力**は原油や重油などの石油を燃料とする火力発電，**天然ガス火力**はLNGを燃料とする火力発電です．日本では1973年の石油危機の発生以前には原油や重油を燃料とする石油火力が火力発電の中心でしたが，石油危機の発生を契機に燃料転換が進み，今日では石油火力の発電電力量は激減しており，石炭火力と天然ガス火力が火力発電の主力となっています．天然ガス火力は燃料であるLNG（液化天然ガス）の貯蔵タンクや気化器などの設置が必要ですが，拠点となる発電所に大きなLNGタンクを設置し，そこからパイプラインで他の発電所にLNGを供給する方式が採用されています．メタンガスを主成分とするLNGは硫黄分が少なく，排気ガスによる大気汚染の心配がないという利点もあり，石炭火力とともに利用が進んでいます．

火力発電は使用する熱機関の種類により汽力発電，内燃機関発電，ガスタービン発電などに分けられます．**汽力発電**は燃料の燃焼により発生させた熱エネルギーを利用して発生させた高温・高圧力の水蒸気で蒸気タービンを駆動し，タービンに直結しているタービン発電機で発電する方式です．**内燃機関発電**はディーゼルエンジンなどの内燃機関を用いる方式，**ガスタービン発電**はガスタービンを使用する方式です．ガスタービン発電の発電機は構造が簡単で始動・停止が容易なこと，水を使用しないので水処理が不要なこと，工期が短いこと，小型で高出力が得られることなどが特徴です．ただし，ガス温度が高いので高温に耐える耐熱材料が必要であることや，使用する空気の量が多く，大きな動力を要することなどの問題点もあります．近年ではガスタービン発電は蒸気タービンと組み合わせた**複合サイクル発電**（コンバインドサイクル発電）として広く利用されています．

複合サイクル発電は高温の燃焼ガスでガスタービンを駆動させた後，排気ガスの

熱を利用してボイラ内で水蒸気を発生させ，発生した水蒸気を用いて蒸気タービンを作動させる方式です．この発電方式は ① 蒸気タービン単独の発電に比べ熱効率を数％高くできること，② ガスタービン主体の発電のため始動・停止が容易であること，③ 良質の燃料である LNG を用いるため硫黄酸化物などを排出しないことなどの特徴があります．熱効率を大幅に向上できる発電方式であるため，大容量の火力発電所にこの方式が広く採用されています．

3-2 火力発電の原理

(1) 熱エネルギー

　熱エネルギーの本質は物質を構成する分子や原子，イオンなどの運動エネルギーです．気体分子運動論によれば，分子や原子はその温度に応じた並進運動，回転運動，振動を行っており，これらのエネルギーの総和が熱エネルギーとして現れます．物質を構成している粒子（分子，原子，電子，イオン）は絶えず無秩序な運動（**熱運動**）をしています．気体分子は自由に飛び回っており，固体分子は格子点付近で振動しています．分子などが行っているこれらの熱運動が熱エネルギーの源泉です．暖かさは物質を構成している粒子の熱運動の激しさ，すなわち，構成粒子の運動エネルギーの大きさの現れで，熱い物体は熱運動が激しく，冷たい物体は熱運動がゆるやかです．2つの物体が接触すると接触面を通してエネルギーの受け渡しが行われ，平衡に達すると両者は同じ運動状態に達します．これが**熱平衡**です．温度は互いに熱平衡状態にある物体に共通の物理量として定義されたものです．このように定義された温度が**熱力学的温度** T で，その単位は K（ケルビン）です．気体分子運動論によれば，熱力学的温度 T は次の式（3.1）で表されます．

$$T = \frac{1}{k} \times \frac{1}{3} mv^2 \tag{3.1}$$

　T：熱力学的温度，　k：ボルツマン定数，
　m：粒子の質量，　v：粒子の並進運動の速さ

＜補足 SI 単位系における温度単位の決め方＞

　熱力学的温度 T の単位ケルビン [K] は SI 単位系の基本単位です．熱力学的温度 T は熱力学的に考えることのできる最低温度をゼロ（$T = 0$ K）と定め，水の三重点

（氷，水，水蒸気が共存する状態）を273.15 Kとして目盛りを定めてあります．日常生活で用いられているセルシウス温度（摂氏［℃］）は1気圧における水の融点を0℃，沸点を100℃として温度目盛りを定めたもので，熱力学的温度 T [K] とセルシウス温度 t [℃] の間には次の関係が成り立っています．

$$t\,[℃] = T\,[\mathrm{K}] - 273.15 \tag{3.2}$$

(2) 熱力学の法則
(a) 熱力学の第1法則

熱力学の第1法則は力学的エネルギー保存の法則を熱エネルギーを含む形に拡大したもので，「熱はエネルギーの1形態であり，機械的仕事と熱は等価であり相互に変換可能である」と表現されます．図3.2に示すように，1つの閉じた系（系1）を考え，その系がある状態（状態1）で内部エネルギー U_1 を持っていたとします．この系に，外部から熱エネルギー Q と力学的仕事 W が加わって内部エネルギー U_2 を持つ状態（状態2）になったとすると，熱エネルギーを含めたエネルギー保存の法則は式（3.3）のように書き表すことができます．式（3.3）が熱力学の第1法則を数式で表したものです．

$$U_2 = U_1 + Q + W \tag{3.3}$$

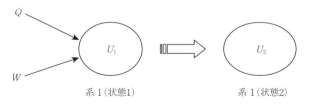

図3.2　熱力学の第1法則

① 内部エネルギー

内部エネルギー U は物体を構成している分子の運動エネルギーです．物体が外部より受けとった熱量を dQ，それによって物体が外部に行った力学的仕事量を dW，物体の内部エネルギーの増加分を dU とし，熱力学の第 1 法則を式（3.4）で表す場合もあります．

$$dQ = dU + dW = dU + PdV \tag{3.4}$$

（この場合の dW は受け取った熱 dQ によって行われた仕事，dV は体積 V の増加分）

② 気体の膨張によってなされる仕事

式（3.4）に PdV という項がありますが，この項は気体が外部の熱により膨張するときになされる力学的仕事 dW が PdV に等しいことを示しています．一般に，気体が膨張するとき（体積が増加するとき）にはその膨張により周囲の物体を移動させ，力学的仕事を行い，気体が収縮するとき（体積が減少するとき）には，周囲媒質により力学的仕事がなされます．

図 3.3　気体の膨張によってなされる仕事

図 3.3 に示すように，体積が V_1（状態 A）から V_2（状態 B）に増加するときの気体の膨張に伴ってなされる力学的仕事 W は，力学的仕事 W が $W = F$（力）$\times l$（移動距離）であることを考慮すると

$$\begin{aligned} W &= \int_{V_1}^{V_2} dW = \int_{V_1}^{V_2} (F \times dh) = \int_{V_1}^{V_2} (P \times S \times dh) \\ &= \int_{V_1}^{V_2} (P \times dV) = \int_{V_1}^{V_2} PdV \end{aligned} \tag{3.5}$$

となり，$dW = PdV$ であることが理解できます．

(b) 熱力学の第 2 法則

熱力学の第 2 法則は，エネルギー変化の生じる方向に関する法則で，次のように

表現されています.
① 「熱が低温の物体から高温の物体に自然に移ることはありえない」(クラウジウスの定理)
② 「一定温度の熱源からとった熱を,ほかに何の変化も残さずに全部仕事に変えることはできない」(ケルビン・プランクの定理)
③ 「低温物体から高温物体へ熱を移動させるだけで,ほかに何の変化も残さないような過程は存在しない」

このように表現されている熱力学の第2法則は「熱は高い温度から低い温度へしか流れない」という原理を表しています.熱力学の第2法則は「どのようなプロセスを経て元の状態に戻しても,何らかの変化が残るプロセスが存在する」ことを示しています.このようなプロセスが不可逆過程です.自然界に生じる現象は一般に**不可逆過程**です.

(3) 熱力学的系と状態
(a) 熱力学的系の状態

熱力学的考察の対象を限定するため,ある境界で取り囲んだ空間が熱力学的系です.例えば,**図 3.4** に示す「シリンダとピストンで囲まれた空間」は1つの熱力学的系です.

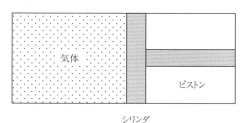

図 3.4 熱力学的系の例

(b) 状態量,状態変数,状態図,状態方程式

熱力学的系は,その系を構成している物質のモル数 N [分子の個数をアボガドロ数 N_0 ($= 6.02 \times 10^{23}$) で除した数] や,その系の体積 V,系の内部エネルギー U などが与えられると,系の状態が定まります.系の状態を定めるこれらの物理量は**状

態量，あるいは**状態変数**と呼ばれています．状態変数には，モル数 N，体積 V，内部エネルギー U のほかに，温度 T，圧力 P，エントロピー S，エンタルピー H，自由エネルギー F，G などがあります．

熱力学的系の状態について考察する際に状態量の P，V，T，S などを座標軸にとって示した図が状態図です．X 軸に体積 V，Y 軸に圧力 P をとって表した **P-V 線図**，X 軸にエントロピー S，Y 軸に温度 T をとって表した **T-S 線図**などが状態図としてよく利用されます．状態図の中の座標点は熱力学的系の1つの状態（熱力学的状態）に対応しています．**図 3.5** に状態図（P-V 線図）の例を示します（図中の座標点 A，B はそれぞれ1つの状態に対応しています）．

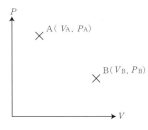

図 3.5　状態図

一般に気体の状態は圧力 P，温度 T，体積 V などの物理量（状態変数）によって定まります．状態変数間に成立している関係式が状態方程式です．例えば，理想気体（分子間の相互作用が無視できる気体）の圧力（P），体積（V），温度（T）間には式（3.6）で与えられる状態方程式が成立しています．この方程式が**理想気体の状態方程式**です．

$$PV = nRT \tag{3.6}$$
$$n = \frac{N}{N_0}, \quad N：粒子数，N_0：アボガドロ数，R：気体定数$$

（4）エントロピー

エントロピーは内部エネルギー U や温度 T と同じく熱力学的系の状態を表す状態量で記号 S で表します．エントロピー S は系の状態変化と密接な関わりがあります．熱力学の第2法則のところで述べたように，熱力学的系の状態変化は，ある変化の道筋を逆にたどらせた場合，再び最初の状態に戻すことができる変化（**可逆変化**）と，

元に戻すことができない変化（不可逆変化）とに分けられます．高温の物体から低温の物体への熱の移動や，摩擦による発熱などのように，自然界で生じている変化はすべて不可逆変化で，可逆変化は存在しません．しかしながら，頭の中で可逆変化を想定することができます．例えば，シリンダ内の気体を温度 T_1 の熱源と，T_1 より低いけれども限りなく T_1 に近い温度 T_1' の熱源の間に挟んで，無限大の時間を費やして膨張させる状態変化を行わせた場合，可逆的に元の状態に戻すことが可能です．状態量エントロピーSは，このような可逆的状態変化の場合には一定に保たれ，不可逆的な状態変化の場合に増加するという特性を示す状態量です．状態変化に伴うエントロピーの変化量を dS と書けば，状態変化とエントロピー変化の関係は，

　　　状態変化が可逆的変化の場合　　　：　$dS = 0$
　　　状態変化が不可逆的変化の場合　　：　$dS > 0$

と表されます．1つの熱力学的系 A が温度 T（熱力学的温度）の熱源 B から可逆的な方法で δQ の熱量を得る場合，系のエントロピー変化 dS は次のようになることが知られています（**図 3.6**）．

　　　熱の移動が可逆的な場合　　：$dS = \dfrac{\delta Q}{T}$

　　　熱の移動が不可逆的な場合　：$dS > \dfrac{\delta Q}{T}$

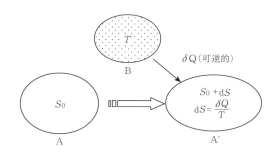

図 3.6　状態変化に伴うエントロピー変化

(5) 状態変化

(a) 様々な状態変化

　熱力学的系の状態変化（例えば，シリンダ内に充満している気体の温度や体積の

変化）のプロセスは次の通りです．
　・等圧変化（圧力一定のもとで生じる状態変化）
　・等温変化（温度一定のもとで生じる状態変化）
　・等積変化（体積一定のもとで生じる状態変化）
　・断熱変化（熱の出入りのない状態で生じる状態変化）
　理想気体の場合には状態変数の間に状態方程式（3.6）（$PV = nRT$）が成立しているので，上記4つの状態変化は次の通りです．

① 等圧変化

　等圧変化は圧力 P が一定の下における状態変化です．P が一定の場合，$\dfrac{V}{T} =$ 一定 の関係が成り立っているので，体積は温度 T に比例して変化します．ボイラ内で水を飽和温度に達するまで加熱するときの状態変化の場合は，この関係が成立しています．

② 等温変化

　等温変化は温度 T を一定にして外部から圧縮力や熱を加えたときに生じる状態変化で，$PV=$ 一定　の関係が成り立っています．温度が一定の場合，加えられた熱は外部への力学的仕事に変化します．ボイラ内で飽和水が蒸発し，飽和蒸気に変わるときの状態変化が等温変化です．

③ 等積変化

　等積変化は体積 V が一定のもとにおける状態変化です．体積が一定の場合，$P = \dfrac{nR}{V} T = kT$（k：定数）の関係が成り立っているので，圧力 P は温度に比例した変化を示します．

④ 断熱変化

　断熱変化は外部と熱の出入りを遮断して気体や乾燥蒸気が膨張，圧縮する状態変化です．断熱変化では圧力 P と体積 V の間に $PV^{\gamma} =$ 一定，$\gamma = \dfrac{C_\mathrm{p}}{C_\mathrm{v}}$（$C_\mathrm{p}$：定圧比熱，$C_\mathrm{v}$：定積比熱）の関係が成立しています．断熱変化では外部の系との間に熱の出入りがありません．すなわち，$\mathrm{d}Q = 0$ ですので，式（3.4）に示した熱力学の第1

法則から，$dQ = dU + PdV = 0$ となり，$dU = -PdV$ となります．これは断熱膨張によって気体に仕事がなされる場合に，内部エネルギー U が消費され，温度 T が低下することを示しています．給水ポンプで水を圧縮し，圧力，温度が上昇するときや，水蒸気が蒸気タービンを駆動させ，それによって水蒸気の圧力と温度が低下する変化は断熱変化です．

(b) 状態変化の軌跡が囲む面積

状態図として**図 3.7** に示した P-V 線図と T-S 線図を基にして，状態変化を考えます．

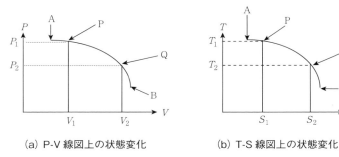

(a) P-V 線図上の状態変化　　　(b) T-S 線図上の状態変化

図 3.7　P-V 線図，T-S 線図上の状態変化

図 3.7 (a) の P-V 線図上の A から B に至る経路上の点 P，Q を考えると，点 PQ 間の P-V 線図の下の部分が囲む面積は $\int_{V_1}^{V_2} PdV$ となります．したがって，この面積は系の体積が V_1 から V_2 に膨張するときに圧力 P に抗してなす力学的な仕事を表しています．すなわち，P から Q への状態変化に伴ってなされる力学的仕事 W は，$W = \int_{V_1}^{V_2} PdV$ で与えられ，P-V 線図の囲む面積が状態変化に伴う力学的仕事の量を表します．

次に，**図 3.7 (b)** に示した T-S 線図について考えてみます．この状態図上で状態 P から状態 Q への変化を考えると，エントロピー変化の定義（$dS = \dfrac{dQ}{T}$）により，$dQ = TdS$ が導けるので，$\int_{T_1}^{T_2} TdS = \int_{T_1}^{T_2} dQ = Q$ となります．したがって，状態 P から状態 Q に至る変化の過程で T-S 線図の下の部分が囲む面積は，状態 P から状態 Q への変化の過程で系が受け取る熱量を表していることがわかります．

(c) 状態変化に伴うエンタルピー変化

エンタルピーHは$H = U + PV$で定義されます．これより，$dH = dU + PdV + VdP$となります．式(3.4)に示した熱力学の第1法則により$dQ = dU + PdV$が導けるので，$dQ = dU + PdV + VdP - VdP = dH - VdP$となります．これより，$dH = dQ + VdP = TdS + VdP$と書くことができます．したがって$dP = 0$の場合には$dH = dQ = TdS$となります．つまり，等圧変化($dP = 0$)では熱の出入りがエンタルピー$H$の変化$dH$に等しいことがわかります．また，$dQ = 0$とすると，$dH = VdP$となるので，断熱変化($dQ = 0$)では圧力変化に比例してエンタルピーが変化することがわかります．

(6) 熱サイクル

熱エネルギーを利用する場合には，後述する熱機関を利用して熱力学的系のある状態を出発点として，つぎつぎと状態を変化させ所要の動作を行わせます．この状態変化のプロセスにおいて，熱力学的系は，ある熱力学的状態を出発点として，つぎつぎと系の状態を変化させ，再び最初の状態に戻るという経過をたどります．状態図上でこの経過を示すと1つの閉曲線を描きます．この閉曲線で表される状態変化が熱サイクルです．**図3.8 (a)** はP-V線図上で，また**図3.8 (b)** はT-S線図上で描かれた熱サイクルです．

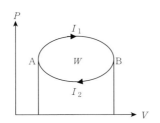 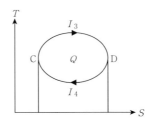

(a) P-V線図で表された熱サイクル　　(b) T-S線図上で表された熱サイクル

図3.8　熱サイクルとP-V線図，T-S線図

図3.8 (a) の閉曲線で表される熱サイクルが，状態Aをスタートし，経路I_1を経て状態Bに至り，図のI_2を経由してAに戻るプロセスをたどる場合を考えると，

閉曲線で囲まれた領域の面積は，状態 A から I_1 を経て B に至る過程でなされる力学的仕事 W_1 と，B から経路 I_2 を経て A に戻る過程でなされる仕事 W_2 の差（$= W_1 - W_2$）に対応しています．すなわち，閉曲線で囲まれた領域の面積は熱サイクルの過程でなされる正味の力学的仕事

$$W = W_1 - W_2 = \oint P dV$$ を表しています．

同様の考察から，**図 3.8 (b)** の閉曲線で囲まれる面積は，熱サイクルが状態 C から経路 I_3 を経由して状態 D に至り，I_4 を経由して C に戻る過程で外部から受け取る正味の熱量 Q〔$= (Q_1 - Q_2) = \oint T dS$，$Q_1$：外部から受け取る熱量，$Q_2$：外部に放出する熱量〕を表しています．熱サイクルでは，熱力学的系の内部に存在する気体や水蒸気などの媒体（**作動流体**）が系の外部から**熱量 Q_1** を受け，**力学的な仕事 W** を行いますが，その場合に，系が外部から受け取った熱量 Q_1 と，その熱によってなされる仕事 W の割合が熱の有効利用の目安となります．これが熱効率 η です．熱効率 η は $\eta = \dfrac{W}{Q_1}$ で定義されます．熱サイクルの過程で系が受け取った正味の熱量 Q は外部になされた仕事 W に等しい（$Q = W$）ので，熱サイクルの**熱効率 η** は次の式 (3.7) で与えられます．

$$\eta = \frac{W}{Q_1} = \frac{Q_1 - Q_2}{Q_1} = 1 - \frac{Q_2}{Q_1} \tag{3.7}$$

第3章 火力発電

（7）カルノーサイクル
（a）カルノーサイクル
　カルノーサイクルは18世紀に活躍したフランスの物理学者カルノーによって提案された熱サイクルで，等温膨張，断熱膨張，等温圧縮，断熱圧縮の4つの状態変化からなる熱サイクルです．図3.9はカルノーサイクルの状態変化を示したもの，表3.2は各過程における温度 T，体積 V，熱移動の状況を示したものです．

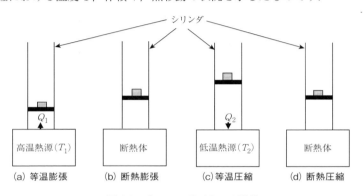

　　　(a) 等温膨張　　　(b) 断熱膨張　　　(c) 等温圧縮　　　(d) 断熱圧縮

図3.9　カルノーサイクルの動作

表3.2 カルノーサイクルの状態変化と各状態における温度，体積，熱移動の状況

状態変化	(a) 等温膨張	(b) 断熱膨張	(c) 等温圧縮	(d) 断熱圧縮
温 度	T_1	$T_1 \to T_2$	T_2	$T_2 \to T_1$
体 積	$V_A \to V_B$	$V_B \to V_C$	$V_C \to V_D$	$V_D \to V_A$
熱の移動	受熱 (Q_1)	なし	放熱 (Q_2)	なし

　図3.9（a）のシリンダ内に理想気体を入れ，次の①～④に示す状態変化を準静的に行わせることにより，カルノーサイクルが完了します．
① シリンダの頭部を温度 T_1 の高温熱源に接触させる．これにより，シリンダ内の気体が熱源から熱量 Q_1 を受け，温度 T_1 のままで膨張する（等温膨張）．
② シリンダ頭部に断熱体のふたをして，外部からの熱の流入がないようにして断熱膨張させる．このとき温度が低下する．温度が T_2 になったところで止める（等エントロピー変化）．
③ シリンダの頭部の断熱体のふたをとって温度 T_2 の低温熱源に接触させ，温度を

T_2 に保ったまま，気体を圧縮する．このとき，気体から低温熱源に熱量 Q_2 が移動する（等温圧縮）．

④ シリンダ頭部に断熱体のふたをして，外部に熱が流出しないようにして断熱圧縮させる．このとき温度が上昇する．温度が T_1 になったところで圧縮を止める（等エントロピー変化）．

図 3.10 は理想気体を用いたときのカルノーサイクルの P-V 線図と T-S 線図です．

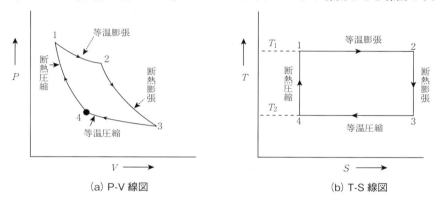

(a) P-V 線図　　　　　　　　　　　(b) T-S 線図

図 3.10　カルノーサイクルの P-V 線図と T-S 線図

(b) カルノーサイクルの熱効率

カルノーサイクルの等温膨張（1→2）での過程で気体が受け取る熱量を Q_1，等温圧縮（3→4）の過程で放出する熱量を Q_2 とすると，このサイクル中に気体が外部に対して行う仕事 W（体積膨張による仕事）は $W = (Q_1 - Q_2)$ で，熱効率 η は次のようになります．

$$\eta = \frac{W}{Q_1} = \frac{Q_1 - Q_2}{Q_1} = 1 - \frac{Q_2}{Q_1} = 1 - \frac{T_2}{T_1} \tag{3.8}$$

式（3.8）より，カルノーサイクルの熱効率 η は高温熱源の温度 T_1 と低温熱源の温度 T_2 によって定まることがわかります．

<補足 カルノーサイクルの熱効率（η）の導出>

カルノーサイクルの熱効率 η を与える式（3.8）は次のようにして導かれます．理

想気体では $PV = nRT$ の関係が成立しているので，等温条件下では $P_1V_1 = P_2V_2$ となります．ここで，P_1, V_1, および，P_2, V_2 はそれぞれ，膨張前，および膨張後の圧力と体積です．これより，$\frac{P_1}{P_2} = \frac{V_2}{V_1}$ が得られます．等温膨張の場合には作動流体の内部エネルギー U は一定に保たれます．したがって，熱力学の第1法則により，$dQ = dU + PdV = PdV$ となり，等温膨張の過程で作動流体に流入した熱量 Q_1 は気体膨張のための力学的仕事 W に費やされます．すなわち，

$$Q_1 = W = \int_{V_1}^{V_2} PdV = \int_{V_1}^{V_2} \frac{RT_1}{V} dV = RT_1 \ln\left(\frac{V_2}{V_1}\right) \text{ となります．}$$

同様にして，$P_3V_3 = P_4V_4$ から $\frac{P_3}{P_4} = \frac{V_4}{V_3}$ が与えられ，

$$-Q_2 = \int_{V_3}^{V_4} PdV = \int_{V_3}^{V_4} \frac{RT_2}{V} dV = RT_2 \ln\left(\frac{V_4}{V_3}\right) \text{ が得られます．}$$

一方，理想気体の断熱変化に対しては $PV^\gamma =$ 一定という関係が成り立っているので，

$$P_2V_2^\gamma = P_3V_3^\gamma \text{ となり，} \frac{P_3}{P_4} = \left(\frac{V_2}{V_1}\right)^\gamma \text{ が，また，} P_4V_4^\gamma = P_1V_1^\gamma \text{ から}$$

$\frac{P_1}{P_4} = \left(\frac{V_4}{V_1}\right)^\gamma$ が得られます．

前述の等温変化の PV 間の関係式より，$\frac{P_1}{P_2} \cdot \frac{P_3}{P_4} = \frac{V_2}{V_1} \cdot \frac{V_4}{V_3}$ の関係が成立しているので，

$$\frac{V_2}{V_1} \cdot \frac{V_4}{V_3} = \frac{P_1}{P_2} \cdot \frac{P_3}{P_4} = \frac{P_3}{P_2} \cdot \frac{P_1}{P_4} = \left(\frac{V_2}{V_3}\right)^\gamma \cdot \left(\frac{V_4}{V_1}\right)^\gamma \text{ の関係が得られ，}$$

$$\frac{V_2}{V_1} \cdot \frac{V_4}{V_3} = \left(\frac{V_2}{V_3}\right)^\gamma \cdot \left(\frac{V_4}{V_1}\right)^\gamma \text{ となるので，} \left(\frac{V_2}{V_3}\right)^{\gamma-1} \cdot \left(\frac{V_4}{V_1}\right)^{\gamma-1} = 1 \text{ となり，}$$

結局，$\frac{V_2}{V_1} = \frac{V_3}{V_4}$

となります．したがって，

$$\eta = \frac{Q_1 + (-Q_2)}{Q_1} = \frac{Q_1 - Q_2}{Q_1} = \frac{R \cdot T_1 \cdot \ln\frac{V_2}{V_1} + R \cdot T_2 \cdot \ln\frac{V_4}{V_3}}{R \cdot T_1 \cdot \ln\frac{V_2}{V_1}}$$

$$= \frac{T_1 \cdot \ln \frac{V_2}{V_1} - T_2 \cdot \ln \frac{V_2}{V_1}}{T_1 \cdot \ln \frac{V_2}{V_1}} = \frac{T_1 - T_2}{T_1}$$

となり，式(3.8)が得られます．

3-3 熱機関

(1) 熱機関

　熱機関（heat engine）は燃料の燃焼によって生じる熱エネルギーを力学的エネルギーまたは機械的仕事に変える装置です．熱エネルギーを利用するには温度の異なった2つの熱源の間で熱の移動が必要で，高温の熱源と低温の熱源の間で動作する装置が必要になります．すなわち，**図3.11**に示すように，熱機関の動作の過程では，高温熱源から得た熱量 Q の一部を力学的仕事 W に変え，残りの熱〔$Q'(= Q - W)$〕は何らかの形で低温熱源に戻しています．

(2) 熱機関の種類

　熱機関は蒸気機関のように外部に燃焼装置を有する**外燃機関**と，ガソリンエンジンのように熱機関内で燃焼をおこさせる**内燃機関**に大別できます．また，熱機関はピストンとシリンダで構成され，機械的な動作を往復運動により行う**ピストン機関**と，羽根車の回転運動によって機械的仕事を行う**タービン**とに分けられます．熱機関では水蒸気などの作動流体が膨張，収縮などの状態変化を行う過程で熱エネルギーが力学的仕事に変換されます．この作動流体が状態変化を行う熱サイクルが**熱機関サイクル**です．(3)に主な熱機関を示します．

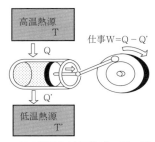

図3.11　高温熱源と低温熱減の間で働く熱機関

（出典）小出昭一郎，安孫子誠也：『エントロピーとは何だろう』，岩波書店，p.26，図7.19

第3章 火力発電

表3.3 主な熱機関

構造	名称	熱機関サイクル	動作原理	主な用途
外燃機関	蒸気機関	ランキンサイクル	外部で発生させた高温の蒸気をシリンダに注入しピストンを往復運動させる	蒸気機関車
	蒸気タービン		外部で発生させた高温の蒸気を羽根車(タービン)に吹きつけ回転させる	汽力発電
内燃機関	火花点火機関	オットーサイクル	燃料と空気の混合気をシリンダ内で圧縮し、点火栓で着火させ、燃焼・膨張させる	自動車(ガソリンエンジン)
	ディーゼル機関	ディーゼルサイクル	空気を高い圧縮比に圧縮し、シリンダ内に燃料を噴射して燃焼させる	船舶、鉄道発電
	ガスタービン	ブレイトンサイクル	圧縮機で圧縮した空気に燃料を噴射して燃焼させ、発生した高温の燃焼気体を、タービンの羽根に吹きつけて回転運動させる	発電

(3) 内燃機関の熱機関サイクル

(a) オットーサイクル

オットーサイクルはガソリンエンジンの熱機関サイクルです。オットーサイクルは図3.12に示すように、圧縮 → 点火 → 膨張 → 排気 → 吸入の行程から成り立っています。この行程で作動流体である燃料と空気の混合気は断熱圧縮 → 等積圧縮 → 断熱膨張 → 等積膨張の状態変化を繰り返します。図3.13はオットーサイクルのP-V線図とT-S線図です。

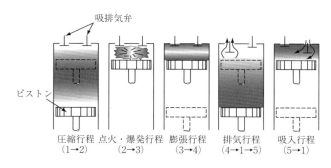

図3.12 オットーサイクルの行程

(出典) 棚沢一郎, 増子昇, 高橋正雄:『エネルギー基礎論』, 電気学会, p.101 図2.25, 1989

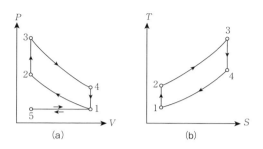

図 3.13　オットーサイクルの P-V 線図と T-S 線図
(出典) 棚沢一郎, 増子昇, 高橋正雄:『エネルギー基礎論』, 電気学会, p.101 図 2.26, 1989

(b) ディーゼルサイクル

　ディーゼルサイクルはディーゼルエンジンの熱機関サイクルです. **図 3.14** に示すように, 圧縮 → 着火・爆発 → 膨張 → 排気の行程から構成されています. ガソリンエンジンの場合は燃料と空気の混合気を圧縮し, 点火栓で点火しますが, ディーゼルエンジンでは高温の空気を高い圧縮比 (15〜20) に断熱圧縮したところに燃料を霧状に吹き込み着火させます. **図 3.15** がディーゼルサイクルの P-V 線図と T-S 線図です.

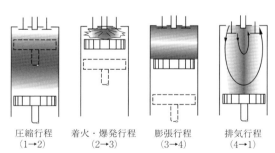

圧縮行程　着火・爆発行程　膨張行程　排気行程
(1→2)　　(2→3)　　　　(3→4)　　(4→1)

図 3.14　ディーゼルサイクルの行程
(出典) 棚沢一郎, 増子昇, 高橋正雄:『エネルギー基礎論』, 電気学会, p.104 図 2.27, 1989

第3章 火力発電

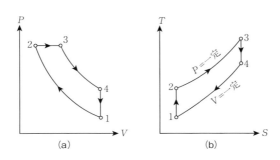

図 3.15　ディーゼルサイクルの P-V 線図と T-S 線図
（出典）棚沢一郎，増子昇，高橋正雄：『エネルギー基礎論』，電気学会，p.104 図 2.27，1989

(c) ブレイトンサイクル

　ブレイトンサイクルはガスタービンの熱機関サイクルです．**図 3.16** にブレイトンサイクルの構成を示します．ブレイトンサイクルでは吸い込んだ外気を圧縮機で圧縮し，それを燃焼器内で燃料とともに燃焼させ，そこで生じた高温の燃焼ガスでタービンを回転させます．作動流体はこの行程で断熱圧縮（圧縮機）→ 等圧加熱（燃焼器）→断熱膨張（タービン）→　等圧冷却（排気）と状態変化します．**図 3.17** がブレイトンサイクルの P-V 線図と T-S 線図です．

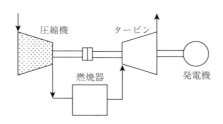

図 3.16　ガスタービンの構成

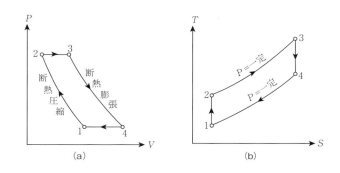

図 3.17 ブレイトンサイクルの P-V 線図と T-S 線図
(出典) 棚沢一郎, 増子昇, 高橋正雄:『エネルギー基礎論』, 電気学会, p.105 図 2.30, 1989

3-4 水蒸気の状態変化と汽力サイクル

　汽力発電は火力発電の最も重要な発電方式です．汽力発電では水蒸気を作動流体として熱エネルギーから力学的エネルギーへの変換が行われます．この節では汽力発電の作動流体である水蒸気の状態変化と，水蒸気を作動流体とするランキンサイクルのシステム構成，およびランキンサイクルの動作過程における作動流体の状態変化について学びます．

（1）水蒸気の状態変化

　水蒸気は理想気体と異なり，温度，圧力の変化に伴って複雑な状態変化を示します．**図 3.18** は圧力一定のもとで，シリンダ内の水を加熱したときの状態変化の様相を示したものです．**図 3.18（a）** に示すように，加熱により，シリンダ内の水は温度上昇し体積が増加します．ある温度に達すると，**図 3.18（b）** に示すように，温度一定のままシリンダ内の水の一部が気化し水蒸気に変わります．そのまま加熱を続けると，水から水蒸気への変化がさらに進行し，やがて**図 3.18（c）** に示すように，すべての水が水蒸気に変化します．この間，シリンダ内の体積は増加しますが，温度は一定に保たれます．例えば圧力 1013hPa の場合，温度は 100℃のままで，それ以上には上昇しません．この一定に保たれる温度をその圧力に対する**飽和温度**，一定の圧力をその温度に対する**飽和圧力**といいます．そして，飽和温度の水蒸気を**飽和蒸気**，飽和温度の水を**飽和水**といいます．

第 3 章 火力発電

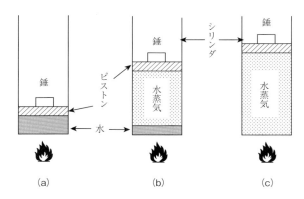

図 3.18　加熱によるシリンダ内の水の状態変化

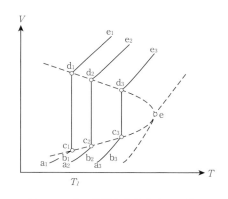

図 3.19　水の状態変化を表す T-V 線図

（出典）棚沢一郎，増子昇，高橋正雄：『エネルギー基礎論』，電気学会，p.77 図 2.15, 1989

　水が気化する過程ではシリンダ内は液体の水と気体の水蒸気が共存した状態ですが，この場合の水蒸気を**湿り蒸気**と呼びます．湿り蒸気 1 キログラム中に x キログラムの水蒸気が混在する場合を乾き度 x，湿り度 $(1-x)$ と称します．$x = 1$ の状態ではすべての水が水蒸気に変わっていますが，このときの飽和蒸気を**乾燥飽和蒸気**といいます．温度と体積の変化の様相を示すと**図 3.19** の T-V 線図のようになります．一定に保つ圧力を上昇させた場合には，状態変化の軌跡を表す線（$a_1 b_1 c_1 d_1 e_1$）は高温側にシフトし（$a_2 b_2 c_2 d_2 e_2$ → $a_3 b_3 c_3 d_3 e_3$），最終的には図中の e 点に至ります．こ

のe点を**臨界点**，臨界点の温度を**臨界温度**，臨界点の圧力を**臨界圧力**といいます．

圧力一定の下で加熱した場合，上に述べたような変化を示しますが，今度は，温度を一定に保ったまま，高温の過熱蒸気を加圧した場合の状態変化（**等温変化**）について調べます．理想気体の場合と異なり，水蒸気のP-V線図は**図 3.20（a）**のようになります．**図 3.20（a）**中のa点の過熱蒸気を温度一定のまま圧縮した場合，最初は双曲線的に体積が減少し，圧力が増加しますが，図のb点に達すると，圧力上昇が止まり，過熱蒸気の液化が始まります．このときの圧力がその温度における飽和圧力です．加圧を続けると液化がどんどん進行し，体積 V が減少しますが，圧力は一定のままです．そして，図のc点に達すると，すべての水蒸気が水に変わります．さらに加圧を続けた場合には水の圧縮となるので，ピストンのわずかの圧縮で圧力が急上昇します．一定に保つ温度を上昇させた場合には，同様な変化がP-V線図中の別の軌跡をたどりながら進行しますが，温度上昇に伴いbc間の間隔は狭まり，374.1℃に達すると点bと点cは一致し，臨界点（図中のK）に至ります．液化が始まる点の軌跡（図中のBK）は過熱蒸気と湿り蒸気の境界線で**飽和蒸気線**と呼ばれています．また，液化が終了する点の軌跡 AK は湿り蒸気と水の境界を示す線で**飽和水線**と呼ばれています．なお，**図 3.20（b）**は水蒸気のT-S線図です．

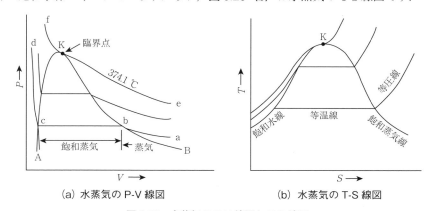

(a) 水蒸気の P-V 線図　　(b) 水蒸気の T-S 線図

図 3.20　水蒸気の P-V 線図と T-S 線図

（出典）山本孟，鈴木正義，高橋三吉：『発変電工学』，コロナ社，p.83，図 3.4，図 3.5，1985

(2) ランキンサイクル

(a) ランキンサイクルの構成

ランキンサイクルは水蒸気を作動流体とする熱機関サイクルです．**図3.21**がランキンサイクルのシステム構成で，ボイラ，過熱器，タービン，復水器，給水ポンプで構成されています．各構成要素はそれぞれ次のような作用を行います．

- ボイラ　　　……　燃料の燃焼熱を水に伝えて水蒸気を発生させます．
- 過熱器　　　……　ボイラでつくられた乾燥飽和蒸気を高温の過熱蒸気に変化させます．
- タービン　　……　過熱蒸気の運動エネルギーを羽根に受け，軸の回転により力学的仕事を行います．
- 復水器　　　……　タービンを駆動させた水蒸気を凝縮させ水に戻します．
- 給水ポンプ　……　復水器で戻された水をボイラに送り込みます．

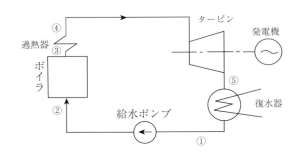

図3.21　ランキンサイクルの構成図
(出典) 道上勉:『発電・変電 (改定版)』，電気学会, p.108, 3編 図1.5, 2000

(b) ランキンサイクルにおける水蒸気の状態変化

ランキンサイクルでは作動流体である水蒸気が次のように状態変化します（以下の説明の中の丸数字は**図3.22**に示すP-V線図，T-S線図中の数字に対応しています）．

1) 給水ポンプで送り込まれた水は，ボイラ内で加熱（等圧加熱）され，飽和温度まで水温が上昇し，飽和水となります（②→②'）．

2) 飽和温度まで加熱された飽和水は，ボイラ内で一定温度（飽和温度）の下で加熱され（等温・等圧加熱），乾き度1の乾燥飽和蒸気に変わります（②'→③）．

3) 乾燥飽和蒸気に変わった水蒸気は過熱器内で加熱（等圧加熱）され，過熱蒸気に変化します（③→④）．
4) 3) のプロセスで生成した高温の過熱蒸気は蒸気タービンに送られ，タービンの羽根を回転させます．このプロセスで過熱蒸気は断熱膨張し，圧力・温度が下がり，湿り蒸気に変化します（④→⑤）．
5) 湿り蒸気に変わった水蒸気は復水器内で熱を放出し（等圧放熱），飽和水（液体）に変わります（⑤→①）．
6) 飽和水に変わった水は給水ポンプで加圧（断熱圧縮）され，ボイラに送られます．ただし，水は非圧縮性液体のため，体積変化はほとんどなく圧力上昇のみが起こります（①→②）．

上記の1)～6)の状態変化の軌跡をP-V線図，T-S線図上で示すと，**図3.22**の②→②'→③→④→⑤→①→②となります．

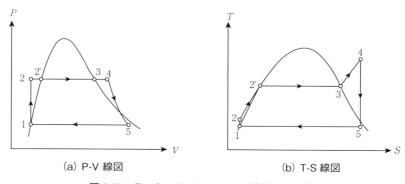

(a) P-V 線図   (b) T-S 線図

図 3.22　ランキンサイクルの P-V 線図と T-S 線図

(c) ランキンサイクルの熱効率

ランキンサイクルの熱効率 η を算出します．熱効率 η は式(3.7)で与えられるので，

$$\eta = \frac{W_\mathrm{t} - W_\mathrm{p}}{Q_1} \tag{3.9}$$

となります．式 (3.9) 中の Q_1 はボイラ，及び過熱器の中で作動流体に与えられる熱量であり，W_t はタービンの出力，W_p は給水ポンプを駆動するための所要動力です．η の算出に必要な $Q_1, W_\mathrm{p}, W_\mathrm{t}$ はエンタルピー（H）の変化で求めることができます．**3-2**(5)(c) で説明したように，エンタルピー H は式（3.10）で定義された熱力学的

関数です．

$$H = U + PV \tag{3.10}$$

3-2(5)(c) で説明したように，エンタルピー H の変化分 dH は次の式（3.11）で与えられます．

$$dH = dU + PdV + VdP = dQ + VdP \tag{3.11}$$

式（3.11）より，等圧変化（$dP = 0$）では $dH = dQ$ となり，熱の出入りはエンタルピーの変化に等しいことがわかります．ランキンサイクルでは②→②'→③→④のプロセスは等圧変化なので ②～④のプロセスで作動流体が受け取る熱量（$= Q_1$）はエンタルピーの変化に等しいことがわかります．

したがって，

$$Q_1 = H_4 - H_2 \tag{3.12}$$

となります．ここで，H_4 は④の状態のエンタルピー，H_2 は②の状態のエンタルピーです．

一方，④→⑤の状態変化（タービン内での蒸気の膨張）と，①→②の状態変化（給水ポンプによるボイラへの給水）はいずれも断熱変化ですので，この過程でなされた仕事 W はエンタルピーの変化に等しいことがわかります．すなわち，

$$W_t = -(H_5 - H_4) = H_4 - H_5, \quad W_p = H_2 - H_1 \tag{3.13}$$

となるので，式（3.9），式（3.12），式（3.13）より η を求めれば，

$$\eta = \frac{W_t - W_p}{Q_1}$$

$$= \frac{(H_4 - H_5) - (H_2 - H_1)}{(H_4 - H_2)}$$

$$= \frac{(H_4 - H_5) - (H_2 - H_1)}{(H_4 - H_1) - (H_2 - H_1)} \tag{3.14}$$

となります．$H_4 - H_5 \gg H_2 - H_1$，$H_4 - H_1 \gg H_2 - H_1$ であることを考慮すると，

$$\eta = \frac{H_4 - H_5}{H_4 - H_1} \tag{3.15}$$

が得られます．式（3.15）より，熱効率を大きくするには，$H_4 - H_1$ を大きくすることが必要で，蒸気温度を高くタービンの排気圧を下げることが有効なことがわかります．

（3）再熱サイクル

ランキンサイクルで蒸気タービンに供給される蒸気は過熱蒸気で，これがタービン中で断熱膨脹して飽和蒸気に変化します．この飽和蒸気をタービンの途中から取り出してボイラ内の再熱器に送って，過熱蒸気に変え，それを再び蒸気タービンに送り，熱効率を高める方式が再熱サイクルです．これにより，ランキンサイクルに比べて熱効率を2～4％向上させることができます．**図3.23**は再熱サイクルと再熱サイクルのT-S線図です．

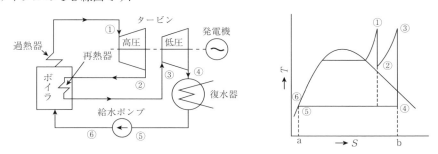

図3.23 再熱サイクルの構成とT-S線図
(出典) 道上勉：『発電・変電（改訂版）』, 電気学会, p.110, 3編 図1.7, 2000

（4）再生サイクル

ランキンサイクルは復水器に放出される熱量が大きいので，これを改善するように考案されたサイクルが再生サイクルです．再生サイクルは，タービン内で断熱膨張中の蒸気をとり（これを抽気という），その熱でボイラに送られる給水を加熱する方式です．蒸気の一部を給水加熱に利用するため，復水器の熱損失の量が減り，システム全体としての熱効率を上昇させることができます．**図3.24**に再生サイクルと，再生サイクルのT-S線図を示します．大容量の汽力発電所では7～9段の抽気を行っています．

第3章 火力発電

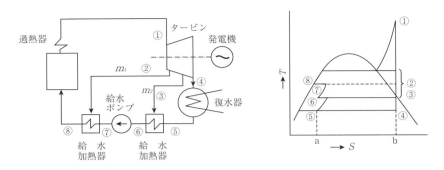

図 3.24　再生サイクルの構成と T-S 線図
(出典) 道上勉:『発電・変電 (改訂版)』, 電気学会, p.109,3 編 図 1.6, 2000

3-5 火力発電所の設備

(1) ボイラ

(a) ボイラの構造

　ボイラは燃料の燃焼熱を水に伝えて蒸気を発生する装置です. **図 3.25** はボイラの構造の概要です. 図に示すように, ボイラには**バーナ, 火炉, 過熱器, 再熱器, 節炭器**などが組み込まれています. バーナで送り込まれた燃料は火炉で燃焼し, その熱で水管内の水を水蒸気に変えます. さらに火炉で燃焼したガスは火炉内に設置されている過熱器, 再熱器, 節炭器も加熱します. 過熱器, 再熱器では水蒸気が過熱蒸気に変わり, 節炭器では排気ガスの余熱を利用してボイラに送られてくる給水を加熱します. また, 排気ガスの通り道となる煙道には空気予熱器が設置されています. 空気予熱器は煙道ガスの廃熱を利用し空気を予熱してボイラの熱効率, 燃焼効率を上げます.

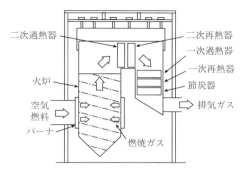

図 3.25　ボイラの構造
（出典）吉川榮和, 垣本直人, 八尾健：『発電工学』, 電気学会, p.118, 図 4.9, 2003

(b) ボイラの種類

図 3.26 に示すようにボイラは自然循環ボイラ, 強制循環ボイラ, 貫流ボイラに分かれます.

自然循環ボイラは蒸発管と降水管で構成され, 蒸発管中の水の一部が蒸気となり, 気水混合物となり管内を上昇し, 降水管から非加熱のボイラ水が下降します. 蒸発管と降水管の水の比重差によって循環が生じます. **強制循環ボイラ**は降水管の途中に循環ポンプを設けて強制的にボイラ水を循環します. 臨界圧, 超臨界圧になると水と蒸気が混合して沸騰現象がなくなり, ボイラの水は循環することがなく, 飽和水からただちに蒸気が発生します. この場合, 水は給水ポンプでボイラに送り込まれ, 加熱管を貫流する間に熱を吸収し飽和水, 飽和蒸気を経て過熱蒸気となります. これが**貫流ボイラ**です. 貫流ボイラはドラムや大型管が不要なことや始動, 停止が容易で負荷の応答性が良いことが特徴です.

(c) バーナ

バーナは使用する燃料によって構造が異なります. 石炭を燃料とする石炭火力発電所では石炭を粉末にして燃焼する**微粉炭燃焼方式**が採用されています. **図 3.27** は微粉炭の燃焼に用いられる**微粉炭バーナ**の構造です. また, LNG 火力の場合には**図 3.28** に示すようなバーナが用いられ, バーナ先端の小孔から燃料を高速噴射して燃焼させます.

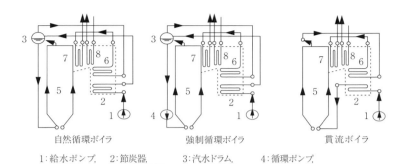

1:給水ポンプ, 2:節炭器, 3:汽水ドラム, 4:循環ポンプ,
5:蒸発管, 6:一次過熱器, 7:二次過熱器, 8:再熱器

図 3.26 ボイラの種類

(出典)『第6版 電気工学ハンドブック』, 電気学会, p.1087, 26編 図 43, 2001

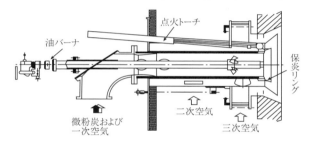

図 3.27 石炭火力用微粉炭バーナ

(出典)『第6版 電気工学ハンドブック』, 電気学会, p.1087, 26編 図 21, 2001

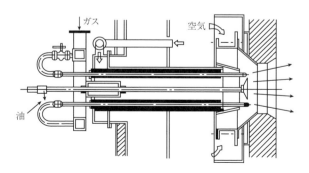

図 3.28 LNG 火力用ガスバーナ

(出典)『第6版 電気工学ハンドブック』, 電気学会, p.1088, 26編 図 25, 2001

(d) 燃料と燃焼の化学
① 石油

石油火力の燃料としては重油が使用されます．重油は A 重油，B 重油，C 重油に分類されますが，火力発電には C 重油が使用されます．**表 3.4** に C 重油の化学組成と発熱量の例を示します．

表 3.4　C 重油の化学組成と発熱量

成　分（％）			発熱量（MJ/kg）
C	H	S	
86.1	11.8	2.1	43.95

（出典）『第 6 版 電気工学ハンドブック』，電気学会, p.1082 , 26 編 表 3, 2001

② 石炭

石炭は炭化の程度によって無煙炭，瀝青炭，褐炭などに分類されますが，火力発電の燃料には瀝青炭が用いられています．**表 3.5** が無煙炭，瀝青炭の化学組成と発熱量です．

表 3.5　石炭の化学組成と発熱量

石炭の種類	成　分（％）					発熱量 (MJ/kg)
	C	H	O	S	N	
無 煙 炭	79.6	1.5	1.3	0.42	0.43	29.0 − 28.5
瀝 青 炭	62.3	4.7	11.8	2.24	1.26	25.9 − 24.8

（出典）『第 6 版 電気工学ハンドブック』，電気学会, p.1081 , 26 編 表 2, 2001

③ LNG

LNG はメタンを主成分とする炭化水素の混合物で，硫黄分を含まないクリーンな燃料であり，火力発電の燃料として広く用いられています．主な産地はアラスカ，ブルネイ，インドネシアなどで，産地により化学組成が異なります．**表 3.6** にアラスカ産 LNG，ブルネイ産 LNG の組成と発熱量を示します．

第3章 火力発電

表3.6 LNGの化学組成と発熱量

LNGの種類	成分（%）				発熱量 (MJ/kg)
	CH_4	C_2H_6	C_3H_8	N	
アラスカ産	99.8	0.1	—	0.1	55.6
ブルネイ産	88.8	5.6	3.7	0.1	54.8

（出典）山本孟, 鈴木正義, 高橋三吉：『発変電工学』, コロナ社, p.91, 表3.4, 1985

(e) 燃料の燃焼

燃料の燃焼は発熱を伴う次のような化学反応として進行します.

- Cの完全燃焼 : $C + O_2 \rightarrow CO_2$ + 406.0 MJ/kg
- H_2の完全燃焼 : $H_2 + \frac{1}{2}O_2 \rightarrow H_2O$ + 238.6 MJ/kg
- Cの不完全燃焼 : $C + \frac{1}{2}O_2 \rightarrow CO$ + 123.1 MJ/kg
- COの完全燃焼 : $CO + \frac{1}{2}O_2 \rightarrow CO_2$ + 283.0 MJ/kg
- Sの完全燃焼 : $S + O_2 \rightarrow SO_2$ + 334.9 MJ/kg

これらの燃焼反応に必要な空気の量（理論空気量）Aは次のようにして求めることができます.

まず，燃料に含まれる炭素の量と水素の量を燃料の組成分析から求めます．それぞれをC [kg]，およびH [kg]とします．1kmol（= 10^3 mol）の酸素の体積は22.4 m³（=22.4 × 10^3 ℓ）ですので，C [kg]の炭素は$\frac{C}{12}$ [kmol]，H_2 [kg]の水素は$\frac{H}{2}$ [kmol]に相当します．いま，CおよびHの燃焼反応式をそれぞれ，$C + O_2 \rightarrow CO_2$，$2H_2 + O_2 \rightarrow 2H_2O$と考えると，C [kg]の炭素，およびH [kg]の水素が燃焼するのに必要な酸素量は，それぞれ，$\frac{C}{12} \times 22.4$ [m³]，および，$\frac{H}{2} \times 22.4 \times \frac{1}{2}$ [m³]となります．したがって，C [kg]の炭素とH [kg]の水素を含む燃料を燃焼するのに必要な酸素量（理論酸素量）Dは

$$D = \left(\frac{C}{12} + \frac{H}{2} \times \frac{1}{2}\right) \times 22.4 \text{ [m}^3\text{]}$$

となるので，燃料に供給する必要空気量Aは

$$A = \frac{D}{0.21} = \left(\frac{C}{12} + \frac{H}{2} \times \frac{1}{2}\right) \times \frac{22.4}{0.21} \text{ [m}^3\text{]}$$

$$= \left[\left(\frac{C}{12} \right) + \left(\frac{H}{2} \right) \times \left(\frac{1}{2} \right) \right] \times 107 \, [\text{m}^3]$$

となります．実際に燃料を完全燃焼させるためには A の λ 倍の空気が必要で，この場合の λ を空気比といいます．

（2）蒸気タービン

　蒸気タービンは蒸気の運動エネルギーを羽根に受けて力学的仕事を行う熱機関です．**図 3.29** は蒸気タービンの原理図です．図のように，蒸気タービンは回転軸（タービン軸）の周囲に環状に連なって取りつけられている羽根に蒸気を作用させて回転させます．

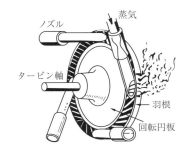

図 3.29　蒸気タービンの原理図

（出典）小野 周：『熱力学』，岩波書店，p.242 図 6.10, 1971

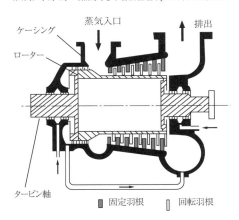

図 3.30　蒸気タービンの構造

現在の蒸気タービンは，軸方向に蒸気が流れるタービン（軸流タービン）がほとんどです．**図3.30**が現在使用されている蒸気タービンの構造です．図に示すように，蒸気タービンは外側のケーシングに取りつけられている固定羽根（静翼）と，回転するロータに取りつけられている回転羽根（動翼）が交互になるように組み合わされています．蒸気の持つエネルギーを効率よく吸収するために，回転羽根に作用して出てきた蒸気が，**図3.31**に示すように固定羽根で方向を変え，次の列の羽根に作用するようになっています．

図3.32は蒸気タービンの中心部分の断面構造です．図に示されているように，実際の蒸気タービンは車室，ノズル，羽根車（回転羽根），軸受，気密装置などで構成されています．

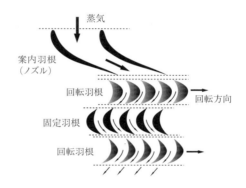

図3.31　動翼と静翼の構造

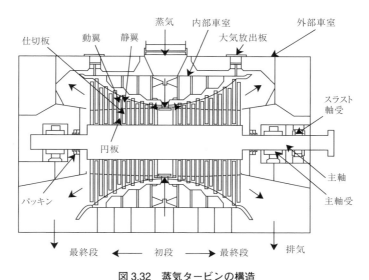

図 3.32　蒸気タービンの構造
(出典) 吉川榮和, 垣本直人, 八尾健:『発電工学』, 電気学会, p.126, 図 4.19, 2003

　実際の蒸気タービンには多数の**動翼**（回転翼）が回転軸（ロータ）を囲んで取りつけられ，それと同数の**静翼**（固定翼）が回転軸を囲んで外部の容器に取りつけられています．動翼は回転することによって動力を得て，その回転がそのまま発電機に伝えられ，発電機を駆動します．動翼を固定して回転力を得てエネルギーを外部に出力するのが**回転軸**です．動翼と対をなす静翼はケーシングに固定されており，蒸気の流れが効率よく動翼へ流れるように導きます．動翼と静翼を収めて蒸気を導入する容器が**タービン車室**です．

　蒸気タービンは蒸気エネルギーの利用のしかたにより**衝動式タービン**と**反動式タービン**に分けられます．衝動式タービンは蒸気の圧力エネルギーを速度エネルギーに変換し，静翼のノズルから噴出する高速の蒸気の衝動力によって動力を発生します．一方，反動式タービンは動翼内でも蒸気の圧力エネルギーを速度エネルギーに変換し，動翼から噴出する蒸気の反動力も利用して回転力を発生させます．**図 3.33** が衝動タービンと反動タービンの動作原理で，**図 3.34** は衝動タービンと反動タービンの羽根を通過するときの蒸気の温度と圧力の変化を示したものです．

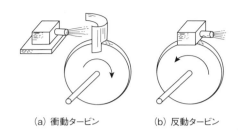

(a) 衝動タービン　　(b) 反動タービン

図 3.33　衝動式タービンと反動式タービン

(出典) 寺島俊郎編：『タービン主機の構造 (1)，火力原子力発電 No.250』，火力原子力発電技術協会，1977

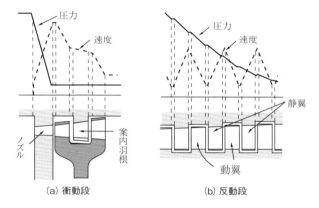

(a) 衝動段　　(b) 反動段

図 3.34　蒸気タービンの羽根の部分を通過するときの蒸気圧力と速度の変化

(出典) 弘山尚直編：『発変電工学（改訂版）』，電気学会，p.194，第 12.1 図，第 12.2 図，1971

　衝動タービンでは 1 段落当たりの熱落差が大きく段落数は少なくなりますが，翼は小型です．反動タービンでは蒸気入り口に多数のノズルが取りつけられています．また，動翼と車室との隙間から蒸気が逃げないようにシーリング・ストリップと呼ばれるリング状の部品で塞いでいます．蒸気タービンのうち，高・中・低圧タービンを 1 つの軸に配置するものをタンデム・コンパウンドと呼び，高・中・低圧タービンを 2 つの軸に振り分けて配置するものをクロス・コンパウンドと呼びます．**図 3.35** はタンデム・コンパウンド方式とクロス・コンパウンド方式の構成図です．

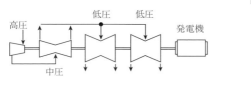
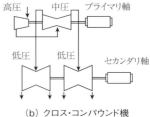

(a) タンデム・コンパウンド機　　　　　(b) クロス・コンパウンド機

図3.35　タンデム・コンパウンドとクロス・コンパウンドの構成
(出典) 吉川榮和, 垣本直人, 八尾健:『発電工学』, 電気学会, p.125, 図4.18, 2003

　クロス・コンパウンドでは，高圧と低圧の半分をプライマリ軸とし，中圧と低圧の残り半分をセカンダリ軸とする方式と，高圧と中圧をプライマリ軸とし，低圧をセカンダリ軸とする方式があります．タンデム・コンパウンドに比べ，クロス・コンパウンドは，大出力化が容易であり熱効率も高くできますが，各軸の単独運転は不可能です．大型火力ユニットはベースロード運用が多く，熱効率が重視されていたことや，高速回転に伴う低圧タービン最終段動翼の遠心力の制約などにより，500〜700 MW以下はタンデム・コンパウンド機，それより大型のユニットはクロス・コンパウンド機とされていました．しかし，近年では軽量のチタン動翼による遠心力の緩和や材料強度の改善などにより，1000 MW級火力ユニットでもタンデム・コンパウンド機が採用されています．**図3.36**は蒸気タービンの内部を上から見た写真です．

図3.36　タービンの外観写真（写真提供：東京電力株式会社）

(3) 復水器およびその他の設備

 復水設備は蒸気タービンを駆動した蒸気を凝縮させて水にもどし,再びボイラの給水として利用する設備で,復水器,空気ポンプ,循環ポンプなどで構成されています.中心となる装置は**図 3.37**に示す復水器です.復水器は蒸気タービンを駆動した後の湿り蒸気を冷却水で冷却し,水にもどし回収します.

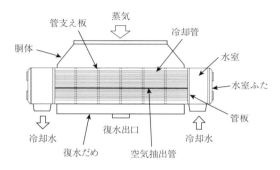

図 3.37 復水器

(出典)吉川榮和,垣本直人,八尾健:『発電工学』,電気学会, p.134, 図 4.29, 2003

(4) タービン発電機

 タービン発電機はタービンの回転力で駆動し,力学的エネルギーを電気エネルギーに変換します.タービン発電機は同期発電機で,固定子と回転子が主な構成要素です.タービンは高速回転するので,発電機の回転数も 50 Hz 系が 3000 rpm,60 Hz 系が 3600 rpm と高速です.電機子(固定子)や界磁巻線(回転子),大容量発電機の場合の固定子巻線の発熱を処理するため冷却が必要で,通常は固定子巻き線の冷却は水冷式で行われていますが,大容量の発電機では回転子の冷却に水素冷却方式が採用されています.**図 3.38** がタービン発電機の構造です.

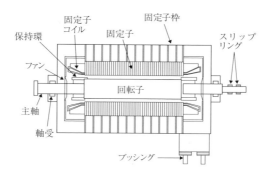

図 3.38 タービン発電機
(出典) 吉川榮和, 垣本直人, 八尾健:『発電工学』, 電気学会, p.138, 図 4.33, 2003

3-6 複合サイクル発電

(1) 複合サイクル発電の特徴

複合サイクル発電(コンバインドサイクル発電)は高温ガスを作動流体とするガスタービンと蒸気タービンを組み合わせた発電方式です．複合サイクル発電ではガスタービンの排気ガスの熱を利用して発生させた蒸気により蒸気タービンを駆動させるため，高い熱効率を実現できます．

(2) 複合サイクル発電の方式

表 3.7 に示すように，複合サイクル発電には各種の方式があります．表 3.7 に示した各種方式の中で，ひろく採用されている方式は排熱回収方式です．排熱回収方式は図 3.39 に示すように，空気圧縮機，ガスタービン，排熱回収ボイラ，蒸気タービンでシステムを構成し，高温の燃焼ガスでガスタービンを駆動します．そして，その排気ガスの熱を利用して高温の蒸気を発生させ，蒸気タービンを駆動します．燃料にはLNGや都市ガスを使用します．耐熱材料の開発が進み，近年ではガスの燃焼温度が 1500 ℃ に達する発電所が建設されるようになり，50 % を超える熱効率が得られています．

表3.7 種々の複合サイクル発電の方式

方 式	概 要	特 徴
排熱回収	ガスタービンの排気を排熱回収ボイラに導き,ガスタービンの排熱で蒸気を発生させ,蒸気タービンを運転する	①ガスタービンが高温化するほどプラント熱効率が上昇する ②ガスタービンの出力比が大きい ③既設プラントのリプレースに適している
排気助燃	ガスタービンの排気を排熱回収ボイラに導く途中で補助燃焼を行い,蒸気タービンの出力を増加させる	①助燃料が大きいほど蒸気タービン出力比が増す ②既設プラントのリプレースに適用できる ③排熱回収式に比べ,起動時間は長い
排気再燃	ガスタービンの排気をボイラの燃焼用空気として利用し,排熱を回収する	①蒸気タービンの出力比が大きい ②ガスタービンと無関係にボイラの燃料を選べる ③蒸気タービンの単独運転ができる
過給ボイラ	空気圧縮機からの空気を利用してボイラで加圧燃焼し,その排ガスでガスタービンを運転する.さらにガスタービンの排気で蒸気プラントの給水を加熱する	①蒸気タービン出力比がやや大きい ②ガスタービンの入り口温度を下げることができる
給水加熱	ガスタービンの排気で蒸気プラントの給水を加熱する	①システムが単純である ②蒸気タービンの単独運転ができる ③季節火力のリパワリングとして適用できる

(出典) 瀬間徹 監修:『火力発電総論』,電気学会,P.222 表12.1 を基に作成

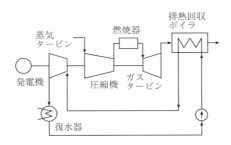

図3.39 排熱回収式複合サイクル発電の構成

(出典) 財満英一編:『発変電工学総論』,電気学会,p.161, 図3.52 (b), 2007

表3.8と表3.9は日本で運転されている排熱回収式複合サイクル発電プラント，表3.10は建設中，および建設計画中の排熱回収式複合サイクル発電プラントです．図3.40は火力発電所の熱効率の変遷を示す図ですが，図に示すように，高温で動作するガスタービンの開発が進み，これを組み込んだ複合サイクル発電所が建設されるのに伴い，年々熱効率が上昇しています．

表3.8 排熱回収式 複合サイクル発電プラント (1)

電力会社	発電所	系列	出力（MW）	運転開始年月
東北電力	東新潟	3号	1210	1984/12
		4号	1700	1999/7
	仙台	4号	468	2010/7
東京電力	千葉	1〜2号	各1440	2000/4
		3号	1500	2014/7
		2号	780	2023
		3号	780	2024
	富津	1号	1000	1986/11
		2号	1000	1988/11
		3号	1520	2003/11
		4号	1520	2010/10
	川崎	1号	1500	2009/2
		2-1号	500	2013/2
		2-2号	710	2016/1
	横浜	7,8号	各1400	1998/1
	鹿島	7号	1260	2014/6
	品川	1号	1140	2003/3
中部電力	新名古屋	7号	1458	1998/8
		8号	1600	2008/4
	川越	3号	1701	1996/6
		4号	1701	1997/1
	四日市	4号	585	1988
	上越	1,2号	各1190	2012/7
関西電力	堺港	1〜5号	各400	2009/4
	姫路第一	5号	729	1995/4
		6号	713	1996/5
	姫路第二	1〜5号	各481	2013/8
		6号	486.5	2015/3

第3章 火力発電

表3.9 運転中の排熱回収式複合サイクル発電プラント (2)

電力会社	発電所	系列	出力[MW]	運転開始年月
中国電力	水島	1号	285	2009/4
	柳井	1, 2号	各700	1995/8
四国電力	坂出	1号	296	2010/8
		2号	289	2016/8
九州電力	新大分	1号	690	1991/6
		2号	920	1995/2
		3-1号	735	1998/7
		3-2号	459.4	2016/6
沖縄電力	吉の浦	1号	251	2012/11
		2号	251	2013/5

表3.10 建設中、および建設計画中の排熱回収式複合サイクル発電プラント

電力会社	発電所	系列	出力[MW]	運転開始年月	備考
北海道電力	石狩湾新港	1〜3号	各569.4	2019/2	建設中
東北電力	上越	1号	600	2023	計画中
東京電力	五井	1号	780	2023	計画中
		2号	780	2023	
		3号	780	2024	
中部電力	西名古屋	7号	2316	2017/9	建設中
北陸電力	富山新港	LNG1	424.7	2018/11	建設中
沖縄電力	吉の浦	3〜4号	各251	2022	計画中

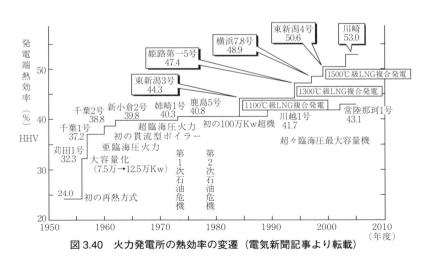

図3.40 火力発電所の熱効率の変遷（電気新聞記事より転載）

(3) 排熱回収型複合サイクル発電所の設備

　排熱回収型複合サイクル発電には空気圧縮機，ガスタービン，排熱回収ボイラ，蒸気タービンなどの設備が使用されますが，これらの設備の構造と特徴について簡単に説明します．

(a) 圧縮機

　複合サイクル発電では圧縮空気を燃料ガスに混合して高温で燃焼しますが，そのための圧縮機には航空機のジェットエンジンなどに用いられている**軸流圧縮機**が使用されます．軸流圧縮機は回転翼前後の圧力差を利用する圧縮機で，高効率で高い圧縮比が得られます．図 3.41 は複合サイクル発電に使用される発電用ガスタービンの鳥瞰図で，図の左の部分が圧縮機です．

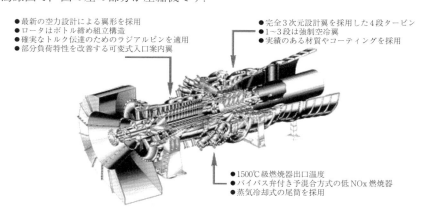

図 3.41　発電用ガスタービン
(出典) 三菱重工業株式会社 公式ホームページより

(b) 燃焼器

　燃焼器は圧縮空気と混合した燃料ガスを燃焼させる部分で，燃料を噴出させるノズルや，燃焼筒，点火栓などで構成されています．高い燃焼効率で安定した燃焼ガスが得られることと，LNG などを高温で燃焼したときに発生する窒素酸化物の発生が少ないことが求められます．この要求を満たすため，燃料と空気を予め混合させる方式の**予混合燃焼器**が採用されています．図 3.42 はその構造です．

105

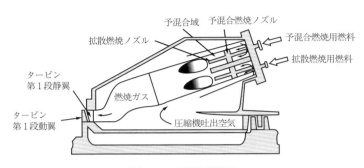

図3.42 予混合燃焼器
(出典)財満英一編:『発変電工学総論』,電気学会,p.159,図3.50,2007

(c) ガスタービン

前出の図3.41が複合サイクル発電に用いられているガスタービン(軸流タービン)の断面図です.最近では,ニッケルやコバルトを主成分とする耐熱合金が開発され,ガス温度1500℃で運転できるガスタービンが実用化されています.

(d) 排熱回収ボイラ

図3.43が排熱回収ボイラの構成図です.図は横型の排熱回収ボイラですが,入口ダクトからボイラ内に送り込まれた600℃前後の排気ガスの熱を利用して高温の蒸気を発生させ,蒸気タービンに送り込みます.汽力発電の場合と同じようにボイラ内には節炭器や過熱器も組み込まれています.また,ボイラ内には排気ガス中の窒素酸化物を除去するため,3-7(2)(b)で説明する脱硝装置も組み込まれています.

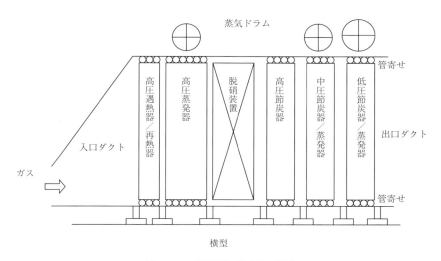

図 3.43　排熱回収ボイラの構造
(出典) 田中博成, 白井弘孝, 堀哲哉:「熱回収ボイラ」,
『火力原子力発電 59 巻, 10 号』, 火力原子力発電技術協会, p.89, 図 4, 2008

3-7　環境保全対策

(1) 火力発電所の排出物

(a) 硫黄酸化物

　硫黄酸化物の発生源としては火山ガスや海水中の硫酸塩など自然環境に由来するものと，化石燃料の燃焼によるものがあります．化石燃料の燃焼によるものは全体の 20 % 程度ですが，過去 100 年間に 20 倍に増加しています．硫黄酸化物のうち，SO_2 は人体に有害で，空気中で硫酸に変化したものが雨滴に含まれて酸性雨として地上に降下し，環境破壊を引き起こします．酸性雨は硫黄酸化物や，次項 (b) で述べる窒素酸化物などが大気中の雲との化学反応によって硫酸イオンや硝酸イオンなどに変化し，PH < 5.6 の酸性物質が雨水と一緒に地上に降下する現象で，樹木や地球上の生物に直接の影響を及ぼすと同時に，土壌の酸性化を通して植物の弱体化や魚介類や水生植物に重大な影響を及ぼし，森林破壊や湖沼に生息する魚介類の死滅をもたらします．

(b) 窒素酸化物

窒素酸化物の発生プロセスは2つに大別されます。1つは空気中に含まれている窒素と酸素が高温下で反応してNOを生成するプロセス(熱的プロセス)、もう1つは燃料中の窒素化合物が燃焼時に酸化されNOとなる燃焼プロセスです。排気ガス中の窒素酸化物はほとんどNOですが、大気中のオゾンにより酸化されて窒素酸化物(NOx)に変化します。窒素酸化物NO、NO_2は次の反応により、酸化されて硝酸(HNO_3)に変わり、大気汚染や酸性雨の原因となります。

$$2NO + O_2 \rightarrow 2NO_2$$
$$2NO_2 + H_2O \rightarrow HNO_3$$

(2) 大気汚染防止策

化石燃料の燃焼に伴う排出物による環境破壊を阻止するためには、地球規模での排出の抑制が必要であるとの認識が世界中に広まり、1985年に硫黄酸化物の排出規制を定めたヘルシンキ議定書が、また、1988年には窒素酸化物の排出規制を定めたソフィア議定書が締結され、世界規模での排出規制が実行されることになりました。日本でもこの2つの議定書を締結し、1993年に環境基本法を制定し、規制を行うことになりました。表3.11はこの2つの議定書を締結した各国の大気汚染物質の排出基準です。これにより日本の排出基準が最も厳しいことがわかります。

表3.11 各国の硫黄酸化物, 窒素酸化物, 浮遊粒子状物質の排出基準

国, 地域	日本	アメリカ	カナダ	EU
硫黄酸化物 (SOx) [ppm]	0.04	0.14	0.115	0.035～0.05
窒素酸化物 (NOx) [ppm]	0.02～0.03	0.053	0.053	0.025
浮遊粒子状物質 [mg/m^3]	100	150	—	100～150

(a) 硫黄酸化物の削減対策

硫黄酸化物の排出量を削減するため、次のような方法が採用されています。

① 硫黄分の少ない燃料の利用

これは燃料の段階で硫黄酸化物を削減する対策法です。日本ではこの目的も加味した燃料転換が進められ、現在ではLNG火力が主流になっています。

② 高煙突の採用

　この方法は高い煙突や集合煙突を用いて排気ガスを大気中に拡散させるものです．

③ 排煙脱硫

　この方法は排気ガス中の硫黄酸化物を脱硫装置により取り除くもので，排気ガスを化学的に処理して無害化させます．このために設置されるのが**排煙脱硫装置**です．具体的な化学処理法として活性炭法とスラリー法があります．スラリー法は吸収塔で排気ガスとスラリー状の石灰石（$CaCO_3$）を接触させ，次の反応により SO_2 を石膏として回収する方法（**石灰石スラリー法**）と，イオン分解した SO_2 をスラリー中に吸収して回収する方法（**湿式石膏法**）があります．

$$SO_2 + H_2O \rightarrow H^+ + HSO_3^-$$
$$H^+ + HSO_3^- + 0.5O_2 + CaCO_3 + H_2O \rightarrow CaSO_4 \cdot 2H_2O + CO_2$$

(b) 窒素酸化物の削減対策

　窒素酸化物を削減する方法として，① 硫黄酸化物の場合と同様に燃料の段階で窒素の含有量の少ない LNG や LPG などを使用する方法，② 燃焼方法の改善によって窒素酸化物を削減する方法，③ 化学処理により排気ガスを無害化する方法，などがあります．燃焼方法の改善による方法としては，燃焼に必要な空気を二段階に分けて供給する**二段燃焼法**，**排気ガス混合燃焼法**，**低 NOx バーナ**を使用する方法などがあります．**図 3.44** は低 NOx バーナの構造です．

　化学的方法で排気ガスを処理し無害化する方法が**排煙脱硝法**で，**アンモニア接触還元法**（SCR 法）など，さまざまな方法が開発されています．このうちの SCR 法は次に示すような反応を利用し，排気ガス中にアンモニアを添加するもので，脱硝反応容器内の触媒のもとで還元剤であるアンモニアが，200〜400 ℃ で NO と NO_2 を選択的に接触還元し，無害な窒素と水蒸気に分解する方法です．この方法は高い脱硝性能が得られ，副生成物の処理が不要です．

$$4NO + 4NH_3 + O_2 \rightarrow 4N_2 + 6H_2O$$
$$6NO_2 + 8NH_3 \rightarrow 7N_2 + 12H_2O$$

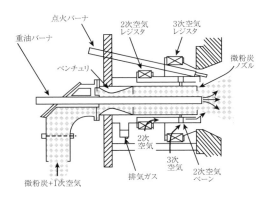

図 3.44　低 NOx バーナの構造

(出典) 道上勉:『発電・変電 (改訂版)』, 電気学会, p.123, 3 編 図 2.6, 2000

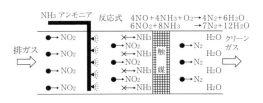

(a) アンモニア接触還元法の原理

(出典) 関根泰次:『エネルギー工学序論』, 電気学会, p.191, 4.41 図, 1996

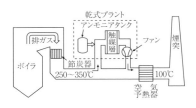

(b) アンモニア接触還元法による脱硝装置

(出典) 道上勉:『発電・変電 (改訂版)』, 電気学会, p.168, 3 編 図 6.3, 2000

図 3.45　アンモニア接触還元法の脱硝装置

(c) 浮遊粒子状物質の削減対策

浮遊粒子状物質を削減するには，ボイラで燃料を完全燃焼させるとともに，高性能の**集塵装置**を設置して煤塵を取り除きます．集塵装置としては遠心力式の機械的装置と電気式コットレル集塵器を組み合わせたものが使用されています．電気式コットレル集塵器は**図 3.46** に示すように板状の集塵電極 ($+$) と針金状の放電電極 ($-$) の間に 40～60 kV の直流電圧を印加してコロナ放電によりガス中の微粒子を ($-$) に帯電させ，クーロン力により集塵します．

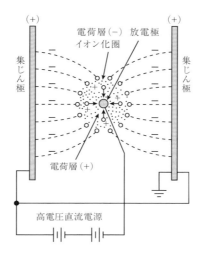

図 3.46　コットレル集塵装置

(出典) 道上勉:『発電・変電 (改訂版)』, 電気学会, p.126, 3 編 図 2.11, 2000

実際の火力発電プラントでは**図 3.47**に示すように，脱硝装置，集塵装置，脱硫装置などを組み込み，すべての有害成分を取り除くシステムとなっています．

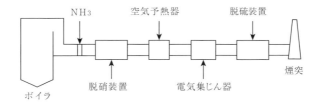

図 3.47　火力発電所の環境保全装置

(出典) 吉川榮和，垣本直人，八尾健:『発電工学』, 電気学会, p.123, 図 4.16, 2003

(3) 地球温暖化現象とその防止対策

　人類の生産活動の大規模化に伴い，化石燃料の消費量が増大し，19 世紀後半から大気中の二酸化炭素 (CO_2) の濃度が増大し始めました．とくに 20 世紀後半には急激に増加し，この 30 年間には年々約 1 ppm 増加しています．大気中の CO_2 濃度が増えると温室効果により地表から宇宙への放熱量が減り，地球大気の平均気温が上昇します．これが地球温暖化で，北半球の平均気温は 100 年間で 0.4〜0.6 K 上昇し

ています.地球温暖化をもたらす温室効果ガスにはCO_2のほかにフロン,メタン,亜酸化窒素（N_2O）,NOx,CO,SF_6などがあります.

(a) 地球のエネルギーバランスと温暖化現象

地球上の気温は太陽から受ける日射のエネルギーと,地球の赤外線放射のバランスで定まっています.地球から放出される赤外線は大気中のH_2O, CO_2, CH_4, N_2O,フロンなどにより一部が吸収されます.これにより,実質的に地球の赤外線放射が減り,その分だけ地球上の温度が高くなります.これが温室効果（Green House Effect）です.もしもこのような温室効果の作用がないとすると,地球の現在の平均気温である15℃よりも34Kほど低くなり,おおよそ－19℃になるといわれています.大気中の成分で温室効果をもたらすものとしてH_2O, CO_2その他のガス成分があり,H_2Oの寄与が約60%,CO_2の寄与が30%,その他の成分の寄与が10%と考えられております.これらの温室効果ガスの成分濃度の増加によって地球上の平均気温が増加する現象が地球温暖化です.年々排出量が増加しているCO_2による地球温暖化の進行は,化石燃料の燃焼によって発電を行う火力発電と深い関わりがあります.**図3.48**は地球温暖化の機構を説明する図です.

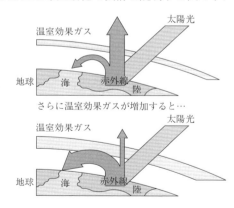

図3.48 地球温暖化のメカニズム
（出典）経済産業省 資源エネルギー庁:『エネルギー白書2006』（第112-1-1図）

(b) 地球温暖化に関する最新の知見

地球温暖化がグローバルな環境問題としてクローズアップされるようになって以

来,地球規模でその解決を図ることが必要との認識が高まり,国際的な枠組みの下で様々な検討が行われるようになりました.1988年には地球温暖化に関する研究データの収集と整理を行い,温暖化の影響についての科学的知見や,地球温暖化を防ぐ対策とその効果について評価を行うため,専門家による国際的学術機関である「気候変動に関する政府間パネル(IPCC)」が設けられました.IPCCは地球温暖化に関する世界中の専門家の知見を集約した評価報告書を数年おきに発行しており,2013年9月に最新の報告書(IPCC第5次報告書)が出されました.この第5次報告書では地球温暖化現象に関するつぎのような知見が報告されました.

1) 気候システムの温暖化は疑う余地がなく,気温,海水温,海面水位の上昇,地球上の雪氷の減少などが確認されている.
2) 温暖化の支配要因は人為的起源による温室効果ガスの排出による可能性が大きい.
3) 温室ガスの排出が21世紀後半以降の世界平均気温の上昇の大部分を決定づけ,排出が非常に多い場合には今世紀末の気温の上昇は1986年～2005年の平均気温に対し2.6℃から4.8℃上昇する可能性が高い.
4) 2100年の温室効果ガスの排出がCO_2換算で450ppm,あるいはそれ以下となった場合,気温の上昇を2℃未満に維持できる可能性が高い.
5) 今後数十年にわたり温室効果ガスの大幅な排出削減を行えば,21世紀後半以降の温暖化を抑制することによって,気候変動のリスクを大幅に低減することができる.

図 3.49は1960年から現在に至る約50年間の二酸化炭素濃度の変化,**図 3.50**は1992年から現在に至る30年間の地球上における氷の累計損失量の変化です.また,**図 3.51**は二酸化炭素の排出量と気温の変化,**図 3.52**と**図 3.53**はそれぞれ,世界平均気温と平均海面水位上昇の予測値です.これらはいずれもIPCCの第5次報告書に示されたデータで,いずれも温暖化現象の進行を示しており,このような状態がそのまま継続すれば,21世紀末には気温が4.0℃上昇し,海面水位が0.26m～0.59m上昇すると推定されており,地球上の生物全体に深刻な影響が及ぶことになるので,世界の国が協調して温室効果ガスの排出削減に取り組むことが課題であると警告しています.

第3章 火力発電

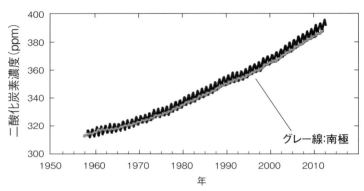

図 3.49　地球上の二酸化炭素濃度の年次推移
(出典：図、IPPC AR5 WG 1 SMP Fig SPM 4(a))

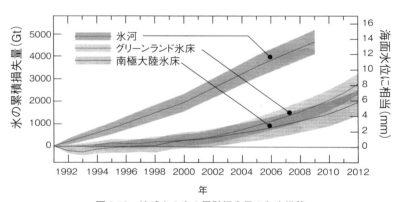

図 3.50　地球上の氷の累計損失量の年次推移
(出典：図、IPPC AR5 WG 1 TS Fig TS 3)

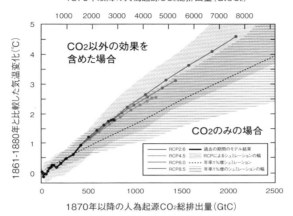

図 3.51　二酸化炭素濃度の排出量と気温の関係の予測
(出典：図、IPPC AR5 WG 1 SMP Fig SPM 10)

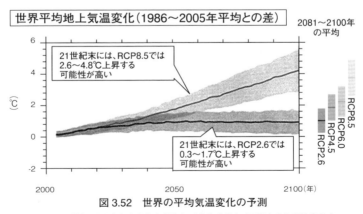

図 3.52　世界の平均気温変化の予測

注：IPCC「第5次評価報告書統合報告書 政策決定者向け要約」より環境省作成
(出典：環境省「平成 28 年版環境白書・循環型社会白書・生物多様性白書・図 1.1.1)

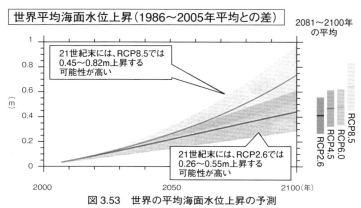

図3.53 世界の平均海面水位上昇の予測

注:IPPC「第5次評価報告書統合報告書 政策決定者向け要約」より環境省作成
(出典:環境省「平成28年版環境白書」・「循環型社会白書」・「生物多様性白書」・図1.1.1)

因みに,図3.51～図3.53中に示されている温暖化対策に関する4つのシナリオRCP8.5, RCP6.0, RCP4.5, RCP2.6の内訳は表3.12のとおりです.

表3.12 温暖化対策のシナリオと平均気温の予測値

シナリオ	温暖化対策	予測される21世紀末の平均気温(℃)	可能性の高い予測幅(℃)
RCP 8.5	対策なし	+ 3.7	+ 2.6 ～ + 4.8
RCP 6.0	少	+ 2.2	+ 1.4 ～ + 3.1
RCP 4.5	中	+ 1.8	+ 1.1 ～ + 2.6
RCP 2.6	大	+ 1.0	+ 0.3 ～ + 1.7

(c) 地球温暖化防止に関する国際的枠組み

1992年6月にリオデジャネイロで開催された「環境と開発に関する国連会議」において,地球温暖化についての国際条約である「気候変動に関する国際連合枠組条約」が採択され,世界の155か国の署名を得て1994年3月に発効しました.この条約ではCO_2, CH_4, N_2O, HFCs, PFCs, SF_6などの大気中の温室効果ガスの増加が地球を温暖化し,自然の生態系に悪影響を及ぼすおそれがあることを確認し,大気中

の温室効果ガスの濃度を安定化させ,気候変動がもたらす悪影響を防止するための取り組みの原則,措置などを定め,締結国に対して温室効果ガス削減のための政策を実施する義務を課しています.そして,具体的な対策を討議するための条約締約国会議が毎年開催されており,1997年2月に京都で開催された第3回締結国会議 (COP3) では**表 3.13** に示すような CO_2 削減の数値目標を定めた京都議定書が採択されました.

表 3.13 京都議定書の CO_2 削減の数値目標 (%, 1990年の排出量に対し)

米国	カナダ	日本	EU	イギリス	フランス	ドイツ	ロシア
− 7	− 6	− 6	− 8	− 12.5	0	− 21	0

京都議定書は,先進国に対して法的拘束力のある温室効果ガス削減の数値目標を設定することを内容としたもので 2005 年 2 月 16 日に発効しました.しかしながら,その当時世界最大の温室効果ガスの排出国であった米国が京都議定書への不参加を表明したことや,京都議定書で排出削減義務を負わなかった中国やインド等の新興国の温室効果ガスの排出が急増したことから,2012 年における京都議定書締約国の CO_2 排出量の合計は,世界全体の CO_2 排出量の僅か 25.4 % をカバーするにとどまっていました.

京都議定書の発効後に初めて開催された 2005 年の COP11 において,新たな国際枠組みをつくるための交渉が開始されました.2007 年に開催された COP13 では,全ての条約締約国による 2013 年以降の協調的な行動について検討を行う特別作業部会が設けられ,2009 年にコペンハーゲンで開催された COP15 で新たな枠組みを採択することが合意されました.

そして翌々年の 2011 年にダーバン(南アフリカ)で開催された COP17 で,全ての国に適用される新たな国際枠組をつくり,2020 年から実施に移すという道筋が決定されました.この新たな枠組みでは全ての国が温室効果ガスの削減目標を定めた「**貢献案(INDC)**」を提示し,その目標を 5 年ごとに更新し,協議を行う仕組みが提案されました.

さらに,2013 年にワルシャワで開催された COP19 で,全ての国に対し,貢献案(INDC)を示すことが要請され,提出された貢献案を尊重しながら,各国が貢献案の実施・達成状況を報告し,その削減目標を 5 年ごとに更新し,それについてのレビューを受けるという考えが定着し,2015 年 12 月にパリで行われた COP21 でこれを具体

化した「パリ協定」が締結されました．2016年3月31日までに189か国・地域（条約締約国全体の温室効果ガス排出量の約99％）によってこのパリ協定に基づく各国の貢献案が提出されています．**表3.14**は各国が提出している貢献策の内容です．ただし，2017年1月に就任したアメリカのトランプ大統領はこのパリ協定からの脱退を表明し，世界各国を失望させています．

表3.14 主な国の温室効果ガスの削減目標を示した貢献案の内容

国	貢献案 (INDC) の内容
米国	2025年に2005年比で26〜28％削減
カナダ	2030年までに2005年比で30％削減
日本	2030年までに2013年比で26％削減する
EU	2030年までに1990年比で少なくとも40％削減
ロシア	2030年までに1990年比で25〜30％削減
中国	2030年までにGDPあたりのCO_2排出2005年比で60〜65％削減
韓国	2030年までに37％削減
ブラジル	2005年比で2025年までに37％，2030年までに40％削減
インド	2030年までにGDPあたり33〜35％削減

（d）パリ協定の締結をうけた日本の温室効果ガス排出削減対策

日本はパリ協定に基づく温室効果ガス排出量の削減目標として2030年度の温室効果ガス排出量を2013年度比マイナス26.0％（2005年度比マイナス25.4％）の水準とすること，長期的な目標として2050年までに80％の温室効果ガスの排出削減を目指すことを表明しました．

日本では1990年に「地球温暖化防止行動計画」が策定され，1998年6月には地球温暖化対策の推進に関する法律（地球温暖化対策推進法）が制定されました．そして，2013年にはこの法律を改正し，地球温暖化対策の総合的計画を策定することが規定されました．パリ協定に基づく貢献案として，日本は温室効果ガス排出量を2030年度に2013年度比マイナス26.0％（2005年度比マイナス25.4％）の水準にすることを目標としています．

2015年12月22日に地球温暖化対策推進本部において，「地球温暖化対策取組方針」が決定され，この方針を受け，国としての温室効果ガスの排出を削減するための対策

が策定されました．この削減対策では徹底した省エネルギーの推進や再生可能エネルギーの導入の促進などが予定されており，次のような具体的方策を進めることが検討されています．

① 鉄鋼，化学，セメント及び紙・パルプなどエネルギーを多く使用する産業では，設備の改善や工場のエネルギー管理の徹底を進め，熱効率が向上した低炭素工業炉や，高性能ボイラー，産業ヒートポンプ，コージェネレーションの導入，などを進めることが予定されています．

② 新築の建造物について建築物の省エネルギー性能の向上を進めていくこと，潜熱回収型給湯器，業務用ヒートポンプ給湯器，高効率ボイラなどの業務用高効率給湯器を導入すること，LED 等の高効率照明を導入すること，クールビズ及びウォームビズの実施を徹底することなどの推進が謳われています．

③ 高度な省エネルギー性能を有する住宅の普及推進，既存住宅の省エネリフォームの推進，断熱性能の高い建材・窓等の導入，CO_2 冷媒 HP 給湯器，潜熱回収型給湯器，燃料電池，太陽熱温水器や LED の導入，クールビズ・ウォームビズなどの実施が盛り込まれています．

④ 車両の燃費向上を図ること，ハイブリッド自動車，電気自動車，プラグインハイブリッド車，燃料電池車，クリーンディーゼル車等の次世代自動車の導入を進めることや，物流を自動車から鉄道，内航船舶などへ転換するモーダルシフトの促進を図ることが推奨されています．

⑤ 複合サイクル発電など火力発電の高効率化を進めるとともに，非化石燃料による発電を拡大することを推進するとしており，2013 年度から 2030 年度にかけて再生可能エネルギーによる発電を 2 倍程度，太陽光発電を 7 倍程度，風力発電と地熱発電ついては 4 倍程度に導入を拡大することを想定しています．

(e) CO_2 排出抑制の技術

CO_2 などの温室効果ガスを地中や海底などに閉じ込め，排出抑制に役立たせようとする技術が「CO_2 回収・貯留」(CCS ＝Carbon dioxide Capture and Storage) です．CCS については国立環境技術研究所が公表している「環境技術解説」にその内容が説明されています．以下は「環境技術解説」で紹介されている CCS 技術の概要です．

表 3.15 は CO_2 の回収・分離の方法として開発・研究が進められている方法です．

表 3.15 CO_2 分離・回収の主な方法

方法	技術の概要
化学吸収法	CO_2 を選択的に溶解できるアルカリ性溶液との化学反応によって CO_2 を分離します．アルカリ性溶液として，アミンや炭酸カリ水溶液などが使われます．
物理吸収法	高圧下で CO_2 を大量に溶解できる液体に接触させ，物理的に吸収させ，そのあと，減圧（加熱）して CO_2 を回収する方法です．
膜分離法	多孔質の気体分離膜にガスを通し，孔径によるふるい効果や拡散速度の違いを利用して CO_2 を分離させる方法です
物理吸着法	ガスを活性炭やゼオライトなどの吸着剤と接触させて，その微細孔に CO_2 を物理化学的に吸着させ，圧力差や温度差を利用して脱着させる方法です．

CO_2 の分離・隔離の方法として発電所や製鉄所，石油精製工場などで発生する CO_2 濃度の高い排ガス中に含まれる CO_2 をアルカリ性溶液に吸収させ，他の成分と分離して回収する「**化学吸収法**」が多く用いられています．回収のタイミングで大別すると，燃焼後の排ガス分離のほか，事前に燃料を改質し，燃焼前に炭素を分離する方法（燃料電池などに適用），燃焼室に排ガスを循環させ，別に製造した酸素を加えながら燃焼を続けさせ，排ガス中の CO_2 濃度を高めて回収する方法，などがあります．分離方法もアルカリ性溶液を用いる方法だけでなく，多孔質の固体に吸着させる方法や，凝縮温度の違いによって分離する方法などがあります．分離した CO_2 の隔離先としては地底や海洋底の地層の中が考えられており，「地中貯留」に期待が寄せられています．以下は地中貯留の種類です．

①帯水層貯留

「帯水層貯留」は CO_2 をタンカーやパイプラインで輸送して，地下の帯水層に圧入し，貯留する方法です．「帯水層」は粒子間の空隙が大きい砂岩等からなり，水あるいは塩水で飽和されている地層です．貯留可能量が大きいと期待され，地中貯留のなかで最も有望視されています．図 3.54 は「帯水層貯留」の概念図です．

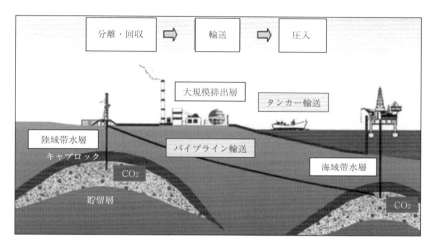

図 3.54 帯水層貯留の概念図

(出典) 公益財団法人地球環境産業技術研究機構ホームページ「CO_2 地中貯留プロジェクト」

② 炭層固定

「炭層固定」は CO_2 を地中の石炭層へ注入し，それによってメタンの回収を促進し CO_2 を吸着貯留する方法です．回収されたメタンは発電所などで利用します．

③ 石油・ガス増進回収

「石油・ガス増進回収」は CO_2 を石油・ガス層へ圧入し，それによって石油・天然ガスの回収を促進し，併せて CO_2 を貯留する方法です．回収された石油・天然ガスは発電所などで利用します．

④ 枯渇油・ガス層貯留

「枯渇油・ガス層貯留」は枯渇した石油・ガス層へ CO_2 を圧入し，それによって CO_2 を貯留する方法です．CO_2 に圧力をかけて地下に注入する際，圧縮や移送に多くのエネルギーが必要であり，必要なエネルギー量を低減し，効率を上げるための技術開発が課題として残されています．また，漏洩が少なく長期間安定して貯留できる場所をどのように探すかも大きなテーマです．

CO_2 は大気中にも存在している物質なので隔離されていた CO_2 が漏れても，それ

が隔離されていたものか,もともと大気中にあったものかを見分けるのは難しく,漏洩経路の確定も困難です.地中貯留が長期間にわたり安定した隔離となるかどうかについても厳密な検討が求められます.

⑤ CCSの実証例

現在,世界では60件近くの大規模なCCSプロジェクトが報告されております.以下がプロジェクトの例です.

1) ライプナー・プロジェクト

ノルウェーの石油・天然ガス採掘を行う企業が,1996年から北海で実施しています.海底下地層から採掘された天然ガスと一緒に発生するCO_2を分離・回収し,年間100万トンを近傍の海底下帯水層に貯留しています.世界の大規模プロジェクトの中でもパイオニア的存在です.

2) ワイバーン・プロジェクト

2000年9月から,カナダのワイバーン油田において,CO_2の圧入を実施しています.これはCO_2を用いた石油増進回収を目的としたもので,325 km離れた米国の石炭ガス化工場で発生したCO_2をパイプラインで輸送し,圧入しています.2012年末までに累計で2450万トン,現在も年間300万トン規模の圧入を行っています.

3) 苫小牧プロジェクト

日本でも2016年度から経済産業省の委託を受けた日本CCS調査(株)がCO_2の分離回収・輸送・圧入を一貫して行う設備の本格的な実証試験を行う「苫小牧プロジェクト」がスタートしました.このプロジェクトは北海道苫小牧市で出光興産北海道精油所の水素製造装置から発生するオフガス(未利用で放出されるガス)からCO_2を分離し,苫小牧沖の海底下・深度1100~1200 mと,同2400~3000 mの2つの貯留層に,年間10万トン以上を圧入する計画です.2012年4月に閣議決定された「第4次環境基本計画」において,「2020年頃までのCCS技術の実用化をめざす」としており,苫小牧プロジェクトに期待が寄せられています.

演習問題

(1) オットーサイクル，ディーゼルサイクル，ブレイトンサイクル，ランキンサイクルのうち，汽力発電所の熱サイクルとして正しいものは［　　　］である．

(2) 汽力発電所の蒸気サイクルにおいて，（ア）A-B,（イ）B-C,（ウ）C-D,（エ）D-E,（オ）E-A の各過程を説明するものは等圧受熱，等圧過熱，等圧凝縮，断熱膨張，断熱圧縮のうちどれか．

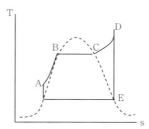

(3) ランキンサイクルで，熱効率上昇のため［　　　］をあげると，タービン内の膨張過程の終わりで蒸気の［　　　］が増し，タービン効率の低下，タービン翼の浸食等を起こす．また，最初から［　　　］を高くとるのも材料強度上好ましくない．このため，ある圧力まで膨張した蒸気をボイラに戻し，［　　　］で加熱し，再びタービンに送る方式がとられるが，これを［　　　］サイクルという．

(4) 汽力発電所のボイラに付属した節炭器，過熱器，再熱器，空気予熱器，電気集塵機のうち，熱交換の目的を有しないものはどれか．

(5) 複合サイクル発電は［　　　］と［　　　］を組みあわせることにより［　　　］の大幅な向上を図った発電方式である．複合サイクル発電には種々の方式があるが，［　　　］方式が最も広く採用されている．この方式では高温側のサイクルには［　　　］を，低温側のサイクルには［　　　］を用いる．低温側のサイクルは高温側のサイクルで排出した高温の排気を［　　　］に導き蒸気を発生し［　　　］を駆動する．複合発電方式を採用した発電所の例としては［　　　］や［　　　］を挙げることができる．

(6) 汽力発電所の復水器は，タービンの［　　　］を冷却し，水に戻して復水を回収する装置である．内部の［　　　］を保持することで，タービンの入口

第3章 火力発電

蒸気と出口蒸気の [   ] を大きくし，タービンの [   ] を高めている．

(7) 水が 760 kJ/kg のエンタルピーでボイラに給水され，加熱されて生じた蒸気は 2800 kJ/kg のエンタルピーであった．1 t の蒸気が得た熱量は何 kJ であるか．

(8) 毎時 320 t の蒸気を使うタービン出力 75000 kW の汽力発電所がある．タービン入口の蒸気のエンタルピーが 3390 kJ/kg，復水器入口の蒸気のエンタルピーが 2340 kJ/kg，復水のエンタルピーが 150 kJ/kg であるとき，タービン効率とタービン室効率はそれぞれ何 % になるか．

(9) 出力 500 MW の汽力発電所で，発熱量 44000 kJ/kg の重油を毎時 105 t 使用しているとき，タービン室効率が 45 %，発電機効率が 99 %，所内比率が 4 % である場合，送電端熱効率 [%] とボイラ効率 [%] を計算せよ．

第 4 章　原子力発電

＜この章の学習内容＞

　核エネルギーを電気エネルギーに変換する「原子力発電」の技術開発が日本においてスタートしたのは 1955 年で，それ以来すでに半世紀余りが経過しています．一時は原子力発電による発電電力量が日本における発電電力量のほぼ $\frac{1}{3}$ を占めたこともありましたが，2011 年 3 月に発生した東京電力福島第一原子力発電所の事故を契機に，多くの原子力発電所の運転が停止される状態となり，現在その比率が激減していますが，原子力発電について正しく理解することが重要です．第 4 章では「原子力発電」の原理や，エネルギーを取り出す装置である「原子炉」，原子力発電の安全防災対策などについて学びます．具体的な学習項目は次の通りです．

① 原子核の構造と原子エネルギーが生み出す核分裂反応
② 原子エネルギーを取り出す原子炉の原理や構造
③ 原子力発電に採用されている軽水炉の構造と構成要素
④ 原子力発電所の放射線管理と発電所の安全防災対策
⑤ 核燃料の製造，使用済み燃料の再処理，放射性廃棄物の処理・処分の方法などを扱う核燃料サイクル
⑥ 役目を終えた原子力発電所の廃止措置

4-1　原子力発電の概要

（1）原子エネルギーと原子力発電

　図 4.1 に示すように，原子力発電はウランなどの核燃料が核分裂反応を生じる際の質量欠損に伴って放出される核エネルギーを利用する発電です．

第 4 章 原子力発電

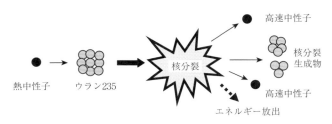

図 4.1　ウラン 235 の核分裂反応により放出されるエネルギー

　核分裂反応によって放出されるエネルギーを有効に取り出す装置が原子炉です．原子力発電では原子炉で取り出された核分裂反応の熱エネルギーを利用して高温高圧の水蒸気を発生させ，この水蒸気で蒸気タービンを駆動し発電を行います．このような発電の方式は火力発電に似ています．火力発電の場合には，**図 4.2** に示すように蒸気を発生させるためにボイラを使用しますが，原子力発電の場合には原子炉が用いられます．

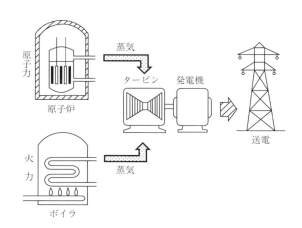

図 4.2　火力発電と原子力発電の比較
(出典) 山本孟，鈴木正義，高橋三吉：『発変電工学』，コロナ社，p.127，図 4.1，1985

(2) 原子力発電の特徴

原子力発電の特徴は次の通りです．

① 少量の核燃料により大きなエネルギーを取り出すことができます．1 g のウラン 235 が放出する核分裂エネルギーは石炭 3 t から得られるエネルギーに相当します．

② 火力発電に比べて熱効率は劣りますが（熱効率：33～34 %），出力密度の大きな発電方式です．重油ボイラの出力密度が 0.5～1.0 MW/m^3 であるのに対し，軽水炉の出力は 50～100 MW/m^3 と 100 倍の大きさです．

③ 運転コストが安くベース負荷用に適しています．

④ CO_2 の排出がほとんどないので，地球温暖化防止に有効です．発電電力量 1kW/時当たりのライフサイクル CO_2 発生量は石炭火力が 975.2 g，石油火力が 742.1 g，天然ガスを燃料とする複合サイクル発電が 518.5 g であるのに対し，原子力発電の場合は 21.6～24.7 g と試算されています．

⑤ 放射線に対する安全対策が不可欠で，放射能の管理，放射性廃棄物の処理，発電所の安全防災対策などについて十分な配慮が必要です．

(3) 原子力発電の現状

(a) 日本の原子力発電の現状

表 4.1 は日本における 1970 年～2015 年の発電方式別の発電電力量の統計です．この統計を基に，水力発電，火力発電，原子力発電の発電電力量の経年的変化を図で表したものが**図 4.3** です．また，**図 4.4** は 1970 年，2000 年，2015 年度の全発電電力量に対する水力発電，火力発電，原子力発電による発電電力量比率を示したものです．

表 4.1，および，**図 4.3**，**図 4.4** から明らかなように，1965 年に商業運転を始めた原子力発電による発電電力量は年とともに比率が増し，2010 年度には，発電電力量全体のほぼ 30 % を占めるに至りましたが，2011 年 3 月に発生した東京電力福島第一原子力発電所の事故の後には，原子力発電所の運転停止が相次ぎ，発電電力量の比率は大きく減少しました．**図 4.5** は 2016 年 1 月現在の日本全国の原子力発電所のマップです．

東京電力福島第一原子力発電所の事故が発生する前には日本全国で 55 基の原子炉が

第4章 原子力発電

運転されておりましたが，事故後には原子力発電所の運転停止が相次ぎ，2017年8月現在，運転中の原子力発電所は，新しい安全審査基準による審査を経て再稼働が認められた，九州電力川内原子力発電所の1号機と2号機，四国電力伊方原子力発電所の3号機，および，関西電力高浜原子力発電所の3号機と4号機の5基です．2017年度中には九州電力玄海原子力発電所の3号機と4号機も再稼働される見通しです．

なお，**図4.5**のマップには四国電力伊方原子力発電所の3号機と関西電力高浜原子力発電所の3号機と4号機は稼動中の原子力発電所として示されていません．（現在再稼働が認められている原子力発電所で採用されている原子炉は，いずれも加圧水型原子炉です）

表 4.1　日本における発電電力量の推移（億 kWh）

年　　度	水　力	石炭火力	石油火力	LNG火力	原子力	新エネ(*)	全電力
1970（昭和45年）	725 (24.7)	389 (13.2)	1,733 (59.0)	45 (1.5)	46 (1.6)	1 (0.0)	2,939 (100)
1980（昭和55年）	845 (17.4)	219 (4.5)	2,210 (45.6)	747 (15.4)	820 (16.9)	9 (0.2)	4,850 (100)
1990（平成2年）	881 (12.0)	719 (9.7)	2,109 (28.6)	1,639 (22.2)	2,014 (27.3)	15 (0.2)	7,376 (100)
2000（平成12年）	904 (9.6)	1,732 (18.4)	1,005 (10.7)	2,479 (26.4)	3,219 (34.3)	56 (0.6)	9,394 (100)
2005（平成17年）	813 (8.2)	2,529 (25.6)	1,072 (10.8)	2,339 (23.7)	3,048 (30.8)	88 (0.9)	9,889 (100)
2010（平成22年）	858 (8.7)	2,511 (23.8)	753 (8.3)	2,945 (27.2)	2,882 (30.8)	115 (1.2)	10,064 (100)
2015（平成27年）	855 (9.7)	2,800 (31.6)	801 (9.0)	3,892 (44.0)	94 (1.1)	413 (4.7)	8,855 (100)

（*）太陽光発電，風力発電など，（ ）の数値はパーセント値
（経済産業省 資源エネルギー庁『エネルギー白書』のデータを基に作成）

（注）東京電力福島第一原子力発電所の事故発生前の2010年度の原子力発電所の発電電力は30%を超えていたが，2011年3月の事故発生後原子力発電所の運転停止が続き，2015年度には新しい安全審査基準に合格して再稼動した原子力発電所の発電電力量は全発電電力量の1.1%に激減．

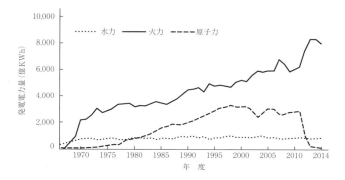

図 4.3　発電方式別の発電電力量（1967 年〜2014 年）
（経済産業省 資源エネルギー庁：『エネルギー白書 2016』のデータに基づき作図）

図 4.4　発電方式別の発電電力量の比較
（経済産業省 資源エネルギー庁：『エネルギー白書 2017』のデータを基に作図）

第 4 章 原子力発電

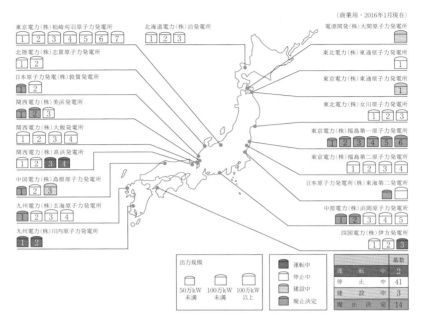

図 4.5　日本の原子力発電所（2016 年 1 月現在）
(出典) 原子力・エネルギー図面集 2016（日本原子力文化振興財団）

(b) 世界における原子力発電の状況

表 4.2 は主な国の原子力発電の設備容量と運転中の原子炉の数を示したものです．表に示すように，2009 年 1 月の時点では世界における運転中の原子力発電プラントが 432 基，原子力発電による供給電力量は約 3 兆 9,000 億 kWh と報告されておりましたが，2013 年 4 月の時点では，それぞれ 379 基，3 兆 8,500 億 kWh と報告されています．

表 4.2　世界の主な国の原子力発電所の設備容量と運転中の原子炉

国	2009 年 1 月 (*)		2013 年 4 月 (**)	
	設備容量 (万 kW)	運転中の原子炉	設備容量 (万 kW)	運転中の原子炉
アメリカ	10,630.2	104 基	10,632.3	104 基
フランス	6,602.0	59	6,588.0	58
日　本	4,793.0	53	4,378.7	2
ドイツ	2,145.7	17	1,269.6	18

国	2009年1月 (*)		2013年4月 (**)	
	設備容量 (万 kW)	運転中の原子炉	設備容量 (万 kW)	運転中の原子炉
ロシア	2,319.4	27	2,419.4	28
韓　国	1,771.6	20	1,871.6	21
中　国	911.8	11	1,194.8	14

日本原子力産業協会,「世界の原子力発電の概要2009」(*), および, 日本原子力文化振興財団「主要国の原子力発電設備」(**) に依拠

<補足　原子力発電の歴史>

　世界で初めての原子炉CP-1が運転を始めたのは第二次世界大戦中の1942年12月で, アメリカにおける核兵器開発計画のマンハッタン計画で行われたものでした. 第二次世界大戦終了後, 原子力の平和利用が進められ, 1951年12月には実験用原子炉EBR1を用いた世界初の原子力発電がアメリカで行われました. また, 世界初の商業用原子力発電所は, 1956年10月に運転が開始されたイギリスのコールダーホール原子力発電所（黒鉛減速, ガス冷却炉）です.

　一方, 日本では1955年12月に原子力基本法を成立させて, 原子力技術の開発がスタートしました. この法律に基づき, 日本では原子力の研究, 開発, 利用は平和目的に限り, 民主, 自主, 公開で行うという原則のもとに始められました. 1956年11月に日本原子力研究所が発足し, 翌年の1957年12月には日本原子力発電株式会社（日本原電）が設立され, イギリスから発電用原子炉を導入して原子力発電の実用化を目指すことが決まりました. このときに導入をきめた発電用原子炉はガス冷却炉（コールダーホール改良型原子炉）で, これを用いた日本原子力発電株式会社の東海発電所が1966年に運転を開始しました. その後, アメリカで開発された軽水炉の導入が決まり, 日本原子力発電株式会社の敦賀発電所が建設され, 昭和45年に運転が開始されました. また, 同年11月には関西電力株式会社の美浜原子力発電所が, 翌年の昭和46年3月には東京電力株式会社の福島原子力発電所が相次いで運転を開始しました. その後も原子力発電所の建設が進み, 一時は全電力の約30％が原子力発電でまかなわれる状況となっていました. しかしながら, 前記のとおり2011年3月に発生した東京電力福島第一原子力発電所の事故後には原子力発電の占める比率は事故後の2012年には1.7％, 2013年度には1％と著しく減少し, 2014年には稼働する原子力が皆無の状態になりました.

4-2 原子力発電の原理
(1) 原子と原子核の構造

原子は正電荷を有する**原子核**と，原子核の周囲を周回している負電荷を有する複数個の**電子**から成り立っており，原子核は正の電荷を有する**陽子**と電荷を有さない**中性子**とで構成されています．原子核を構成している陽子と中性子は核子と呼ばれています．原子核を周回している電子の数は原子核中の陽子の数と同じで，原子は全体として電気的に中性が保たれています．異なる原子では原子核中の陽子数と中性子数が異なり，原子核の周囲を周回する電子数も異なっています．原子核中の陽子数が**原子番号** Z，陽子数と中性子数の和が**質量数** A です．特定の原子番号 Z と質量数 A を有する原子核を**核種**と呼び，核種記号で $^A_Z X$ と表します．**図 4.6 (a)** に水素原子，**図 4.6 (b)** にヘリウム原子の構造モデルを示します．

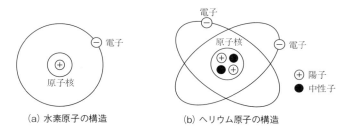

図 4.6 原子と原子核の構造

構造の最も簡単な原子は水素で，1個の陽子からなる原子核と，原子核の周囲を周回する1個の電子で構成されています．このほかにも，水素原子として陽子1個と中性子1個で原子核が構成されている**重水素**と，陽子1個と中性子2個で原子核が構成されている**三重水素**が存在します．重水素と三重水素は，原子核を周回する電子の数が水素と同じく1個です（*）．このように，原子核を構成する陽子の数が同じで中性子の数が異なる核種（原子番号 Z が同じで質量数 A が異なる核種）は**同位元素**（アイソトープ）と呼ばれています．同位元素は化学的性質が同じで，物理的性質が異なる核種です．**表 4.3** に水素，重水素，三重水素，ヘリウムおよびリチウムの核種記号（核種を表す記号）と，それぞれの原子核中の陽子数と中性子数，および，原子核を周回している電子の数を示します．

(*) 自然界の天然水素中には水素が99.985%，重水素が0.015%含まれている．三重水素は放射性同位元素（ラ

ジオアイソトープ，放射線を放出して他の元素に変化する同位元素）で，天然には存在しない．

表 4.3　核種の例

核　種	水　素	重水素	三重水素	ヘリウム	リチウム
核種記号	$^{1}_{1}H$	$^{2}_{1}D$	$^{3}_{1}T$	$^{4}_{2}He$	$^{7}_{3}Li$
陽子数	1	1	1	2	3
中性子数	0	1	2	2	4
電子数	1	1	1	2	3

（2）結合エネルギーと質量欠損

原子核はそれを構成する核子が結合してつくられています．原子核の質量 M は一般に核を構成している核子（陽子と中性子）の質量の総和よりも小さく，見かけ上は質量保存の法則が成立していません．これは陽子と中性子が結合して原子核を構成する場合にエネルギーの一部が外部に放出されるためで，このエネルギーが**結合エネルギー**です．このとき，放出エネルギーに対応した**質量欠損**が生じます．**表 4.4**は核子である電子，陽子，中性子と，水素などの核種の質量です．なお，**表 4.4** に示した核子および核種の質量の単位 u は**原子質量単位**で，$1\,u = 1.6605402 \times 10^{-27}$ kg です（$1\,u$ は $^{12}_{6}C$ の質量の $\dfrac{1}{12}$ の値）．

表 4.4　主な核種の質量

核　種	記号	質量 (u)	核　種	記号	質量 (u)
電　子	$^{0}_{-1}e$	0.0005486	ヘリウム	$^{4}_{2}He$	4.002603
陽　子	$^{1}_{1}p$	1.007276	リチウム	$^{7}_{3}Li$	7.016004
中性子	$^{1}_{0}n$	1.008664	炭　素	$^{12}_{6}C$	12.000000
水　素	$^{1}_{1}H$	1.007825	酸　素	$^{16}_{8}O$	15.994915
重水素	$^{2}_{1}H$	2.014102	ウラン 235	$^{235}_{92}U$	235.04392
三重水素	$^{3}_{1}H$	3.016049	ウラン 238	$^{238}_{92}U$	238.05078

（出典）国立天文台編：『理科年表　平成 14 年版』，丸善

表 4.4 に示した質量の値を用いてヘリウム原子核の質量欠損 Δm と結合エネルギーを求めてみます．**表 4.4** より，陽子，中性子，電子，ヘリウム原子の質量を M_{p}，M_{n}，M_{e}，M_{He} とすると，$M_{p} = 1.007276\,u$，$M_{n} = 1.008664\,u$，$M_{e} = 0.0005486\,u$，$M_{He} = 4.002603\,u$ ですので，質量欠損 Δm は

$$\Delta m = 2 \times 1.007276\,u + 2 \times 1.008664\,u - (4.002603\,u - 2 \times 0.0005486\,u)$$
$$= 0.0303742\,u$$

となります．ここで，質量 M とエネルギー E の関係を表すアインシュタインの法則に基づく関係式

$$E = Mc^2 \tag{4.1}$$

c : 光速度

を用いて，質量欠損 Δm を，それに対応するエネルギー ΔE に換算すれば，

$$\Delta E = \Delta m \times c^2 = 0.0303742\,u \times c^2 = 0.0303742 \times 1.6605402 \times 10^{-27} \times (2.9979 \times 10^8)^2$$
$$J = 0.0303742 \times 1.4924 \times 10^{-10}\,J$$
$$= 0.0303742 \times 931.5\,\text{MeV} = 28.293\,\text{MeV}$$

となります．これがヘリウム原子核の結合エネルギーです．ヘリウム原子核は 4 個の核子（2 個の陽子 + 2 個の中性子）から構成されているので，核子 1 個当たりの結合エネルギーを算出すると 28.293 MeV ÷ 4 = 7.07 MeV となります．

原子核の質量を M，核を構成している陽子数を Z，中性子数を N とし，陽子，中性子，電子の質量をそれぞれ M_p，M_n，M_e とすると，質量欠損 Δm は次の式で与えられます．式中の M_H は水素原子の質量です．

$$\Delta m = [(Z \times M_p) + (N \times M_n)] - (M - (Z \times M_e)) = [Z \times (M_p + M_e) + (N \times M_n)] - M = [(Z \times M_H) + (N \times M_n)] - M$$

図 4.7 は質量数の異なる様々な原子の核子 1 個あたりの結合エネルギーを求め，これと質量数との関係を図示したものです．この図より，核子 1 個当たりの結合エネルギーは質量数 60 の近辺で最大になることがわかります．このことは質量数 60 近辺の原子核がもっとも安定な原子核であること示しています．

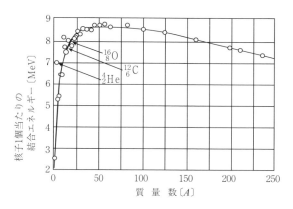

図 4.7 核子 1 個あたりの結合エネルギー
(出典) 安成弘, 若林宏明:『基礎原子力工学』, 電気学会, p.5, 1.2 図, 1982

(3) 原子核反応

原子核と原子核, および原子核と陽子, 中性子, α 線, β 線などの反応が原子核反応です. 原子核反応は一般に次のように表すことができます.

$$\text{a} + \text{X} \rightarrow \text{Y} + \text{b} \tag{4.2}$$
　入射粒子　標的核　　生成核　放出粒子

原子核反応は次の①, ②の理由により, 化学反応に比べると起こりにくいことが知られています.

① 原子核の大きさが原子や分子に比べて桁違いに小さく, 粒子同士が衝突する確率が小さい(原子の直径が 10^{-9}〜10^{-10} m であるのに対して原子核の直径は 10^{-14}〜10^{-15} m で約 4 桁小さい).

② 入射粒子が原子核や陽子の場合, 正電荷を持っているため, 同じ電荷を有する原子核との間でクーロン反発力が生じる.

(4) 中性子による原子核反応

入射粒子が中性子の場合はクーロン力が働かず, ほかの粒子と比べ, 核反応が起こりやすいので, 中性子による核反応が重要となります. 中性子と原子核の間の核反応は中性子が原子核に捕らえられる吸収と衝突前後でエネルギーが保存される散

乱に大別され，さらに，吸収は原子核が2つの原子核に分裂する核分裂と，中性子が原子核に捕獲されγ線を放射する放射性捕獲に，散乱は衝突前後でエネルギーと運動量が保存される弾性散乱と，衝突前後に運動量のみが保存される非弾性散乱に区別されます．いずれの核反応の場合も，原子核中に中性子が吸収されて励起状態となった後に崩壊が生じ，生成核と放出粒子が形成されます．この場合の中性子を吸収して励起状態となった原子核が複合核です．図4.8は中性子の核反応を図で示したものです．

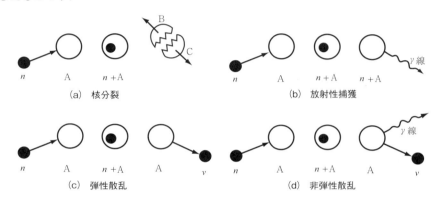

図 4.8　中性子による核反応

(出典) 山本孟，鈴木正義，高橋三吉：『発変電工学』，コロナ社，p.144, 図4.16, 1985

(5) 原子核反応の衝突断面積

原子核反応の起こりやすさの目安になるのが**衝突断面積**です．衝突断面積は原子核反応の標的として有効な面積です．反応がおこる確率が高いときには衝突断面積が大きいと考えます．中性子による原子核反応の場合について，標的となる原子核の壁を考え，衝突断面積を求めます．

図4.9に示すように，厚さ d [m] の原子核の壁を想定した場合，原子核の壁の中で生じる核反応の回数 R は入射する中性子の強さ I [個/m²s]，壁の中の原子核の密度 N [個/m³]，原子核の壁の厚さ d [m]に比例するので，$R \propto I \times N \times d$ となります．このときの比例係数を σ とすれば

$$\sigma = \frac{R}{INd} \tag{4.3}$$

となります．式（4.3）で与えられる σ が**ミクロ断面積**です．

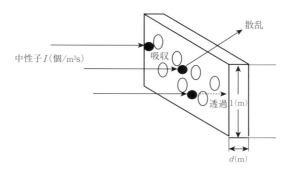

図 4.9　厚さ d [m] の原子核の壁

ミクロ断面積と併せて，ミクロ断面積の総和に相当するマクロ断面積 Σ が $\Sigma = N\sigma$ で定義されます．原子のモル質量（1モル中の質量）を A グラム，アボガドロ数を $N_0 (= 6.02 \times 10^{23}/\mathrm{mol})$ とすると，原子核1個の質量は $\dfrac{A}{N_0}$ となるので，単位体積中の原子数 N（原子核の密度）と N_0, A, ρ（密度 [kg/m³]）間に次の関係が成り立っています．

$$N = \frac{\rho}{\dfrac{A}{N_0}} = \rho \times \frac{N_0}{A} \tag{4.4}$$

衝突断面積の次元は面積ですが，SI単位 [m²] でこれを表すと非常に小さな数値となるので，通常は衝突断面積の単位として $1\,\mathrm{b}$（バーン）$= 10^{-28}\,\mathrm{m}^2$ に相当する単位バーン（b）を用います．

<参考>

物質が数種の原子核から成り立っている場合のマクロ断面積（Σ）は式（4.5），物質が化合物（例：H_2O）から成り立っている場合の Σ は式（4.6）で与えられます．

$$\Sigma = N_1 \sigma_1 + N_2 \sigma_2 + N_3 \sigma_3 + \cdots\cdots + N_n \sigma_n \tag{4.5}$$

$$\Sigma = \frac{\rho N_0}{M}(v_1 \sigma_1 + v_2 \sigma_2 + \cdots) \tag{4.6}$$

ここで，式（4.5）中の N_i は i 番目の原子核の $1\,\mathrm{cm}^3$ 中の個数，σ_i は i 番目の原子核のミクロ断面積，式（4.6）中の M はモル質量，v_i は分子1個中に含まれている i 番目の核の数です．

図 4.8 に示したように,中性子による核反応には**吸収**,**散乱**,**核分裂**,**放射性捕獲**,**弾性散乱**,**非弾性散乱**などのパターンがありますが,その各々の核反応に対応した断面積が定義されています.そして,各断面積の間には次のような関係式が成り立っています.

$$\sigma_t = \sigma_a + \sigma_s, \quad \sigma_a = \sigma_f + \sigma_c, \quad \sigma_s = \sigma_{es} + \sigma_{is}$$

ここで,σ_t,σ_a,σ_s,σ_f,σ_c,σ_{es},σ_{is} はそれぞれ,次の断面積を表します.

σ_t: 全断面積, σ_a: 吸収断面積, σ_s: 散乱断面積,
σ_f: 核分裂断面積, σ_c: 捕獲断面積, σ_{es}: 弾性散乱断面積,
σ_{is}: 非弾性散乱断面積

(6) 核分裂反応と核分裂エネルギー

ウランには 3 つの同位元素 ウラン 234,ウラン 235,ウラン 238 があります.これらの同位元素のうち,ウラン 235($^{235}_{92}$U)は核分裂断面積 σ_f が大きく,中性子を照射したときに次のような核分裂反応を起こします.

$$^{235}_{92}\text{U} + ^{1}_{0}n \rightarrow \text{A} + \text{B} + (2\sim3)\,^{1}_{0}n \tag{4.7}$$

式 (4.7) 中の A と B はウラン 235 の核分裂反応によって生じる生成核です.ウラン 235 の核分裂反応では多くの核種が生成します.**図 4.10** はこれらの核種の生成確率です.この図から質量数 95 と質量数 138 付近の核種が生成確率が高いことがわかります.

次の反応はウラン 235 の核分裂反応の例ですが,この反応により放出されるエネルギー(核分裂エネルギー)E を算出してみます.

$$^{235}_{92}\text{U} + ^{1}_{0}n \rightarrow ^{95}_{42}\text{M}_0 + ^{139}_{57}\text{La} + 2\,^{1}_{0}n + E \tag{4.8}$$

式 (4.8) の核分裂反応に伴う質量欠損 Δm を算出すると,反応前の質量 M_0(= ウラン 235 の質量 + 中性子の質量)は $M_0 = 235.04392\,u + 1.008664\,u = 236.0526\,u$,反応後の質量 M_0'(= モリブデン 95 の質量 + ランタン 139 の質量 + 2 個の中性子の質量)は $M_0' = 94.906\,u + 138.906\,u + 1.0087\,u \times 2 = 235.8294\,u$ となるので,質量欠損 Δm は $\Delta m = 236.0526\,u - 235.8294\,u = 0.2232\,u$ となります.これをエネルギー(MeV)に換算すると,$\Delta E = 0.2232\,u \times 931.5\,(\text{MeV}) = 207.9$ MeV となり,ウラン

235 原子 1 個の核分裂エネルギー E が算出されます．

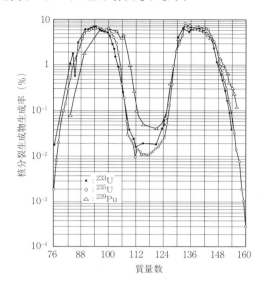

図 4.10　ウラン 235，ウラン 233，プルトニウム 239 の核分裂によって生じる核種の生成確率
(出典)『第 6 版 電気工学ハンドブック』，p.1155，27 編 図 7，2001

4-3　原子炉の理論

（1）核分裂連鎖反応

　核分裂エネルギーを連続的に取り出すためには，図 4.11 に示すように，核分裂反応を**連鎖反応**として継続しておこす必要があります．これを実現させるには，核分裂反応によって放出される中性子を新たな核分裂反応に利用する必要があります．

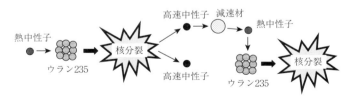

図 4.11　核分裂連鎖反応

　図 4.12 は核分裂反応が生じるときに放出される中性子のエネルギー分布です．図 4.12 に示すように，核分裂反応が生じるときに放出される中性子は，平均エネルギー

の大きな**高速中性子**(平均エネルギーE_f: 約 2 MeV, 平均速度: 2×10^7 m/sec)です。
図 4.13 は中性子エネルギーEの大きさと，中性子とウラン 235, および中性子とウラン 238 の核反応の衝突断面積を示す図です。〔**図 4.13** 中のグラフのうち(n, f)は核分裂断面積のグラフ，(n, γ)は吸収断面積のグラフを示しています〕

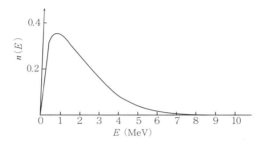

図 4.12 核分裂反応に伴って放出される中性子のエネルギー分布
(出典)宮本健郎:『エネルギー工学入門』,培風館, p.91, 図 7.2, 1996

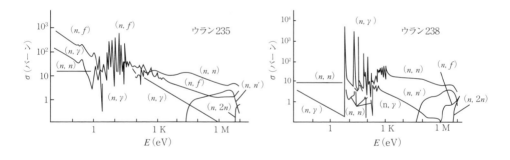

図 4.13 中性子による核反応断面積の中性子依存度
(出典)宮本健郎:『エネルギー工学入門』,培風館, p.96, 図 7.7, 図 7.8, 1996

図 4.13 に示されているように，中性子とウラン 235 の核分裂断面積(n, f)は中性子のエネルギーが大きい場合には小さく，エネルギーの減少とともに大きくなります。**表 4.5** はウラン 235 とウラン 238 に対する高速中性子と熱中性子の**核分裂断面積**δ_fと，**捕獲断面積**δ_cを比較したものです。この表から，熱中性子のウラン 235 に対する核分裂断面積は，高速中性子の核分裂断面積に比べて桁違いに大きいことがわかります。これにより，ウラン 235 の核分裂反応は熱中性子との衝突によって起こることがわかります。したがって，核分裂反応の際に放出される中性子を利

用してウラン235の核分裂反応を再び発生させるには，核分裂反応とともに放出される高速中性子のエネルギーを減じて，平均エネルギーが小さくて低速の**熱中性子**（平均エネルギーE_t = 約 0.025 eV，平均速度：2.2×10^3 m/sec）に変換することが必要です．

表 4.5　ウラン235とウラン238に対する中性子の核分裂断面積σ_fと捕獲断面積σ_c

核燃料	熱中性子（0.025 eV，2,200 m/s）			高速中性子（2 MeV，2×10^7 m/s）		
	σ_f	σ_c	$\dfrac{\sigma_f}{\sigma_f + \sigma_c}$	σ_f	σ_c	$\dfrac{\sigma_f}{\sigma_f + \sigma_c}$
$^{235}_{92}$U	579	100	0.852	2	0.5	0.8
$^{238}_{92}$U	0	0	0	0.05	0.3	0.14

（2）中性子サイクルと臨界

核分裂反応を持続させるためには，核分裂反応の過程で放出された高速中性子を減速させて低速の熱中性子に変換し，核分裂連鎖反応が生じるようにすることが必要です．核分裂連鎖反応が安定して生じるようにするには，核分裂反応の過程で**図4.14**に示す中性子のサイクル（**中性子サイクル**）で，1個の熱中性子が再生されることが必要になります．

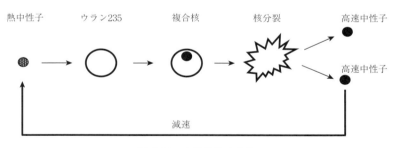

図 4.14　中性子サイクル

図 4.14 の中性子サイクルにおいて，1個の熱中性子から平均1個の熱中性子が再生し，中性子の数が変わらない状態が**臨界**，1個の熱中性子から1個以上の熱中性子が再生する場合が**臨界超過**，1個の熱中性子によって再生される熱中性子の数が1個未満の場合が**臨界未満**です．臨界の場合には，熱中性子の数が安定していますが，臨界超過の場合には中性子の数は増え続け，臨界未満の場合には中性子の数が次第

に減少する状態です．中性子サイクルにおいて再生される熱中性子の数を示す増倍率（1個の熱中性子から再生される中性子数）として次の増倍率が定義されています．

無限増倍率（k_∞）：原子炉の大きさを無限大と考えたときの増倍率で中性子の漏れを考慮しません

実効増倍率（k_{eff}）：原子炉の大きさを有限と考えたときの増倍率で中性子の漏れを考慮します

(3) 4因子公式

無限増倍率 k_∞ は次の式(4.9)，実効増倍率 k_{eff} は式(4.10)で与えられます．式(4.10)中の L_f と L_t は原子炉の大きさが有限の場合に考慮される高速中性子の漏れない確率 L_f，および，熱中性子の漏れない確率 L_t です．k_∞ を与える式（4.9）は4因子公式と呼ばれています．

$$k_\infty = \eta \varepsilon p f \tag{4.9}$$
$$k_{eff} = L_f L_t k_\infty \tag{4.10}$$

式（4.9）中の η は再生率，ε は高速核分裂効果，p は高速中性子が共鳴吸収を逃れて熱中性子になる確率，f は熱中性子利用率で，それぞれ次のような因子です．

再生率 η は1個の熱中性子が核燃料に吸収されるたびに発生する高速中性子の数で式（4.11）で与えられます．

$$\eta = v \frac{\sigma_f}{\sigma_a} = v \frac{\Sigma_f}{\Sigma_a} \tag{4.11}$$

ここで v，σ_f，σ_a，Σ_f，Σ_a は次の量です．

v：1回の核分裂で発生する高速中性子の数
σ_f：核分裂ミクロ断面積，　　Σ_f：核分裂マクロ断面積，
σ_a：吸収ミクロ断面積，　　　Σ_a：吸収マクロ断面積

表4.6にウラン235，ウラン238，プルトニウム239の η の値を示します．

表 4.6 　η の値

核燃料	ウラン 235 ($^{235}_{92}$U)	ウラン 238 ($^{238}_{92}$U)	プルトニウム 239 ($^{239}_{94}$Pu)
η	2.29	2.07	2.11

(出典) 山本孟，鈴木正義，高橋三吉：『発変電工学』，コロナ社，p.150, 表 4.7, 1985

　高速核分裂効果 ε は高速中性子によるウラン 238 の核分裂反応が生じることによって，放出される高速中性子の数が増える効果を表す因子です．**図 4.13** からわかるように，ウラン 238 に対する熱中性子核分裂断面積 σ_f はゼロに近いのですが，中性子エネルギー E が 1MeV 以上のところでは σ_f が上昇しています．これは，エネルギーの高い高速中性子がウラン 238 に衝突した場合に核分裂反応が起こることを示しています．ε はこの効果を表す因子で，その値は 1.03 程度です．

　図 4.13 からわかるように，中性子のエネルギーが 10～1,000 eV の領域でウラン 238 の吸収断面積 (n, γ) が大きくなり，ウラン 238 に中性子が吸収される現象が起こります．これが減速過程における中性子の**共鳴吸収現象**です．高速中性子が共鳴吸収を逃れて熱中性子になる確率 p はこの共鳴吸収を逃れて高速中性子が熱中性子に変換する確率を表しています．熱中性子利用率 f は変換された熱中性子が核燃料（ウラン 235）に吸収される割合を表す因子です．

（4）高速中性子の減速

　高速中性子の減速は，核分裂反応の際に発生する高速中性子を，減速材との弾性散乱によってエネルギーを失わせ，熱中性子に変換させるプロセスで，中性子サイクル中の重要なプロセスです．高速中性子のエネルギーが減速材との弾性衝突により減少するプロセスは**図 4.15** に示す 2 つの座標系を用いて解析されており，減速材との弾性衝突により，高速中性子の衝突前の運動エネルギー E_1 と衝突後の運動エネルギー E_2 の比 $\dfrac{E_2}{E_1}$ が式（4.12）のようになることが示されています．式（4.12）中の θ は図 4.15 中に示す重心座標系で示したときの中性子散乱角，a は減速材の質量数を A としたとき，$a = \left(\dfrac{A-1}{A+1}\right)^2$ で与えられる量です．

$$\frac{E_2}{E_1} = \frac{1}{2}\{(1+a)+(1-a)\cos\theta\} \tag{4.12}$$

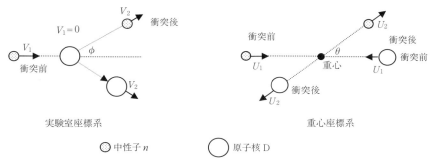

図 4.15　弾性散乱による中性子の減速

式（4.12）より，減速材の質量数 A が小さいほど a の値が小さく，したがって $\dfrac{E_2}{E_1}$ も小さくなり，減速の効果が大きいことがわかります．さらに，重心座標系での中性子の等方散乱を仮定した理論解析から，衝突前後の中性子エネルギー比 $\dfrac{E_2}{E_1}$ の自然対数平均値 $\xi\left(=E\ln\dfrac{E_1}{E_2}\right)$ が式（4.13）となることが示されており，質量数 A が 10 以上のときには ξ の近似式として式（4.14）が得られています（参考文献 6，7 参照）．

$$\xi = 1 + \frac{a}{1-a} \times \ln a = 1 + \frac{(A-1)^2}{2A} \times \ln \frac{A-1}{A+1} \tag{4.13}$$

$$\xi = \frac{2}{A+\dfrac{2}{3}} \tag{4.14}$$

式（4.14）を用いると，高速中性子（エネルギー E_f）が熱中性子（エネルギー E_t）になるまでの衝突回数 n は式（4.15）で与えられます．

$$n = \frac{\ln\dfrac{E_\mathrm{f}}{E_\mathrm{t}}}{E\ln\dfrac{E_1}{E_2}} = \frac{\ln\dfrac{E_\mathrm{f}}{E_\mathrm{t}}}{\xi} \tag{4.15}$$

式（4.15）を利用してエネルギーが 2 MeV の高速中性子をエネルギー 0.025 eV の熱中性子に減速するのに要する衝突回数 n を求めると，

$$n = \frac{\ln\dfrac{E_\mathrm{f}}{E_\mathrm{t}}}{\xi} = \frac{\ln\left(\dfrac{2\times 10^6}{0.025}\right)}{\xi} \approx \frac{18.2}{\xi} \tag{4.16}$$

となります．**表 4.7** は式（4.16）により質量数の異なる核種の ξ と n を算出した結果です．

表 4.7　質量数の異なる核種に対する ξ と n の値

原子核	質量数	ξ	n
^1_1H	1	1.000	18
^2_1D	2	0.725	25
^9_4Be	9	0.207	88
$^{12}_{6}\text{C}$	12	0.158	115
$^{238}_{92}\text{U}$	238	0.00837	2174

（出典）山本孟，鈴木正義，高橋三吉：『発変電工学』，コロナ社，p.156，表 4.8，1985

（5）減速材の減速率と減速能

散乱断面積（Σ_s）が大きく，エネルギー比の対数平均 ξ が大きいほど中性子の減速が効果的に行われます．したがって，$\xi \times \Sigma_s$ の値の大きな物質が減速材として好ましく，減速した熱中性子に対する吸収断面積（Σ_a）の小さい物質が好ましいので，$\xi \times \left(\dfrac{\Sigma_s}{\Sigma_a}\right)$ の値の大きな材料が減速材として好ましいといえます．これらのことから，減速材の性能を表す指標として減速能（ $= \xi \times \Sigma_s$ ），減速率（ $= \xi \times \left(\dfrac{\Sigma_s}{\Sigma_a}\right)$ ）が定義されています．**表4.8** は主な減速材の減速能と減速率の数値です（文献6参照）．この表から，重水の減速率が最大であることがわかります．重水はコストが高いため，軽水が多く減速材として使用されています．

表 4.8　主な減速材の減速能力

減速材	減速能（m^{-1}）	減速率
軽　水	150	70
重　水	18	2100
ベリリウム	16	150
黒　鉛	6.3	170

（出典）山本孟，鈴木正義，高橋三吉：『発変電工学』，コロナ社，p.156，表 4.9，1985

4-4 原子炉と原子力発電所

(1) 熱中性子炉

原子炉は中性子による核分裂反応を起こさせて，それを制御された状態に持続させる装置です．原子炉には「**熱中性子炉**」と「**高速中性子炉**」がありますが，今日実用化されている原子炉は「**熱中性子炉**」です．

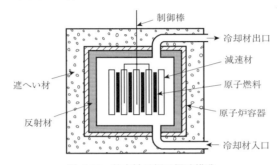

図 4.16　熱中性子炉の概略構造

(出典) 山本孟, 鈴木正義, 高橋三吉：『発変電工学』, コロナ社, p.130, 図 4.7, 1985

熱中性子炉は熱中性子によるウラン 235 の核分裂反応を起こさせる原子炉で，**核燃料**，**減速材**，**制御棒**，**冷却材**，**遮蔽材**などで構成されています．減速材や冷却材の違いにより熱中性子炉は**軽水炉**，**重水炉**，**ガス冷却炉**などに分けられます．軽水炉 (LWR) は減速材として軽水を使用した原子炉で，軽水が冷却材としても作用しています．重水炉 (HWR) は減速材に重水を使用した原子炉，ガス冷却炉 (GCR) は冷却材に炭酸ガスやヘリウムガスなどの気体を使用した原子炉です．**図 4.16** が熱中性子炉の概略構造です．

(2) 軽水炉

軽水炉は減速材に軽水を用いた原子炉で，**核燃料**，**減速材**，**制御棒**，**遮蔽材**，**格納容器**などで構成されています．減速材の軽水は原子炉の熱を取り出す冷却材の役割も果たしています．軽水炉には加圧水型炉と沸騰水型炉がありますが，加圧水型炉は原子炉で発生した熱を加圧状態の熱水で取り出す原子炉，沸騰水型炉は原子炉の熱を利用して高温の水蒸気を発生させて熱を取り出す原子炉と，構造は異なっています．そのうち**図 4.17** に沸騰水型原子炉の構造を示します．次に，軽水炉の主な

構成要素について説明します．

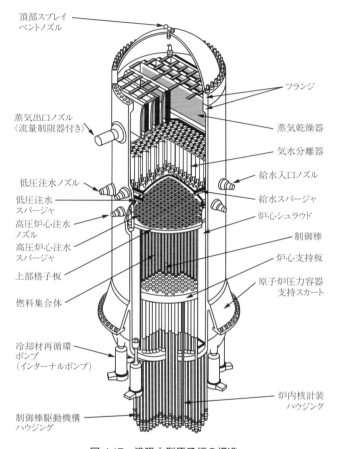

図 4.17 沸騰水型原子炉の構造

（出典）『第 6 版 電気工学ハンドブック』，電気学会，p.1169, 27 編 図 26, 2001

第4章 原子力発電

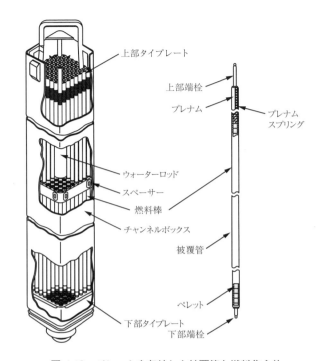

図 4.18 ペレットを収納した被覆管と燃料集合体
(出典)『第 6 版 電気工学ハンドブック』, 電気学会, p.1169, 27 編 図 28, 2001

(a) 核燃料

　核燃料の原料となる天然ウラン中には 99.28% のウラン 238 と 0.72% のウラン 235 が含まれています．この 2 種類の同位元素のうち，核分裂反応を起こす核分裂性物質はウラン 235 です．軽水炉に装荷される核燃料は天然ウラン中の濃度が 0.72% のウラン 235 の濃度を 2〜4% に高めた**低濃縮ウラン**です．原子炉で使用される核燃料は，二酸化ウランなどの化合物の粉末を焼き固めたセラミック燃料（ペレット）で，これをステンレスやジルコニウム合金で作られた**被覆管**内に収納して**燃料棒**とし，この燃料棒を何本か集めた**燃料集合体**にして使用します．**図 4.18** が燃料棒と燃料集合体です．

(b) 減速材，冷却材

　減速材は核分裂反応の際に放出される高速中性子を熱中性子に変換させるための

もので，軽水炉では高純度の軽水が用いられます．また，**冷却材**は原子炉で発生した熱を炉の外に運び出すもので，減速材の軽水が冷却材の役割も果たします．

(c) 制御棒

　制御棒は原子炉内で熱中性子が核燃料に吸収される割合を制御するためのもので，原子炉の運転を制御する重要なコンポーネントです．制御棒は中性子に対する吸収断面積の大きいホウ素，カドミウム（Cd），ハフニウム（Hf）などで作られています．**図 4.19** に示すように，形状は断面が十文字型で，燃料集合体の中を上下させることにより燃料集合体との接触面積を変化させ，核分裂反応を制御します．

(d) 遮蔽

　遮蔽は原子炉内で発生する高速中性子，熱中性子，γ線などの放射線を遮るもので，コンクリート，鉄，鉛，水などの材料が利用されます．遮蔽は熱遮蔽と生体遮蔽に分けられます．熱遮蔽は放射線による発熱を防ぐもので，鉄板が用いられます．生体遮蔽は放射能漏れに対する防壁でコンクリートが採用されています．

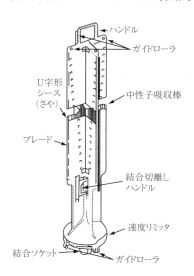

図 4.19　制御棒

(出典)『第6版 電気工学ハンドブック』，電気学会，p.1170 27 編 図 29, 2001

(e) 原子炉圧力容器,原子炉格納容器

　原子炉圧力容器は炉心ならびに内部構造物を収納する容器で,事故の際に炉心から放出される放射性気体を含む高圧蒸気を閉じ込めるためのものです.軽水炉の原子炉圧力容器は厚さ 30～40 mm の鋼鉄製容器で,外側はコンクリートで覆われています.**原子炉格納容器**は事故発生時などに炉心から放出される放射性物質を閉じ込めるための容器です.軽水炉の格納容器はプレストレスコンクリートなどで作られています.

(3) ガス冷却炉

　ガス冷却炉は減速材に黒鉛を用い,冷却材として炭酸ガスなどの気体を使用する原子炉で,草創期の発電用原子炉として用いられました.日本で最初に発電用原子炉として導入されたコールダーホール改良型炉も,イギリスで開発されたガス冷却炉でした.ガス冷却炉のうちヘリウムガスを冷却材に使用した**高温ガス炉**は,将来の原子炉として開発がすすめられています.

(4) 高速中性子炉 (FBR)

　高速中性子炉は高速中性子による核分裂反応を利用した原子炉で,**高速増殖炉 (FBR)** がその代表例です.高速増殖炉は,次に示すウラン 238 の**転換反応**を利用して核分裂性物質プルトニウム 239 を生成させ,このプルトニウム 239 の核分裂反応を利用してエネルギーを取り出す原子炉です.**図 4.20** はプルトニウム 239 の核分裂反応の概念図です.

$$^{238}_{92}\text{U} + ^{1}_{0}n \rightarrow ^{239}_{92}\text{U} \rightarrow ^{239}_{93}\text{Np} \rightarrow ^{239}_{94}\text{Pu}$$

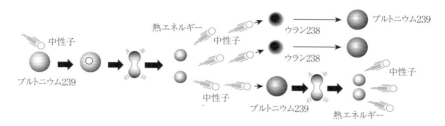

図 4.20 高速増殖炉の核分裂反応
(出典) 経済産業省 資源エネルギー庁編:『原子力 2008』, 日本原子力文化振興財団, p.51, 2008

　高速増殖炉は**図 4.20**に示すように，プルトニウムの核分裂反応を利用して消費した核燃料よりも多い量の核分裂性物質を生産できるのが特徴です．核燃料にはプルトニウムと高濃縮ウランが用いられます．**図 4.21**は高速増殖炉の断面図です．高速増殖炉の特徴は次のようになります．

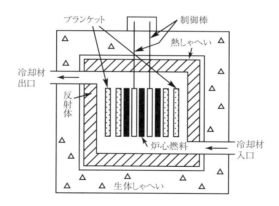

図 4.21 高速増殖炉の断面部
(出典) 山本孟, 鈴木正義, 高橋三吉:『発変電工学』, コロナ社, p.130, 図 4.8, 1985

① 炉心の周辺部にウラン 238 を多く含む減損ウランでできた**ブランケット**が設けられていて，この部分で運転中に新しい核燃料プルトニウム 239 が作られます．
② 高速中性子による核反応を利用するので減速材は不要です．
③ コンパクトな炉心部で莫大な熱が発生するので，発生熱を取り出す冷却材に熱

容量の大きい液体ナトリウムを使用します．
④ 冷却材の放射能汚染を防止するため，冷却系は二重になっていて，図4.22に示すように，2次冷却材（ナトリウム）と水の熱交換により蒸気を発生させます．

核燃料資源の少ないわが国では，高速増殖炉の開発に力を入れ，実験炉常陽，原型炉もんじゅが建設され，種々検討が行われてきました．原型炉もんじゅは1994年4月には臨界に達し，1995年8月には発電も行われ，高速増殖炉の開発は順調に進むかに思われましたが，1995年12月に二次冷却系配管の破損により冷却材のナトリウムが漏出する事故が生じたため開発を中断し，それ以後も様々なトラブルが発生したため，2016年12月に国の原子力関係閣僚会議において，今後は開発を継続せずに廃炉にすることが決定されました．図4.23が高速増殖炉原型炉「もんじゅ」を使用した発電所の構成，図4.23はもんじゅの外観です．

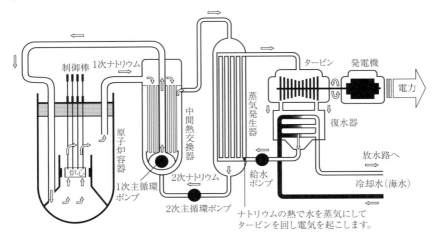

図 4.22　高速増殖炉「もんじゅ」を使用した原子力発電所の構成

（出典）経済産業省 資源エネルギー庁編：『原子力2008』，日本原子力文化振興財団，p.51, 2008

図 4.23 廃炉が決まった高速増殖炉「もんじゅ」を用いた発電所
(出典)経済産業省 資源エネルギー庁編:『原子力 2008』,日本原子力文化振興財団,p.52, 2008

4-5 軽水炉による原子力発電所

(1) 加圧水型炉(PWR)を用いた原子力発電所

現在原子力発電所に用いられている軽水炉は**加圧水型炉(PWR)**と**沸騰水型炉(BWR)**です.加圧水型原子炉は米国のウェスチングハウス社により開発された軽水炉で,冷却材の軽水が沸騰しないように炉内の圧力を高めています.高温の加圧状態の冷却水は蒸気発生器で蒸気(2次冷却水)に変換され,この蒸気でタービン発電機を駆動し発電します.加圧水型炉は加圧器や蒸気発生器が必要なため,建設コストがかかりますが,① 放射能がタービン側に出る心配がない,② 負荷応答がよいなどの特徴があります.加圧水型原子炉は関西電力株式会社の美浜,大飯,四国電力株式会社の伊方,九州電力株式会社の玄海の各原子力発電所で使用されています.**図 4.24**に加圧水型炉と加圧水型炉を用いた原子力発電所の構成を示します.

(2) 沸騰水型炉(BWR)を用いた原子力発電所

沸騰水型原子炉は米国のゼネラル・エレクトリック社によって開発された軽水炉で,原子炉の発生熱により冷却水が沸騰する方式の原子炉です.この原子炉の特長は加圧水型炉と同様に冷却材に軽水を使用しているので出力密度が大きいことや,熱交換器を必要としないので,コストがかからないことです.沸騰水型原子炉は東京電力株式会社の福島,柏崎刈羽,中部電力株式会社の浜岡,中国電力株式会社の

第 4 章 原子力発電

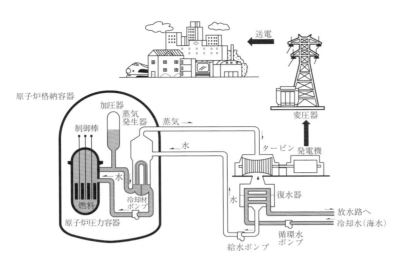

図 4.24 加圧水型炉を用いた原子力発電所
(出典) 経済産業省 資源エネルギー庁編:『原子力 2008』,日本原子力文化振興財団, p.24, 2008

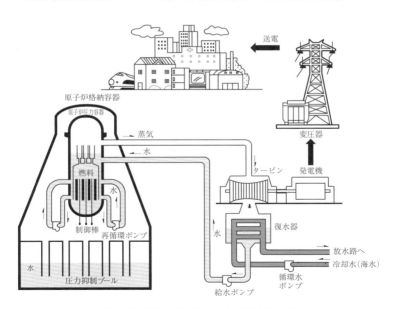

図 4.25 沸騰水型炉を用いた原子力発電所
(出典) 経済産業省 資源エネルギー庁編:『原子力 2008』,日本原子力文化振興財団, p.24, 2008

島根の各原子力発電所に設置されています．図 4.25 に沸騰水型炉と沸騰水型炉を用いた原子力発電所の構成を示します．

(3) 軽水炉の起動と運転制御
(a) 起動
　原子炉の運転では原子炉を起動させる際に中性子源を挿入し，制御棒を徐々に抜きながら，出力を上昇させ，実効増倍率 k_{eff} が 1 となる臨界状態に到達させます．その後，制御棒を引き上げながら出力を上昇させ，所定の出力に達したときに定常運転に入ります．運転中は $k_{eff} = 1$ の状態を維持させます．図 4.26 (a) は起動時の原子炉，図 4.26 (b) は起動時の出力変化のグラフです．

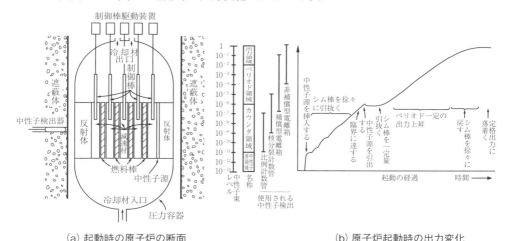

(a) 起動時の原子炉の断面　　　　　　　　(b) 原子炉起動時の出力変化
図 4.26 原子炉起動時の中性子束の変化
(出典) 須田信英：『原子炉の動特性と制御』，同文書院, p.3 1.1 図, p.11 図 3.1, 1969

(b) 運転制御
　原子力発電は火力発電よりも起動や停止に長時間を要し，全出力運転に至るまでの所要日数は数日以上を要します．このため，原子力発電所はベース負荷用として一定出力で運転が行われています．原子炉の運転の制御は制御棒を用いて実効増倍率 k_{eff}，および原子炉の反応度 $\rho \left[= \dfrac{k_{eff} - 1}{k_{eff}} \right]$ を制御することによって行われます．原子力発電所で原子炉を停止させる場合は，制御棒を挿入し，実効増倍率 k_{eff} が 1 以

下となるように調整します．原子炉の反応度 ρ は原子炉運転中の温度変化や，原子炉の運転に伴って生じる核分裂生成物の蓄積，燃料の燃焼などにより次のように変化します．

1) 原子炉の温度が上昇すると，① 減速材などが膨脹し大きさや密度が変化すること，② 中性子（熱中性子）の温度が変化し，衝突断面積の値が変化すること，③ 核燃料の温度が変化し，ドプラー効果による共鳴吸収の変化が起こることなどのために原子炉の反応度が変化します．
2) 原子炉の運転に伴い原子炉内に核分裂生成物が蓄積していきますが，核分裂生成物の中にはキセノン（$^{135}_{54}\text{Xe}$）やサマリウム（$^{149}_{62}\text{Sm}$）のように吸収断面積の大きな物質が含まれており（$^{135}_{54}\text{Xe}$ の吸収断面積は $2.72 \times 10^6 \text{b}$，$^{149}_{62}\text{Sm}$ の吸収断面積は $4.08 \times 10^4 \text{b}$），原子炉の実効増倍率 k_{eff} や反応度 ρ を減少させます．これらの物質は**毒物質**と呼ばれています．この毒物質のために原子炉停止後 10 時間程度運転再開ができない場合があります．
3) 運転に伴い核燃料の組成が変わり，反応度に影響を及ぼします．
4) 負荷の変動があると原子炉の冷却に影響を及ぼし反応度が変化します．

これらの反応度の変化に対しては，制御棒を操作して炉心内の中性子吸収量を変化させて反応度を制御する方法が用いられています．

4-6 原子力発電所の防災

原子力発電所の安全対策は平常時の安全対策と異常発生時の対策に分けられます．平常時の安全対策では放射線の管理が重要です．また，異常事態の発生に対しては，多重防護という観点から様々な安全対策が施されています．本節では原子力発電所の安全防災対策について説明します．

（A）放射線と原子力発電所における放射線管理
（1）放射線と放射線の特性

不安定な原子核が放射線を放出しながら安定な原子核に変化するプロセスが**放射性崩壊（放射壊変）**で，その過程で放射線を放出しながら安定な原子核に変化する核種が放射性核種です．放射性崩壊には α 崩壊，β 崩壊，γ 崩壊の 3 種類があります．α 崩壊はヘリウム原子の原子核である α 粒子（陽子 2 個と中性子 2 個で構成されて

いる原子核）を放出する崩壊で，原子核の質量が大きい場合に発生します．α 崩壊がおこると次のように，原子核は原子番号 Z が 2，質量数 A が 4 小さい原子核に変化します．

$$_Z^A X \rightarrow {}_{Z-2}^{A-4}Y + {}_2^4 He \quad <例> \quad {}_{92}^{238}U \rightarrow {}_{90}^{234}Th$$

β 崩壊は原子核の中で中性子が陽子に，あるいは，陽子が中性子に変わり，その時に生じた電子（β 線），あるいは陽電子を放出する崩壊です．β 崩壊は原子核を構成する陽子と中性子のバランスがよくない原子核で生じます．この場合には次の例のように，原子番号 Z が 1 大きい原子核に変化しますが，質量数は変化しません．

$$_Z^A X \rightarrow {}_{Z+1}^A Y + \beta \quad <例> \quad {}_1^3 H \rightarrow {}_2^3 He$$

γ 崩壊は電磁波である γ 線を放出する放射性崩壊で，原子核のエネルギー状態が高いときに発生します．この崩壊では原子核のエネルギー状態の変化がおきますが，原子番号と質量数は変化しません．

放射性崩壊がおきるとき，時刻 t における原子核の個数 N は次の微分方程式 (4.17) を満たします．

$$-\frac{dN}{dt} = \lambda N \quad (\lambda：\textbf{崩壊定数}) \tag{4.17}$$

この微分方程式を解くと N の解として

$$N = N_0 e^{-\lambda t} \tag{4.18}$$

が得られます．N_0 は $t = 0$ における原子核の個数です．N が N_0 の半分になる時間 T_h が**半減期**で，放射性崩壊の目安になる時間です．T_h は $T_h = \ln\frac{1}{\lambda} = \frac{0.693}{\lambda}$ で与えられます．

(2) 放射性核種

放射性崩壊を生じる元素は自然界に存在する天然放射性核種と，原子炉や粒子加速器内の核反応で生じる人工放射性核種に分けられ，天然放射性核種はさらに 1 次

放射性核種，2次放射性核種，誘導放射性核種に分けられます．

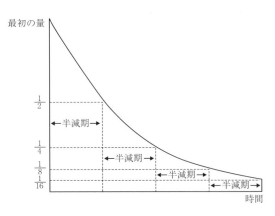

図 4.27 放射性核種の半減期

(出典) 経済産業省 資源エネルギー庁編：『原子力 2008』，日本原子力文化振興財団，p.54, 2008

(a) 1次放射性核種

1次放射性核種は宇宙創成時における元素の合成核反応によりつくられた核種で，半減期が10^8年以上ときわめて長い核種です．$^{40}_{19}$K（T_h：1.27×10^9 年），$^{235}_{92}$U（T_h：7.13×10^8 年），$^{238}_{92}$U（T_h：4.51×10^9 年）などが1次放射性核種の具体例です．

(b) 2次放射性核種

2次放射性核種は1次放射性核種の放射性崩壊で作られた核種で，放射性崩壊により質量数が4の整数倍ずつ減少する4つのグループ（質量数が$4n, 4n+1, 4n+2, 4n+3$のグループ）に分かれます．これが放射性核種の壊変系列です．自然界に存在する2次放射性核種はウラン238を始原原子とし，質量数が（$4n+2$）で，壊変により質量数が4ずつ減少するウラン・ラジウム系列，ウラン235を始原原子とし質量数が（$4n+3$）で壊変により4ずつ減少するウラン・アクチニウム系列，トリウム232を始原原子とし質量数が$4n$で，壊変により4ずつ減少するトリウム系列のいずれかの壊変系列に属しています．**図 4.28 (a)・(b)** にウラン・ラジウム系列とウラン・アクチニウム系列の壊変系列を示します．

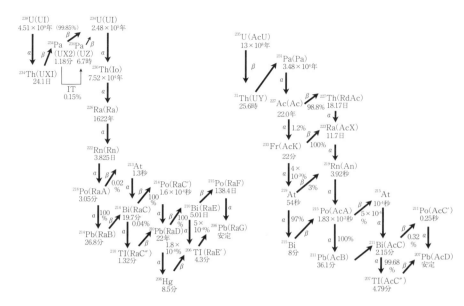

(a) ウラン・ラジウム系列の壊変系列　　(b) ウラン・アクチニウム系列の壊変系列

図 4.28　2 次放射性核種の壊変形列

(参考文献) 木越邦彦:『核化学と放射化学』, 裳華房, p.155, 図 5.1, p.157, 図 5.3, 1981

(c) 誘導放射性核種

誘導放射性核種は宇宙線などの作用により，地球上あるいは宇宙空間における核反応で作られた半減期の短い放射性核種です．**表 4.9** にその例を示します．

表 4.9　地球上で見出される誘導放射性核種

核　種	半 減 期	崩壊の型	存在する場所
$^{3}_{1}H$	12.26 年	β^{-}	大気中の H_2O，雨水，陸水
$^{14}_{6}C$	5730 年	β^{-}	大気中の CO_2，生物，海水
$^{36}_{17}Cl$	3.0×10^{5} 年	β^{-}	地上の岩石
$^{239}_{94}Pu$	2.41×10^{4} 年	β^{-}	ウラン鉱物

(参考文献) 木越邦彦『核化学と放射化学』, 裳華房, p.161, 表 5.3, 1981

(d) 人工放射性核種

　人工放射性核種は加速器や原子炉内の核反応，核爆発などによってつくられる放射性核種で，多くの種類があります．人工放射性核種のうち，原子番号が93より大きい核種は超ウラン元素と呼ばれています．**表4.10**に核実験によって作られた人工放射性核種の例を示します．

表 4.10 核実験の際に生じる放射線核種

核　種	半減期（年）	生成量（Ci）*
$^{3}_{1}H(T)$	12.3	2×10^{9}
$^{14}_{6}C$	5,730	6×10^{5}
$^{55}_{26}Fe$	2.7	5×10^{7}
$^{85}_{36}Kr$	10.8	3×10^{6}
$^{90}_{38}Sr$	28.8	1.6×10^{7}
$^{137}_{55}Cs$	30.1	2.5×10^{7}
$^{239}_{94}Pu$	24,110	8×10^{5}

(*) 1Ci（キュリー）= 3.7×10^{10} Bq（ベクレル）

(出典) 安成弘, 若林 宏明:『基礎原子力工学』, 電気学会, p.190, 6.4表, 1982

（3）放射線の性質と放射線量の単位

　（1）で説明したように，放射線は放射性元素の放射性崩壊によって放出される粒子線または電磁波で，α線，β線，γ線が代表的なものですが，これらの3種類の放射線のほかに中性子線や宇宙線なども放射線の仲間です．いずれの放射線も高いエネルギーを有しているため，それ自身で，あるいはほかの物質に作用し，次のような性質を示します．

　① 放射線を出す　② 他の物質を電離する　③ 原子核反応を起こす

　放射線が示すこれらの性質は放射線の強さによって異なりますが，放射線の強さを表す量は次の通りです．

(a) 放射能

　放射能は放射線源の強さを示す量で，そのSI単位は**ベクレル**（Bq）です．1ベクレルは1秒間に1個の原子崩壊を起こす放射能と定義されています．このほかに，従来から用いられている単位としてキュリー（Ci）があります．1キュリーはラジウム1gが出す放射線量（= 3.7×10^{10} Bq）です．

(b) 照射線量

照射線量はX線とγ線に対してのみ使用される線量で，空気をどれだけ電離するかを尺度とする量です．照射線量のSI単位はクーロン／キログラム（C/kg）で，1 C/kgは1 kgの空気を1 C電離する線量です．従来から用いられている照射線量の単位はレントゲン（R）で，1 Rは1 kgの空気に照射して正および負それぞれ，2.58×10^{-4} Cのイオンをつくる照射線量と定義されています．

(c) 吸収線量

吸収線量は物質に吸収される放射線の量です．吸収線量のSI単位はグレイ（Gy）で，1グレイは放射線のイオン化作用によって1 kgの物質に1 Jのエネルギーを与える線量として定義されています．従来から用いられている単位はラド（rad）で，1 rad = 0.01 Gyです．

(d) 線量当量

線量当量Hは放射線の健康に及ぼす影響を表すために導入された線量で，吸収線量Dと線質係数Qの積（$H = DQ$）で定義されています．線質係数Qは放射線の種類により値が異なります．**表4.11**に各種放射線の線質係数Qの近似値を示します．線量当量のSI単位はシーベルト（Sv）で，1 Sv = 100レム（rem）です（1レム = 10mSv）．

表 4.11　各種放射線の線質係数

被曝の違い	線　種	線質係数 Q
体外被曝	X線，γ線，電子	1
	エネルギー不明の中性子，陽子	10
	中性子	2-11（エネルギーによって異なる）
	重い反跳核，加速器からの重粒子	2.3
体内被曝	X線，γ線，β線	1
	α粒子	10
	核分裂片，反跳核	20
	自発核からの中性子	8

（出典）安成弘，若林宏明：『基礎原子力工学』，電気学会，p.79 3. 4表，1982

(4) 放射線による健康被害と放射線量の許容限界

 生体内の器官のうち,生殖腺,骨髄,腸,皮膚の順で損傷を受けやすく,これらの器官では被曝した細胞の微小な傷が細胞分裂のたびに自然拡大し個体の死へと導きます.生殖腺などは細胞分裂に要する時間が短く,損傷したDNAの修復が行われないうちに細胞分裂が生じるため障害を受けやすいと考えられています.放射線による障害は被曝後数週間以内に現れる**早期効果**と,年月を経てから現れる**晩発性効果**に分かれます.**表 4.12** は**被曝量**と早期効果の症状の関係を示したものです.

 晩発性効果は被曝後数年を経過した後に現れる障害で,白血病,癌,白内障,寿命の短縮,胎児への影響として現れます.被曝により人体に変化が現れる最低の線量が限界線量,危険に対応する放射線の許容レベルが許容線量で**表 4.13** のように定められています.

表 4.12 放射線量と障害の関係

線量 (Sv)	症　状	備　考
0.25	ほとんど臨床症状なし	0.1〜0.25 Sv 以上は医師の診断を要する
0.5	リンパ球の一時的減少	
1.0	吐き気,嘔吐,全身倦怠,リンパ球著減	危険限界量
1.5	放射線縮酔	
2.0	白血球の長期の減少	死亡率 5 %
4.0	死亡 30 日間に 50 %	
6.0	死亡 14 日間に 90 %	
7.0	死亡 100 %	100 % 致死線量

(参考文献) 菅野卓治,関晋:『やさしく語る放射線』,コロナ社,p.74,表 6

表 4.13 年間線量で表した最大許容線量と線量限度 (1rem = 0.01 Sv)

臓器または組織	作業中に被曝する成人 (＊) に対する最大許容値	公衆の構成員 (＊＊) についての線量限度
生殖腺,赤色骨髄	1 年につき 5 rem	1 年につき 0.5 rem
皮膚,骨,甲状腺	1 年につき 30 rem	1 年につき 3 rem
手,および前腕,足およびくるぶし	1 年につき 75 rem	1 年につき 7.5 rem
他の単一臓器	1 年につき 15 rem	1 年につき 1.5 rem

(＊) 原子力発電所など原子力関連施設で作業している人　　(＊＊) 一般の人
(出典) 安成弘,若林宏明:『基礎原子力工学』,電気学会,p.196, 6.10 表, 1982

＜補足　放射線と放射線による健康障害＞

　大量の放射線の被曝を受けるとわれわれ人間の健康に種々の障害が現れます．放射線被曝の形式は**外部被曝**（放射線源が人体外にある場合の被曝）と**内部被曝**（放射線源が人体内にある場合の被曝）に分けられます．外部被曝の場合はγ線や中性子線などのように透過力の大きい放射線が，また，内部被曝の場合にはα線やβ線などのように透過力の小さな放射線が問題になります．中性子線，α線，陽子線などは水を主成分とする生体組織に作用して反跳陽子（エネルギーを与えられた陽子）を生成し，この反跳陽子が生体にエネルギーを与えます．

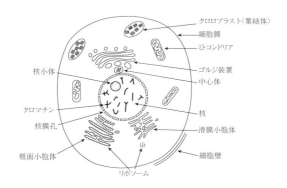

図 4.29　細胞の模型

(出典) 松澤昭雄：『絵とき遺伝学の知識』，オーム社，p.20, 図 21, 1997

　一方，X線，γ線などは生物体との相互作用によって2次電子を生じ，その電離作用や励起作用を通じて生物体にエネルギーを与えます．放射線のエネルギーは生体の化学結合を破壊するのに十分なエネルギーを有しているので，被曝した生体はその電離作用により損傷を受けます．**図 4.29** は細胞の模型ですが，生体の細胞は細胞の中心にある細胞核とその周囲の細胞質から成り立っていて，細胞膜で覆われています．細胞質の85%は水で成り立っているので，放射線の細胞への作用は放射線の水に対する化学的作用に帰着し，次のような反応によって細胞を変質させます．

1) 放射線の電離作用による水のイオン化　　　　　　　　　$(H_2O \rightarrow H_2O^+ + {}^-e)$
　　　　　　　　　　　　　　　　　　　　　　　　　　　$(H_2O^+：イオン化した水)$
2) OHラジカル（OH・）の生成　　　　　　　　　　　$(H_2O^+ + H_2O \rightarrow HO\cdot + H_3O^+)$

3) H_3O^+ イオンの電離作用による
   H ラジカル（H・）の生成　　　　　　　　　　　$(H_3O^+ + {}^-e \rightarrow H\cdot + H_2O)$

　これらの化学反応の過程で生じた OH ラジカル（OH・）はとくに化学的作用が強く，脂質二重結合を開裂する働きがあります．放射線障害には放射線による DNA の損傷（DNA 鎖の損傷，DNA 中の塩基 AGCT の損傷）もあります．DNA には損傷を修復する機能がありますが，修復が完全に行われなかったり，誤った修復が行われた場合に発ガンや突然変異などの重大な障害を生じます．

(5) 原子力発電所における放射線管理
　原子力発電所の**放射線管理**は，発電所内や，発電所周囲の放射線レベルを正しく把握し，問題となる放射性物質の流出や放射線による被曝が起こらないように管理することです．原子力発電所における放射線の管理は，個人管理（内部被曝管理，外部被曝管理）と環境管理（施設内管理，環境管理）に分けて行われています．これらの放射線管理は**放射線モニタリング**によりおこなわれています．放射線モニタリングは対象によって**区域モニタリング**，**個人モニタリング**，**施設外環境モニタリング**などに分かれますが，区域モニタリングや施設外環境モニタリングでは発電所内外に設けられた複数のモニタリングスポットの放射線量を測定し，許容線量と比較して安全性を確認します．個人モニタリングは発電所内で作業を実施する人や，発電所を訪れる見学者の放射線被爆量を放射線モニターでチェックして安全を確認します．

(6) 原子力発電所の安全・防災対策
① 原子力発電所の防災に対する考え方
　原子炉は何らかの理由で出力が上昇すると核分裂反応が自動的に抑制され，出力が減少する**自己制御性**を持つように設計されています．これが原子炉の固有の安全性で，炉心の出力や温度が上昇する場合には反応度が低下するように設計されています．また，**多重防護**の考え方が採り入れられており，放射能漏れに対する防壁もペレット，燃料被覆管，原子炉圧力容器，原子炉格納容器，原子炉建屋と多層化されています．

原子力発電所では事故発生を防ぐため，第一に「異常発生の未然防止」，第二に「異常発生の場合の拡大および事故への発展の防止」，第三に「事故発生の場合の周辺環境への放射性物質の放出の防止」，という三段階の安全対策が施されています．

(a) 異常の発生を未然に防止するための対策

原子力発電所の重要な設備には多重性と多様性がとりいれられ，複数個の独立系統を設けています．原子炉の設計においては機器，部品に故障，破損が生じても全体の系の安全が損なわれないようにする**フェールセーフ**の考えや，インターロックシステムの採用などにより，運転員が操作を誤っても安全が損なわれないようにする**フールプルーフ**の考えが取り入れられています．

(b) 異常の拡大，および事故への発展防止の対策

異常の拡大，および，異常事象の事故への発展を防止する対策として，放射線レベル，温度，流量，圧力などを自動監視し，異常事象の早期発見と，異常検知に対する警報システムを導入しています．また，原子炉内の圧力の急上昇などの異常を検知した場合には，原子炉の緊急停止装置（スクラム）が動作するように設計されています．これらの**緊急停止装置**には多重性，独立性を持たせており，制御棒の挿入が不能となっても原子炉を停止できるシステムとなっています．

(c) 事故発生時に放射性物質の放出を防止する対策

冷却系ポンプの故障，冷却系パイプの破損，熱交換器の破損，などの場合に起きると予想される**冷却材喪失事故**（LOCA: Loss of Coolant Accident）を想定して，これらのトラブルが発生した場合には冷却水を直ちに炉心に送り込む**非常用炉心冷却装置**（ECCS: Emergency Core Cooling System）が設置されており，炉心溶融（メルトダウン）などの重大事故を防止する対策が施されております．

(7) 東京電力福島第一原子力発電所の事故

2011年3月に発生したマグニチュード9.0の巨大地震では東京電力福島第一原子力発電所において，津波によって発電所の所内電源がすべて失われ，核燃料が冷却不能となり，炉心溶融と水素爆発を生じるという大事故が発生しました．この事故は，1986年8月に発生した旧ソ連のチェルノブイリ原子力発電所の事故と同じレベル（レベル7）の深刻な事故で，炉心溶融と原子炉建屋の水素爆発がおこり，多量の放射性物質を外部に放出しました．

第4章 原子力発電

　地震発生の際，運転中の福島第一原子力発電所内の1, 2, 3, 5, 6号原子炉は自動的に緊急停止しましたが，地震により発電所への送電が停止し，変電所や遮断器などの故障も起こり，外部からの電源供給が不能となりました．そのとき直ちに，非常用ディーゼル発電機が起動しましたが，地震発生から約50分後に発電所を襲った遡上高14 m〜15 mの津波により，非常用ディーゼル発電機が故障し，発電所内の電気設備，ポンプ，燃料タンクなども損傷，あるいは流出して，全交流電源喪失状態（ステーション・ブラックアウト）に陥ったため，冷却ポンプが稼働できなくなり，原子炉や使用済み燃料プールへの送水ができず，核燃料が冷却不能となって炉心溶融（メルトダウン）を生じ，原子炉圧力容器，原子炉格納容器，配管などが損壊しました．また，炉心溶融に伴って1〜4号機内に大量の水素が発生し，これが1, 3, 4号機の原子炉建屋，タービン建屋内に充満し，水素爆発を起こしました．この爆発で1, 3, 4号機の原子炉建屋とタービン建屋，および周辺施設が大破し，外部に大量の放射性物質が放出されました．事故発生から約1カ月後の2011年4月12日までに放出された放射性物質の総量は，77万テラベクレルと報告されています．

　事故発生後，事故について調査・検証するための政府，ならびに民間の調査委員会が組織され，調査の結果を取りまとめた詳しい調査報告書が作成されました．しかしながら，事故発生後6年余りを経過した2017年8月の時点においても，原子炉の内部は高濃度の放射線で汚染されたままで立ち入ることが出来ないため，原子炉内部の実態は明らかではなく，事故の詳細は解明されていません．この事故で放出された放射性物質により，周辺地域の大気，土壌，海洋は広範囲に汚染されました．その後に行われた**除染作業**により，事故発生直後に比べ，放射能の汚染地域は減少してはいるものの，被災地やその周辺に住む多くの住民が長期間にわたり避難を余儀なくされ，被災地域の商工業，農業，漁業，水産業などの産業は壊滅的打撃をうけました．**図4.30**中に斜線で示した領域は未だ放射線量が高く，住民の帰還が許されない**帰還困難区域**です（2017年5月現在）．福島県の発表によれば，事故発生から6年余りを経過した今日（2017年3月現在），80,000人余の人が避難生活を続けている状況です．

図 4.30 帰還困難区域の領域を示すマップ

(出典) 経済産業省 資源エネルギー庁:『エネルギー白書 2017』(第 112-1-2 図)

帰還困難区域:放射線量が高いため,バリケードなどを設けて住民に避難を求めている区域

(8) 原子力発電所の新しい安全基準と規制組織

　福島第一原子力発電所に発生した未曾有の事故は,従来の考え方に基づく原子力発電所の安全管理体制や安全基準が万全でないことを示す結果となり,新しい**安全**

審査基準と安全審査業務を司る新たな規制組織が作られました．

(a) 原子力発電所に対する新しい**安全審査基準**

新しい安全審査基準では原子力発電所の運転期間を原則 40 年と規定し，地震・津波などの自然災害に対する対策や，全電源喪失などの過酷事故に備え，原子力発電所が遵守すべき安全・防災対策の項目がつぎのように規定されました．

① 地震・津波・火災に対する対策

地震への対策では最大 40 万年前までの地層を調査し，活断層の有無を確認することとなり，発電所敷地内に活断層の存在が疑われる場合には原子炉の運転を認めないことになりました．また，津波対策では東日本大震災を踏まえた最大津波高さを想定し，その津波による浸水を防ぐための**防潮堤**と原子炉建屋への浸水を防ぐ**水密扉**を設置することが義務づけられました．これに加えて，火災対策として原子炉の計装用ケーブル類を不燃化することが定められました．

② 航空機墜落テロなどへの対策

航空機事故やテロなどによって原子炉建屋が機能を失った場合への対策として，原子炉の冷却制御などを遠隔操作できる施設を設置することが規定されました．

③ 過酷事故の発生を想定した対策（シビアアクシデント対策）

過酷事故（シビアアクシデント）の発生を想定した対策として，原子力発電所に対し，1) 過酷事故発生時の指令塔となる緊急時対策所を設置すること　2) 原子炉の冷却を不能にする電源喪失に備え，複数の電源車・ポンプなどを配置すること　3) 沸騰水型原子炉（BWR）に対し，炉心溶融による原子炉格納容器内の圧力上昇に備え，**フィルター付きベント装置**を設置することが求められるようになりました．**図 4.31** はこれらの安全対策の内容を示すイラストです．

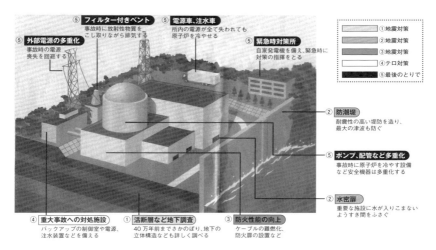

図 4.31 原子力発電所の新しい安全基準を説明するイラスト
（出典）日本経済新聞 2013 年 6 月 20 日号

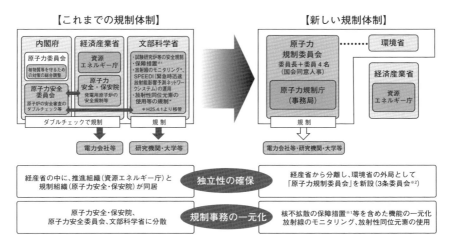

図 4.32 原子力発電に対する安全確保のための規制組織
（出典）電子力・エネルギー図面集 2013（日本原子力文化振興財団）

(b) 原子力発電所の安全管理を司る規制組織

　東京電力福島第一原子力発電所の事故が発生する以前，原子力発電所の安全管理

は「資源エネルギー庁」傘下の「原子力安全保安院」が司っておりました．しかしながら，「原子力安全保安院」の上部組織である「資源エネルギー庁」は原子力発電を推進する官庁であるため，発電所の安全管理が十分に果たされず，事故の遠因になったと考えられました．このような反省に基づき，新たに環境省の外局として，独立性の高い行政組織である「**原子力規制委員会**」を設けて，一元的に原子力安全行政を担う制度に改められました．この「原子力規制委員会」によって，前記の新しい安全審査基準が定められ，平成25年7月8日以降，この基準に基づいて原子力発電所の安全審査が行われることになりました．**図 4.32** はこの新しい規制組織を従来の規制組織と対比して示したものです．

(c) **新基準に基づく安全審査**

2017年8月現在，新たな安全基準に基づく安全審査に合格し，稼働中の原子力発電所は，九州電力川内原子力発電所1号機と2号機，四国電力伊方原子力発電所3号機，関西電力高浜原子力発電所3号機と4号機の5基です．また，すでに再稼働が認可されている九州電力玄海原子力発電所3号機と4号機も2017年度中には再稼働される見通しです．

2012年には法律(原子炉等規制法)が改正され，運転開始から40年の運転期間満了までに安全審査に合格し認可を受けた発電所は，さらに20年間運転期間の延長を認める「**運転期間延長認可制度**」が導入されました．

運転期間延長の認可を得るには，規制基準の適合に必要な工事計画の認可等を受けた上に，特別点検を実施し，長期運転が問題ないと判断されることが必要です．この制度に基づき，関西電力高浜発電所の1号機，2号機，3号機の運転期間延長の申請が行われ，すでに，再稼働が認可されており，2020年度までには再稼働される見通しです．2017年5月現在，このほか12箇所の原子力発電所の原子炉14基が安全審査申請中です．

表 4.14　原子力発電所及び関連施設の事故・異常事象のレベル

区分	レベル	内容	放射性物質の放出	原子炉炉心の損傷	放射性物質による発電所内の汚染	従業員の被ばく	事故事例
事故	7	深刻な事故	重大な放出				チェルノブイリ原発事故，福島第一原発事故
事故	6	大事故	かなりの放出				
事故	5	所外へのリスクを伴う事故	限定的な放出	重大な損傷			スリーマイル島原発事故
事故	4	所外への大きなリスクを伴わない事故	少量の放出	かなりの損傷		致死量の被ばく	JCO臨界事故
異常な事象	3	重大な異常事象	極めて少量の放出		重大な汚染	急性放射性障害を生じる被ばく	
異常な事象	2	異常事象			かなりの汚染	線量限度を超える被ばく	
異常な事象	1	逸脱					

（出典）経済産業省 資源エネルギー庁編：『原子力 2008』日本原子力文化振興財団の表 を改変

　東京電力福島第一原子力発電所の事故以外の重大事故として 1979 年に米国で起きたスリーマイル島の原子力発電所の事故と，1986 年に旧ソ連のウクライナ共和国で発生したチェルノブイリ原子力発電所の事故，JCO の臨界事故などが挙げられます．これらの事故の概要は以下の通りです．

① チェルノブイリ原子力発電所の爆発事故

1986 年 4 月 26 日午前 1 時 23 分〜24 分に旧ソ連ウクライナ共和国キエフ北方約 130 キロメートルのチェルノブイリ原子力発電所で 4 号炉が爆発する事故が発生しました．チェルノブイリ原子力発電所は電気出力 100 万 kW の発電所で，黒鉛減速軽水冷却の沸騰水型原子炉が用いられていました．4 号炉は 1983 年 12 月 20 日に臨界に達し，1984 年 4 月に営業運転を開始しました．この原子炉は定期点検と修理，および核燃料交換のために停止することになっており，出力を落とした原子炉で実験をしようとしたときに事故が起こりました．実験中で原子炉が不安定な状態になりがちであったにも拘わらず，原子炉の自動停止装置を手動で働かないようにしたり，

制御棒を規則以上に引き抜いてしまうなどの不正常な運転操作を行ったことが原因でした．減速材に黒鉛が用いられていたため，減速材の温度があがった場合の自己制御性が欠如していたということも事故拡大につながりました．この事故による死者は 31 名，急性放射線障害で入院した人は 203 名と報告されています．放射性物質が外部に放出されたため，事故直後に発電所から半径 30 キロメートルの地域の住民 13 万 5,000 人が避難しました．また，事故の現場で消火に当たった消防士 4 人が死亡しました．タービン室と 3 号炉の屋根で消火をした消防士たちは，事故直後に 28 人が被曝し入院しました．この事故による放射性物質はヨーロッパ諸国を中心に広範囲にわたる放射能汚染をもたらしたと報告されています．

② スリーマイル島原子力発電所の炉心溶融事故
1979 年 3 月 28 日午前 4 時，アメリカのペンシルバニア州スリーマイル島 (TMI) 原子力発電所 2 号機 (PWR，95.9 万 kW) で 2 次系の故障から，タービンと原子炉が緊急停止しました．その際，原子炉の圧力が上がり，加圧器逃し弁が開きましたが，弁の故障で開いたまま閉まらなかったにもかかわらず，運転員が原子炉の水が満水になると判断し，それまで開いていた非常用炉心冷却装置を手動で停止させました．このため，1 次系の水量が減少し，核燃料が損傷し炉内構造物の一部が溶融しました．しかしながら，原子炉格納容器の放射能閉じ込め機能によって放射性物質の環境への大量の放出は回避されました．環境に放出された放射性物質のほとんどが希ガスで，ヨウ素，セシウムなどの危険な物質の放出はわずかでした．発電所から 80km 以内に住んでいる住民は 20 人，受けた放射線の量は最大で 1mSv，平均約 0.015mSv と健康上影響のないレベルでした．事故後の詳しい調査により放射線による住民の健康影響や動植物の異常はなかったことが確認されています．

③ JCO の臨界事故
1999 年 9 月 30 日午前 10 時 35 分，茨城県東海村の核燃料加工会社 JCO において臨界事故が起きました．この事故では臨界状態が約 20 時間にわたり継続し，3 名の JCO 社員が多量の放射線被曝を受け，2 名が死亡しました．事故が発生したとき，JCO には 124 人が働いていましたが，その中の 3 人が沈殿槽にウラン溶液を注入する作業をしていて被曝しました．作業者 3 名の推定被曝線量はそれぞれ 18 シーベル

ト，10シーベルト，2.5シーベルトでしたが，18シーベルトと10シーベルトの被ばく者2名が死亡しました．ほかに，事故現場の写真撮影を行った者2名が120ミリシーベルトの中性子線を，待機していた運転手が0.8ミリシーベルトの放射線を浴びました．事故発生日の午後1時56分には半径500メートル圏内の住民に対しては避難要請が出され，事故地点から3キロ内の通行も禁止されました．臨界が終息したのは10月1日朝6時14分で，被曝者総数は439人に達しました．この事故は，社内で定めた違法なマニュアルによって沈殿槽に臨界量以上のウラン溶液を注入したことにより発生したものでした．定められていたマニュアルを守らず，ウランをバケツに入れて作業する裏マニュアルが存在し，低濃縮ウランを扱うときと同じ手法で，18.8%という高い濃縮度のウランを5%以下の低濃縮ウランを入れる容器に大量に入れたことにより，臨界事故が生じたことが明らかになりました．

④ 関西電力美浜原子力発電所の事故

2004年8月，関西電力美浜原子力発電所の2次冷却系の配管から急に高温高圧の蒸気が漏れ，点検作業をしていた作業者が高温高圧の蒸気を直接浴びて全身に火傷を負い，5名が死亡する大惨事を起こしました．この事故は加圧水型原子炉の二次冷却水の配管の損傷であったため，放射能の被曝や環境への放射能の放出はおきませんでしたが，作業者5名が死亡する大惨事となりました．事故後の原因調査により，配管内を流れる高温高圧水がフランジの近傍で配管の肉厚が減少する減肉を生じ，破損したものと判明しました．これを防ぐ点検が行なわれていなかったことがこの事故を引き起こした原因であることが明らかにされています．

4-7 核燃料サイクル

（1）核燃料サイクルの概念

核燃料の入手から再処理に至る一連のプロセスが**核燃料サイクル**です．原子力発電所で用いる核燃料のウランは，ウラン鉱石を様々なプロセスを経て原子力発電所で使用する燃料に加工して発電所で使用しています．また，使用済みの核燃料は再処理を行って一部を再利用し，再利用できないものは廃棄処分します．廃棄物は放射性物質ですので，放射能汚染を生じない管理が必要です．このような観点から，核燃料サイクルは原子力発電における重要な技術課題となっています．**図 4.33** は核燃料サイクルの概要を示す図です．

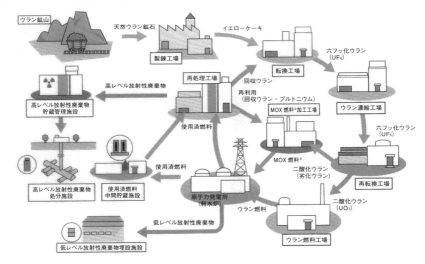

図 4.33 核燃料サイクル

（出典）経済産業省 資源エネルギー庁：『エネルギー白書 2015』（第 213-2-6 図）

図に示されているように，ウランの核燃料サイクルは次の通りの行程で行われます．

① ウラン鉱石の探鉱，採鉱　　② ウラン鉱石の精錬
③ 六フッ化ウランを製造する転換　④ ウラン濃縮
⑤ 燃料への加工　　　　　　　⑥ 原子炉での核燃料の使用
⑦ 使用済み燃料の貯蔵，再処理　⑧ 放射性廃棄物の貯蔵，処理，廃棄

(2) 核燃料の製造プロセス

4-4 (2)(a) に述べたように，核燃料の原料となる天然ウランには核分裂性物質である $^{235}_{92}U$ （0.72 %）と，親物質$^{(*)}$である $^{238}_{92}U$ （99.28 %）が含まれています．資源がない日本ではウラン資源を外国（アメリカ，カナダ，オーストラリア）からの輸入に依存しています．(*) 親物質：中性子を吸収することにより核分裂性に変換する物質

(a) ウラン精練

採鉱されたウラン鉱石中に含まれている成分は U_3O_8 で濃度は 0.1〜0.5 % です．ウラン鉱石より最初に粗精練により U_3O_8 を 70〜80 % 含む粉末を取り出します．粗精練では粉砕したウラン鉱石を硫酸に浸し，ウランを溶出し，できたウランの溶解液をイオン交換法，または溶媒抽出法により濃縮させます．これをろ過，乾燥して得られる粉末がイエローケーキです．この工程は海外の会社で行われています．

(b) 転換

イエローケーキは不純物が多いので，これを精製し（精製錬），UF_4 に変え，さらにフッ素を添加して UF_6（ガス）に変えます．この工程が**転換**です．

(c) ウラン濃縮

UF_6（ガス）を素材として，天然ウラン中のウラン 235 の濃度を軽水炉の燃料に必要な濃度 2〜4 % に高めるための工程が**ウラン濃縮**で，**ガス拡散法**，**遠心分離法**，**レーザー法**などの方法が開発されています．ガス拡散法は軽い同位体の方が隔膜を通りやすいという性質を利用して，UF_6 ガスを微細な孔を持つ隔膜を通し濃縮する方法です．また，遠心分離法は UF_6 ガスを超高速遠心分離機の中に入れると重い同位体は周辺部に，軽い同位体は中心部に集まるという性質を利用した方法で，低電力消費で濃縮が行える特徴があります．ウラン濃縮はこれまで外国に委託していましたが，青森県六ヶ所村に遠心分離法のウラン濃縮工場が建設され，国内でもウラン濃縮が行われるようになりました．

(d) 再転換

濃縮処理された UF_6 を加水分解，アンモニア処理，水素還元を行って UO_2 の粉末

にする工程が再転換です．UF_6 から UO_2 への変換は次の反応によって処理されます．再転換は国内および海外の工場で行われています．

$$UF_6 + H_2O \rightarrow UO_2F_2 + NH_4OH \rightarrow (NH_4)_2U_2O_7 \rightarrow UO_2$$

(e) 成型加工

UO_2 の粉末を固化してセラミック状のペレットに加工する工程です．この加工は国内の工場で行われています．

(3) 使用済み燃料の再処理と放射性廃棄物の処理

(a) 使用済み燃料の中間貯蔵

使用済み核燃料は崩壊熱や放射能を減衰させるために，水中に6か月から1年程度貯蔵します．これが使用済み燃料の**中間貯蔵**です．この中間貯蔵は原子力発電所内の使用済み燃料貯蔵プールで行われていますが，使用済み燃料の増加に対応するため，青森県六ヶ所村に中間貯蔵施設が建設されました．

(b) 使用済み燃料の再処理

使用済み核燃料から有効利用できる核燃料の分離回収を行うのが使用済み核燃料の再処理です．再処理の方法には ① **ピューレックス法**，② **シーレックス法**，③ **混合抽出法** などの方法がありますが，日本ではピューレックス法が採用されています．**図4.34** がピューレックス法の工程です．

```
                                  ↗ ウラン精製     → 硝酸ウラン
使用済み燃料 → 溶解 → 分離 → プルトニウム精製 → 硝酸プルトニウム
                                  ↘ 高レベル廃液
```

図4.34 ピューレックス法

日本では日本原子力研究開発機構の東海工場と外国（イギリス，ドイツ，フランス）への委託により再処理を行っていましたが，青森県六ヶ所村に建設された再処理工場でも再処理が行われるようになりました．使用済み燃料中から回収したウランとプルトニウムは核燃料に加工されますが，これまで，日本ではプルトニウムを高速増殖炉の核燃料として利用する計画の下に高速増殖炉の開発が進められて来ましたが，現在はその開発が中断しています．このため，再処理によって回収したプルト

ニウムを用いて，ウラン酸化物とプルトニウム酸化物の混合物（UO2・PuO2）からなる MOX 燃料（Mixed Oxide 燃料）に加工して，軽水炉の燃料として再利用するプルサーマル計画が進められています．現在六ヶ所村で MOX 燃料の加工工場を含む核燃料加工工場の建設が進められています．図 4.35 は六ヶ所村の核燃料施設です．

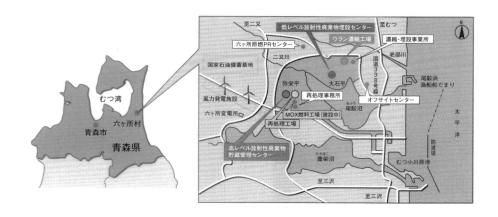

図 4.35　六ヶ所村の核燃料施設
（出典）経済産業省 電子力・エネルギー図面集 2013（日本原子力文化振興財団）

(c) 放射性廃棄物の処理

原子力発電所では放射性廃棄物の処分が重要な問題です．原子力発電所で発生する放射性廃棄物は**低レベル廃棄物**と，**高レベル廃棄物**に分けられ，それぞれの処分方法が異なっています．

① 低レベル廃棄物

原子力発電所で発生する放射性廃棄物のうちの低レベル放射性廃棄物は，発電所の運転中に発生する使用済みのペーパータオル，古い作業着や手袋，点検・補修時に発生する配管や炉内構造物などの金属類などで，紙や布など燃えるものは焼却し，金属など燃えないものは圧縮や溶融処理で容積を小さくし，また，液体状のものは濃縮したりして容積を減らし，ドラム缶に詰め，必要に応じてアスファルトなどで固めて発電所内の貯蔵庫に安全に保管した後，六ヶ所村の「低レベル放射性廃棄物

埋設センター」で地中に埋設処分され，人間の生活環境に影響を与えなくなるまで管理されます．また，放射能レベルの比較的高い制御棒などの炉内構造物は，発電所内の貯蔵プールで保管されており，最終的には地下の利用に対して十分な余裕を持った深度（50～100 m 程度）に処分する方法が検討されています．

② 高レベル廃棄物

高レベル廃棄物は核燃料の再処理工場で発生します．少量ですが放射性物質を含んでいるので，数100年～数100万年にわたり生態環境から隔離する必要があります．現在は，一時貯蔵により放射能レベルを減らした後，ガラス成分を加えて加熱溶融するガラス固化処理を施し，これをキャニスタと呼ばれる特別の容器に入れて密封保管しています．最終的には地下 500～1000 m の岩盤中に埋める地層処分が検討されていますが，処分場の選定が未解決の課題となっています．**図 4.36** は使用済み燃料の廃棄処理のプロセスを図で示したものです．

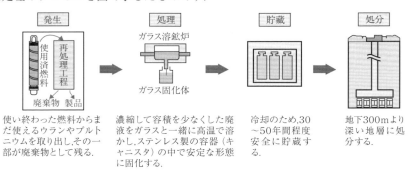

図 4.36　放射性廃棄物の処理・処分法
（出典）経済産業省 資源エネルギー庁編：『原子力 2006』，日本原子力文化振興財団，2006

4-8 原子力発電所の廃止措置
（1）廃止措置予定の原子力発電所

1950 年代に始まった日本の原子力発電は 50 年以上を経過しました．一部の原子力施設では施設の廃止や解体が行われています．

試験研究炉では，日本原子力研究開発機構の動力試験炉（JPDR）の解体撤去が，1996 年 3 月に完了し，2002 年 10 月に廃止届が届けられました．また，2008 年 2 月

には2003年に運転を終了した日本原子力研究開発機構の新型転換炉ふげん発電所の**廃止措置計画**が認可されました．

営業運転を行っていた発電所では1998年に日本原子力発電東海発電所が廃止措置に入り，2009年11月には中部電力は浜岡原子力発電所1号機と2号機の廃止措置計画が認可されました．また，2015年4月には，日本原子力発電敦賀発電所1号機，関西電力美浜発電所1号機と2号機，中国電力島根原子力発電所1号機，九州電力玄海原子力発電所1号機の5基が運転を終了し，**廃止措置**が行われる見通しです．さらに，2011年3月に大事故を起こした東京電力福島第一原子力発電所の1～6号機の廃止措置も行われる予定です．

(2) **廃止措置のステップ**

運転を終えた原子力発電所は，国の認可を受けて廃止措置が開始されます．原子力発電所の廃止措置の工程として「安全貯蔵－解体撤去」方式が採用されており，「洗う」「待つ」「解体する」の3ステップで進められます．燃料搬出後，配管内などに付着している放射性物質を除去（「洗う」）した後，放射能が減衰するのを待つため，5～10年ほど安全に貯蔵し（安全貯蔵：「待つ」），最終的に解体します（解体撤去：「解体する」）．**図4.37**が廃止措置の流れです

使用済燃料の搬出 → 系統除染 → 安全貯蔵 → 解体撤去 → 廃棄物処分 → 跡地利用

系統除染：化学的処理による配管や容器などの放射性物質の除去
安全貯蔵：配系統除染後5～10年かけて放射線を減衰させる放射線減衰
解体撤去：放射線を減衰させた原子炉格納容器，建屋内の配管・容器などの解体

図4.37 廃止措置の流れ

原子力発電所の廃止に伴って発生する廃棄物のうち，放射性物質として管理する必要のあるものと，放射性物質として扱う必要のないものを区分するための制度が「**クリアランス制度**」です．廃止措置とクリアランス制度を導入するため2005年5月に「核原料物質，核燃料物質及び原子炉の規制に関する法律」の改正が行われました．

110万kW級の軽水炉の場合，解体廃棄物の総量は大凡50万トンにも及ぶと見積

もられています．廃棄物の中には，安全上「放射性物質として扱う必要のないもの」も含まれていますが，これらは国のチェックを受けた後に再利用できるものはリサイクルし，再利用できないものは産業廃棄物として処分されます．放射性廃棄物として処理・処分する必要のある「低レベル放射性廃棄物」の量は1万トン前後と試算され，この中には，炉内構造物などのように「放射能レベルの比較的高いもの」が200トン前後，土壌中への埋設処分が可能な「放射能レベルが極めて低いもの」が1万トン以下含まれると試算されています．

(3) 東京電力福島第一原子力発電所の廃止措置

東京電力福島第一原子力発電所は1号機，2号機，3号機の3基の原子炉がメルトダウンを起こすという大事故でしたので，廃止措置が終了するまでかなりの年月が必要で，そのための費用も莫大と見込まれています．東京電力福島第一原子力発電所の廃止措置は「東京電力㈱福島第一原子力発電所廃止措置等に向けた中長期ロードマップ」に基づいて進められています．このロードマップでは，廃止措置終了までの期間として想定される30年～40年を3つに分け，各期間の目標工程が設定されています．図4.38がロードマップです

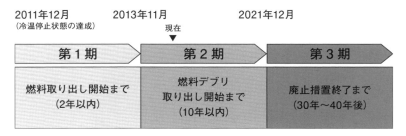

図4.38 東京電力福島第一原子力発電所の廃止措置終了までのロードマップ
（出典）経済産業省 資源エネルギー庁『エネルギー白書2016』（第121-1-3図）

廃止措置を行うためには様々な問題を解決しなければならず，具体的なことについては未だ検討過程です．廃止措置を進めるための解決すべき課題と検討状況は以下のとおりです．

(a) 汚染水対策

事故を起こした福島第一原子力発電所では，原子炉を低温の安定状態に保つため，原子炉内に冷却水の注入を行っています．この冷却水が建屋に流入した地下水と混ざ

り合い，汚染水を発生しています．この汚染水問題を解決するため，発電所の敷地内に汚染水を入れるための貯水タンクを設けたり，くみ上げた地下水を海洋に排出する地下水バイパスを設けたり，遮水壁の凍結土壁を設けたり，汚染水の浄化装置を設けるなどの対策が進められていますが，2017年8月時点で汚染水問題は解決されておらず，汚染水問題の解決が喫緊の課題となっています．

(b) 使用済燃料プールからの燃料取り出し

事故を起こした原子力発電所の使用済み核燃料プールからの燃料の取り出しも解決すべき課題です．4号機の燃料プールからの取り出しは終了しましたが，1号機，2号機，3号機では建物内のがれきの撤去や取り出し工法の検討が行われている状況です．

(c) 燃料デブリの取り出し

廃止措置を進めるにはメルトダウンで原子炉内に溶け落ちた燃料デブリの取り出しが不可欠ですが，事故の発生した1号機〜3号機の原子炉建屋内は放射線量も高く，人が容易に近づける環境でないため，原子炉内部の状況が未だ不明で，現在，ロボットなどの遠隔操作調査機器や宇宙線ミュオンなどを用いて原子炉や格納容器の内部の調査が進められているところです．これらの調査によって原子炉や格納容器の内部の実態が明らかになるまで，かなりの時間を要すると考えられます．

(4) 保障措置

原子力発電はウランなどの核燃料が発生するエネルギーを電気エネルギーに変換する発電ですが，核燃料から生じる核エネルギーは兵器への転用が可能で，実際に核エネルギーを利用した兵器を開発し，軍事目的や政治的に利用しようとしている国があります．地球上に人類が永続的に生存できるようにするためには，核エネルギーの利用を平和目的だけに限り，兵器等に転用されないように努めることが重要で，このことを検認する活動が行われております．これが保障措置です．

この具体的な措置として，日本は「核兵器の不拡散に関する条約」(NPT) に基づいて，昭和52年 (1977年) に国際原子力機関 (IAEA) と「保障措置協定」を締結し，すべての核物質に対してIAEAの保障措置を受け入れることにしています．日本ではアメリカ，オーストラリア，フランス，イギリス，カナダ，中国，欧州原子力共同体 (ユーラトム) などから核燃料を輸入し，原子力発電に使用していますが，これらの輸入された核燃料に対しても，IAEAの保障措置を受け入れることを約束

しています．このための措置として，原子力発電を実施している電力会社などの事業者は，原子力施設にあるすべての核物質の管理状況を文部科学省へ報告し，文部科学省はこの報告を取りまとめてIAEAへ報告を行っています．この報告が正しいかどうかを，国とIAEAの職員が実際に施設に立ち入り，確認しています．

演習問題

(1) 次の核種記号で表される原子核の元素名とその原子核を構成している陽子数，中性子数を示しなさい．
① $^{2}_{1}H$ ② $^{3}_{1}H$ ③ $^{3}_{2}He$ ④ $^{7}_{3}Li$ ⑤ $^{95}_{42}Mo$
⑥ $^{135}_{55}Cs$ ⑦ $^{137}_{57}La$ ⑧ $^{232}_{90}Th$ ⑨ $^{239}_{94}Pu$

(2) $^{235}_{92}U$ の半減期は 7.13×10^8 年，$^{238}_{92}U$ の半減期は 4.51×10^9 年である．4.7×10^9 年前にはそれぞれ現在の量の何倍存在したことになるか．また，ウラン鉱石中の $^{235}_{92}U$ と $^{238}_{92}U$ の組成比はそれぞれ0.72%および99.28%である．今から 4.7×10^9 年前の組成比はいくらであったか．

(3) ウラン235の原子核1個に［　　　］を入射すると，［　　　］種類の原子核に分裂する．このとき［　　　］やγ線とともに［　　　］に相当する約200［　　　］の膨大なエネルギーが放出される．このような現象を核分裂という．

(4) 次の①〜④群は，各種の発電用原子炉で減速材，冷却材，制御材または核燃料として使用される物質を用途別に分類してグループにしたものである．
①群・・・天然ウラン，プルトニウム，低濃縮ウラン
②群・・・ハフニウム，カドミウム，ボロン
③群・・・黒鉛，軽水，重水
④群・・・軽水，炭酸ガス，ナトリウム
①〜④群の各グループは，「核燃料」「制御材」「冷却材」「減速材」のうち，それぞれどの用途に該当するか答えよ．

(5) 一般的な軽水型原子力発電所の燃料としては［　　　］が用いられる．これは［　　　］中のウラン235の比率が0.7%程度であるものを，ガス拡散法や遠心分離法などによって濃縮したものである．核分裂しにくい［　　　］の一部は，原子炉内の［　　　］の作用によって［　　　］となる．さら

にこの一部は原子炉内で核分裂してエネルギー発生に寄与する．

(6) 高速増殖炉に関する記述のうち，誤っているものを選択せよ．
①燃料としてプルトニウム239やウラン238を用いる
②消費される燃料より多くの燃料が生産される
③核分裂反応は高速中性子によって行われる
④減速材として黒鉛を用いる
⑤冷却材としてナトリウムを用いる

(7) 以下の加圧水型軽水炉の構成機器名称を答えよ．

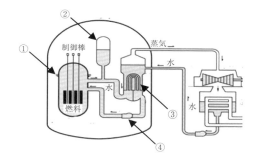

(8) わが国の商用発電用原子炉のほとんどは軽水炉と呼ばれる形式であり，それには加圧水型と沸騰水型の2種類がある．両形式とも［　　　］を焼結加工した燃料を用いていること，軽水を減速材および［　　　］として使用する点は共通しているが，その違いは，加圧水型は炉水を加圧することにより沸騰させないで熱水を保ちつつポンプにより循環させて［　　　］に導き，熱交換により2次系の水を加熱し，発生した蒸気を湿分分離してタービンへ送り込む．一方沸騰水型は原子炉内で炉水を［　　　］させながら沸騰させ，発生した蒸気を湿分分離して直接タービンへ送り込む．

(9) 原子力発電所においては，汽力発電所に比べて発電コストのうち［　　　］費の占める割合が小さいこともあって，通常は主に［　　　］運転が行われている．原子炉の始動・停止時には［　　　］を操作して，炉心の［　　　］を制御して行う．また，燃料の燃焼に伴い出力を維持するためには，加圧水型ではボロン（ホウ素）濃度を変化させて行い，沸騰水型炉では［　　　］を変化させて行う．

(10) 原子力発電におけるウラン235の1gは，エネルギー換算するとおよそ何ℓの重油に相当するか．ウラン235の質量欠損を0.09%，重油発熱量を40000 kJ/ℓとする．

(11) 原子力発電所において1gのウラン235が燃焼し，質量欠損が0.09%，原子力発電所の熱効率が32%であるとき，発生するエネルギー[J]と電力量[kWh]の値を求めよ．

(12) 天然ウランに含まれるウラン235が全部核分裂をおこすものとすれば，150tの天然ウランで電気出力1000 MWの原子力発電所を何日運転することができるか．1gのウラン235の核分裂で発生するエネルギーを8.2×10^{10} Ws，原子力発電所の熱効率を33%，天然ウランに含まれるウラン235の量を0.7%とする．

(13) 原子力発電所において，1gのウラン235が核分裂したとき発生するエネルギーを9×10^{10} Ws，熱効率を33%，火力発電所における石炭の発熱量を25100 kJ/kg，熱効率を38%とした場合，発生する電力量[kWh]はいくらになるか．また，このエネルギーを火力発電所で行った場合の石炭の消費量は何kgになるか．

第5章　再生可能エネルギーによる発電

＜この章の学習内容＞

　現代文明はエネルギー消費の拡大とともに発展してきました．しかし，わが国は石油，石炭，天然ガスなどのエネルギー資源をほとんど持たない国で，その96％を輸入に頼らざるを得ません．この数値は先進諸国の中でも最も低い値です．また，わが国はエネルギー供給の多くを西アジア諸国に依存しているので，ひとたび中東戦争のような動乱がおきたり，近年発展途上国によって石油消費量が著しく拡大したり，もしくは投機に伴う原油高騰などがおこった場合，私たちの経済生活にもたちまち影響が及ぶことになります．このように現在わが国のエネルギー供給はきわめて不安定な状態にあるといえます．このため前章で学習したように安定したエネルギー資源の確保を目的として，原子力発電所の使用済み核燃料から新たに生産されるプルトニウムの再利用について研究を行ってきました．

　しかしながら2011年3月11日に発生した東北地方太平洋沖地震に伴う大津波により福島第一原子力発電所は甚大な被害を受けました．この惨状を目の当たりにした世界各国は脱原発への転換を検討し始めました．ドイツでは2011年6月，2022年までに国内17基のすべての原発を停止し，再生可能エネルギー等への転換を図ることを決定しましたし，スイス，イタリアでも既存の原発の廃止に向けて検討を進めています．

　太陽エネルギー，風力エネルギーおよび地熱エネルギーは枯渇することなく安定して供給されるばかりでなく，発電時に二酸化炭素を放出しないため環境に優しいエネルギー源として注目されていて，再生可能エネルギーと呼ばれています．1997年に採択された京都議定書では，エネルギー消費の際に発生する温室効果ガスの削減が規定されていて，わが国でもこれに対応して環境問題に本格的に取り組むようになってきています．また，積極的に再生可能エネルギーを導入するために2009年には太陽光発電や余剰電力のための買取制度を導入してきましたが，現在はこれを拡大してすべての再生可能エネルギーについての買取を行うことも検討されています．

　この章では新しいエネルギー源として期待されているこれらの再生可能エネルギーを用いた各種発電方式の実際およびわが国の開発プロジェクトの現状について

第5章 再生可能エネルギーによる発電

学習し，理解を深めます．

5-1 太陽光発電

太陽光発電は，太陽電池を用いて太陽の光エネルギーを電気エネルギーに直接変換する発電です．ここではまず太陽電池の原理・構造について学び，続いて太陽光発電システムの現状について理解を深めます．

（1）太陽電池の原理

図 5.1 のように半導体の p-n 接合に光を当てると，光子（photon）のエネルギー $h\nu$ が半導体の禁制帯幅 E_g よりも高いときには電子，正孔対を発生しますが，接合部の内部電界のために正孔は p 側に，電子は n 側に移動します．このとき外部に負荷を接続すると p 型半導体から n 型半導体方向に電流が流れます．負極は太陽光を透過するためにガラス板の上に酸化インジウム錫（ITO）を蒸着した透明の電極が用いられています．

これが太陽電池の原理です．

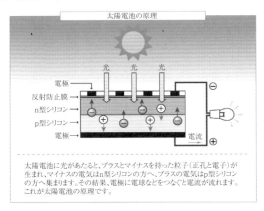

図 5.1　太陽電池の原理と構造
（出典）NEDO ホームページより

光エネルギーから電気エネルギーへ変換するときの変換効率 η は

$$\eta = \frac{電気エネルギーの出力\ W_\mathrm{m}}{太陽エネルギー P}$$

で表すことができます。例えば面積 1 cm^2 の太陽電池セルに垂直方向から $P = 100$ mW/cm^2 の光エネルギーを照射したとき、$W = 10$ mW の最大電力が得られた場合、このセルの変換効率は 10 % になります。また、このセルが 1 枚のセルだけで構成されている場合は、この値を**セル効率**と呼び、複数のセルを接続した太陽電池モジュールの場合には**モジュール効率**と呼びます。

セル効率は太陽電池の種類によって異なり、**表 5.1** に示すように、シリコン太陽電池の場合、5～23 % 程度です。

また光が照射されているときの無負荷時（電流が流れていないとき）の出力電圧を開放電圧（V_{oc}）といい、セル間を短絡したときに流れる電流を短絡電流（I_{sc}）と呼びます。いま、太陽電池の特性を調べるために太陽電池セルと電圧計、電流計および可変抵抗 VR を**図 5.2** のように接続します。

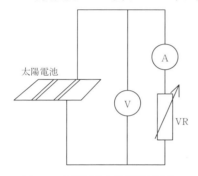

図 5.2　太陽電池の特性測定回路

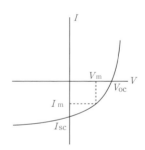

図 5.3　太陽電池の電圧－電流特性

VR を変えて電圧 V、電流 I を測定すると、抵抗値 R が大きいときには V は大きく、V_{oc} に近い値になり、I は減少します。また逆に R が小さいと I が大きく、I_{sc} に近い値になり、V は減少します。電力 P は途中で最大になりますが、その最大電力を P_m とするとき、そのときの電圧を最適電圧 V_m、電流を I_m といいます。

またここで、$\dfrac{V_m \times I_m}{V_{oc} \times I_{oc}}$ をフィルファクタといい、1 に近いほど性能のよい太陽電池であるといえます。例えば、一般の結晶シリコンセルのフィルファクタの値は 0.7～0.8 です。

太陽電池セルはおよそ 10〜15 cm 角の大きさで，その出力電圧は 0.5〜1.0 V です．このままでは電圧や容量が低いため，複数のセルを組み合わせて所定の発生電圧や電力が得られるようにしたものを太陽電池モジュールと呼びます．太陽光発電システムに必要な出力電圧（200〜300 V）を得るために太陽電池モジュールを直列接続したものをストリングと呼びます．さらに大きな電流を得るために，ストリングを並列接続した構成を太陽電池アレイと呼びます．

(2) 太陽電池の種類

太陽電池は大別すると**表 5.1** に示すとおり，シリコン系，化合物系，そして有機物系などに分類することができます．

シリコン（ケイ素 Si，原子番号 14）は岩石を構成する主要元素であり，地球上にほぼ無尽蔵に存在します．そのため安価ですが，半導体を作製するためには純度の高い結晶が必要になります．純度が高いシリコン単結晶を製造するためには種となるシリコン結晶を徐々に溶かしていき，溶けたところを再結晶させる方法が用いられています．この方法にはフローティングゾーン（FZ）法などがあります．一方，大きな単結晶を製造する際にはるつぼの中に溶かしたシリコン結晶を入れ，それを徐々に引き上げていき製造する方法（引き上げ（CZ）法）が用いられています．

このような単結晶を製造するためには比較的高いコストがかかります．太陽光発電の大量導入に高いコストがかかることは不利ですから，多結晶シリコンのように比較的粒子の小さなシリコン結晶を用いて低コストに製造する太陽電池セルもあります．また，さらに大きな面積の太陽電池セルが必要な場合には，ガラス基板上にシリコン結晶を化学蒸着させて成長させるアモルファスシリコンが製造されます．さらに n 形単結晶シリコンとアモルファスシリコンをヘテロ接合し，総合効率を高めたハイブリッド（HIT）型太陽電池も最近では多く製造されています．

化合物系太陽電池には，数 μm の薄さの銅（Cu），インジウム（In），セレン（Se）化合物半導体を電極で挟んだ薄膜化合物（CIS）系太陽電池とガリウム（Ga）ヒ素（As），およびカドミウム（Cd）硫黄（S）などの化合物を用いて製作された高効率の太陽電池です．これらの太陽電池にはシリコンのかわりに光の吸収率が高く薄膜化しやすい化合物が用いられています．またこれらの化合物の太陽スペクトルに対する感度帯域がそれぞれ異なることを利用して，いくつかの太陽電池を多層に重ね合わせ

て製造した多接合型の開発によって60％程度の高い変換効率が目指されています．

　有機物系太陽電池はコストが安く，これからの太陽電池として注目されています．色素増感型太陽電池は透明電極間に色素を吸着させた酸化チタン層と電解質層を挟んだだけの簡単な構造をしています．有機薄膜型太陽電池は透明電極に有機半導体をpn接合して製作でき，フィルムや紙などへ印刷することでも製作が可能です．

表5.1　シリコン太陽電池の種類

分類			特徴	変換効率
シリコン系	結晶系	単結晶	最も古い歴史を持つ．200 μm～300 μmの薄いシリコン単結晶の基板に太陽電池を作る．基板は高価であるが性能や信頼性に優れる．	18～23％
		多結晶	比較的小さな結晶の集合体である多結晶体基板に太陽電池を作る．単結晶よりも安価で作成が容易である．現在の太陽電池の主流．変換効率は単結晶より低い．	12～18％
	薄膜系	アモルファス	アモルファス（非晶質）シリコンや結晶シリコンをガラス基板上に1 μm程度の薄膜を形成し太陽電池を作る．大きな面積のセルを量産することが可能．結晶系と比較して変換効率に劣る．	5～13％
その他	化合物系	CIS系	銅，インジウムおよびセレンなどを原料として薄膜太陽電池を作る．化合物半導体の一種とみなせる．製造工程が簡単で，高性能化が期待される．	15～19％
		高効率化合物半導体	ガリウムヒ素など特別な化合物半導体の基板を使った超高性能太陽電池であるが，高コストのため宇宙などの特殊用途向け．	30～40％
	有機物系	色素増感型	酸化チタンについた色素が，光を吸収して電子を放出することで発電する作用を利用した太陽電池．簡単に作成でき，応用範囲が広い．	5～10％
		有機薄膜型	有機薄膜半導体を用いて作られる太陽電池．n形有機半導体にはC_{60}フラーレン誘導体が，p型有機半導体には高分子化合物が用いられる．	3～5％

（3）太陽光発電の特徴

太陽は地球から1億4960万km離れた位置でこれまで46億年間核融合によるエネルギーを放出し続けてきました．またこれからもおよそ50億年は同じエネルギーを放出し続けるといわれています．地表に到達する太陽光のエネルギーはおよそ1 kW/m^2です．このように太陽光発電が近年注目されている理由には，まず（1）エネルギーは無尽蔵でクリーンであることがあげられるでしょう．そして（2）ほぼ半永久的ともいえる長い寿命や，無人化によるメンテナンスフリー化により保守が容易であること，および（3）太陽電池に用いるシリコン資源が豊富であること，さらには（4）設置場所を選ばず，消費地点に近い場所で発電できるなどの利点があげられます．

一方，**図 5.4** のようにエネルギー白書 2010 によると，1 kW/h あたりの発電コストは太陽光発電で 49 円と他のエネルギーに対して圧倒的な高いコストであることがわかります．つまり（5）発電のコストが高いことが欠点のひとつです．しかしながら有機物系太陽電池の発展や今後の住宅等への導入が進むとともに大幅な発電コスト低減を期待できることや，関連する産業の裾野が広く経済波及効果へも期待されています．

また（6）夜間は運転することが不可能であることや，曇天，雨天時には出力が不安定になるなどの欠点も太陽光発電には存在します．

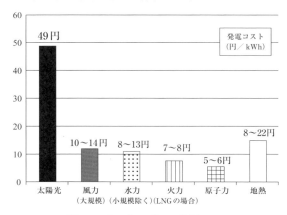

図 5.4　各エネルギーの発電コスト

（出典）経済産業省 資源エネルギー庁『エネルギー白書 2010』（第 122-3-2 図）

（4）開発のステップ

フランスのエドモンド・ベクレルは1839年，電解液に光を照射する実験を行って起電力の発生を確認しました．この起電力は光によって発生することから，ベクレルはこれを光起電力と命名しました．

太陽電池が開発されるのはさらにこれから100年以上後のことで，アメリカのベル研究所の研究者によって実用化されました．1952年にフューラーがシリコン単結晶のpn接合作製に成功し，これ以降本格的な半導体の時代を迎えます．翌1953年にはピアソンがこの半導体に光電効果があることを発見し，太陽電池が産声を上げました．このときの変換効率はわずか6％でしたが，5年後の1958年には人工衛星に電源として搭載されました．

シリコンはIV族に属する原子です．つまり最外殻（M殻）の電子が4個ある4価の原子です．この原子が4つのシリコン原子と共有結合してシリコン結晶を構成しています．この結晶にホウ素（B）などのIII族の原子を混合して結晶を生成するとき，III族の原子は3価の原子ですから電子が1つ足らなくなり，p型半導体を形成します．また逆にリン（P）などのようにV族の原子を混合するとn型半導体となります．

同じ1958年，日本初の太陽電池が製作されました．新エネルギー開発の期待から国策として開発が進められ，1974年のサンシャイン計画，1993年のニューサンシャイン計画を経て，現在では人工衛星用電源のみならず一般電源として実用化されています．

シリコンは地球上に豊富に産しますが，純度の高いシリコンを生成するためにはコストがかかります．またシリコンは太陽電池のみならず，多くの電子機器の製造にも必要なため，大量に使用するとそれだけ価格も高くなります．そのためアモルファスシリコン太陽電池のようにできる限りシリコンの使用量を減じた太陽電池の開発が進められました．

さらに，シリコンをまったく使用せず，III族とV族の原子のみで製造されたIII-V族半導体やII-VI族半導体を用いた化合物系太陽電池へと開発が進みました．しかしこれらの原子はレアメタルと呼ばれる高価な希少金属が多く，やはりコスト的な問題が残ります．

1991年，スイスのローザンヌ工科大学のマイケル・グレッツェル教授は日焼け止めの原料でもある二酸化チタン（TiO_2）粒子に色素を吸着させた電極にヨウ素溶液

を混ぜ，光を当てると起電力が発生することを発見しました．これが色素増感型太陽電池です．有機物系太陽電池は構造も簡単で安価に製造できることから，これからの太陽電池として期待されています．

(5) 光電効果

物質中の電子は原子核の引力によって自由に動くことはできません．しかし外部から大きなエネルギーが与えられると物質の外部に飛び出すことができます．エネルギーが光によって与えられる場合におこるこの現象を光電効果と呼びます．

光電効果には次のような性質があります．
①飛び出すことができる電子の数は光の強度に比例する
②ある一定の振動数（限界振動数）より大きい振動数を持つ光を照射したときにのみ電子が飛び出すことができる

＜人工衛星への太陽電池搭載＞

宇宙開発黎明期のロケットは地上で充電した電源を搭載するのが一般的でした．しかし一度打ち上げると数十年の単位で通信や観測を行う使命を持つ人工衛星は，自家発電設備が必要です．発電のため石油などの化石燃料を宇宙へ持って行くには大量に必要なだけでなく，燃焼させるための大量の空気が必要です．またこれらは一般に大きな設備が必要であるなど多くの課題がありました．そのため，燃料が不要となる太陽光発電への期待は大きく，初期段階は人工衛星へ搭載する目的で研究が進められました．

アメリカの人工衛星バンガードは，初めて太陽電池を搭載した人工衛星ですが，このときのコストは1Wあたり100\$を超えたといいます．バンガードはわずか1.5kg弱の重量しかない直径15.2 cmの球体をした人工衛星で，10 mWと5 mWの2機の送信機を用い，地球表面のデータを6年にわたって送り続けました．バンガードは打ち上げから半世紀以上たった今も地球の周りを周回しています．

(6) 太陽光発電システム

今日のわが国における太陽光発電の利用形態は，①独立型，②系統連携型，③防災型に分類することができます．独立型は公園の街路灯や砂漠地帯の電源など独立

して発電を行うシステムで，商用の送配電系統に接続する機能を持つシステムを系統連携型といいます．わが国では住宅の屋根に太陽電池パネルを取りつけて発電する方式が開発されて利用されています．また防災型は系統連携型の変形で，通常は系統連携型として機能していますが，災害時には独立して発電を行うシステムです．

　図 5.5 に太陽光発電システムのブロックダイヤグラムを示します．太陽電池モジュールは複数接続することによって太陽電池アレイを構成します．接続箱は複数のモジュールからの配線を取りまとめ，開閉器やサージアレスタ，そして逆流防止ダイオードなどで構成されています．また，太陽電池は図 5.6 に示すような出力電圧－出力電力特性を持っています．つまり，電圧 V_{PM} で太陽電池アレイを運転したときに，最大の効率 P_{max} を得ることができます．そのためパワーコンディショナでは最大電力点追従（MPPT）制御を用いて常に最大電力が得られるように電圧制御しています．いま，太陽電池アレイの発電電圧が V_0 であった場合，得られる電力は P_0 ですが，パワーコンディショナで δV だけ昇圧した場合，δP だけ発生電力は増加します．こうして $\delta V_0'$ だけ昇圧していき，δP が 0 になるよう MPPT では制御します．もし δV だけ昇圧した際に，δP だけ発生電力が減少した場合には太陽電池アレイの発電電圧は V_1 であることがわかりますから $\delta V_1'$ だけ降圧していき，同様に δP が 0 になるまで減少します．

　発電した電圧は直流電圧であるため負荷に接続する際には電力用半導体素子の IGBT などを用いたインバータで直流電圧を交流に変換して接続します．また一旦直流電圧をバッテリに充電することで昼間太陽電池で発電した電力を夜間でも使用することが可能です．

　また，余剰電力を電力会社に売電するための電力計が，受電（購入）用電力計とは別に必要になります．

　図 5.7 に独立型システムの例を，また図 5.8 に個人住宅用システムの例を示します．

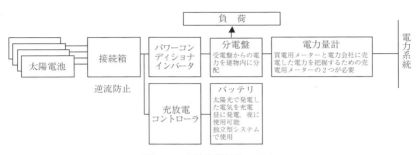

図 5.5　太陽光発電システム

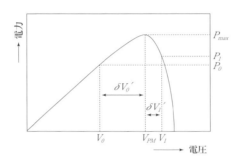

図 5.6　太陽電池アレイの P-V 特性

図 5.7　独立システム（109 kW 静岡県浜松市）

（出典）NEDO ホームページより

図 5.8　個人住宅用システム（3.1 kW 広島県）

（7）太陽光発電開発プロジェクト

　1974 年から 1992 年までの間および 1993 年から 2000 年までの間，通商産業省（現在の経済産業省）によって大規模な電源開発プロジェクトであるサンシャイン計画およびニューサンシャイン計画が立ち上げられ，様々な開発が行われました．

　これらの計画については **5-4** で再度述べますが，サンシャイン計画では，主に電力系統に連携接続するシステムが開発され，（A）需要地立地型として，個人住宅，集合住宅，学校および工場など電力を多く必要とする特定の需要家向けに適したシステムの開発や，（B）発電所型として，愛媛県西条市のように集中的に太陽電池発電システムを設置し，既存の配電線に接続して周辺地域に電力を供給する集中配置方式や，千葉県市原市のように太陽電池パネルを建物の屋上や狭い空き地に分散配置して配電線に接続し電力を供給する，分散配置方式などが開発されました．**表 5.2**（P199 参照）に様々な開発形態について示します．

　また 2020 年度までに「メガソーラー」と呼ばれる，出力が 1000 kW を超える大規模太陽光発電所の開発を計画していて，日本全国で 30 地点，総発電容量 140 MW を目標に進められています．

　2006 年 10 月に山梨県北杜市に NEDO（独立行政法人新エネルギー・産業技術総合開発機構）の委託事業として「大規模電力供給用太陽光発電系統安定化等実証研究北杜サイト」が立ち上がりました．ここでは総容量 1840 kW のメガソーラーを建設して，電力系統に連系する際に及ぼす影響の対策方法の検討，各種太陽光モジュールの違いや傾斜角度の影響等の調査が行われました．2009 年には特別高圧（66 kV）

系統へ連系され,委託が終了した2011年からは北杜市に移管され「北杜サイト太陽光発電所」として運用されています(**図5.9**).

北海道電力では総計5 MWのメガソーラー発電所の建設を計画していますが,2011年6月には伊達火力発電所(燃料:重油)の3 haの敷地内に出力1 MWの伊達ソーラー発電所の営業運転を開始しました.4800枚の多結晶シリコン太陽電池アレイを設置しています(**図5.10**).

図5.9 北杜サイト太陽光発電所

図5.10 伊達ソーラー発電所

(8) 太陽熱発電

太陽熱を利用して蒸気を発生し，タービンを回転させて発電する方式を太陽熱発電といいます．1970年代から1980年代にかけてわが国を襲った2度の石油危機がきっかけとなって，太陽熱エネルギーを直接利用する太陽熱温水器やソーラーシステムが多く導入されました．また1981年には国のエネルギー政策の1つであるサンシャイン計画にしたがって香川県仁尾町に1 MW級太陽熱発電所が建設され試験運用が行われました．この結果日照時間の短さによる稼働率の低さや，湿度や地形の制約とあいまって我が国での太陽熱発電は困難であると結論付けられている．さらにコスト的な問題が浮き彫りとなったため1990年代にはいったん縮小しましたが，近年の再生可能エネルギー導入義務化等に伴って見直されてきています．

太陽熱発電の方法にはタワー集光式，トラフ式，フレネル式，ディッシュ式及びソーラーチムニー方式等があります．タワー集光式は図5.11に示すように集熱塔周囲の地表面に多くの平面鏡（ヘリオスタット）を並べ，太陽を追随しながらその光を集熱塔に集中させて熱を得る方式で，得られた数百度の熱は汽力発電等に用いられます．トラフ式は曲面鏡を太陽に向け，その焦点に集熱管を配置して熱を得る方式で，タワー式と比較すると得られる熱量は少ない反面，規模を自由に設計できるという利点があります．また曲面鏡の代わりに複数の平面鏡の角度を変えて集熱管に太陽光を集中させる構造にしたものをフレネル式と呼びます．トラフ式と比較して低効率ですが，低コスト的であり耐風特性に優れる利点を持っています．ディッシュ式はパラボラアンテナのような鏡を太陽に向け，その焦点に集熱器を配置したものであり，設備規模を最も小型にできる方式です．得られた熱はスターリングエンジン等に接続して電力を得ます．ソーラーチムニー方式は円盤状の温室の中央に高い煙突を建て，温室で暖められた空気が煙突に集められ，生じた上昇気流で風力タービンを回して発電する方式です．

第5章 再生可能エネルギーによる発電

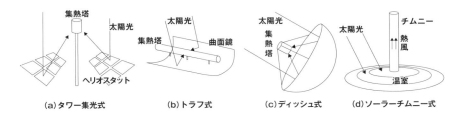

図5.11　太陽熱発電方式

　日本では実用困難と結論付けられている太陽熱発電ですが，諸外国ではその地の利，環境の利を生かして大規模な太陽熱発電タワープラントが建設されました．例えばアメリカ・カリフォルニア州バーストゥ(barstow)には，1982年から1986年までの間ヘリオスタット式集光器と蒸気タービンを備えたソーラーワン発電所が最大10 MWの発電を行い，1995年には雲がかかった時や日光が差さない時間帯にも発電ができるよう改良されたソーラーツー発電所が1999年まで稼働しました．さらにネバダ州モハベ砂漠にはネバダソーラーワン発電所がトラフ式集光システムを用いて64 MWの発電を1991年まで行っていました．さらにモハベ砂漠ではディッシュ式集熱器とスターリングエンジンを組み合わせた発電システムも建設されました．またスペインでは，ソーラーツーの技術を継承したヘマソラール(Gemasolar)発電所が2011年にアンダルシア(Andalusia)で19.9 MWの発電を開始しています．また同じアンダルシア地方では，タワー集光型で11 MWの商用太陽熱発電プラント「PS10」が稼動しています．さらにマドリッドの南150 kmにあるマンサナーレス(Manzanares)でソーラーチムニー式50 kWパイロットプラントが1989年まで稼動していました．このプラントの温室は直径240 m，高さ2 mで，チムニーの直径は10 m，高さは194 mでした．さらにタワー集光式で集めた光をさらに反射させ，集熱部を低くしたビームダウン集光式太陽熱発電が東京工業大学で開発され，2013年にアラブ首長国連邦(UAE)で100 kW実証プラントが建設されています．

表 5.2　太陽光発電システム開発プロジェクト

利用形態	項　目	研究場所	設備規模	研究開発期間
連系型	個人住宅用	神奈川県横須賀市	3 kW	1980-1984
	集合住宅用	奈良県天理市	20 kW	1980-1984
	学校用	茨城県（筑波大学）	200 kW	1980-1986
	工場用	静岡県湖西市	100 kW	1980-1986
	分散配置型	千葉県市原市	200 kW	1980-1986
	離島用電力供給	沖縄県座間味村，渡嘉敷村	250 kW	1984-1990
	太陽光発電システムの実証研究	沖縄県城辺町	750 kW	1990-1996
	系統連系制御技術	兵庫県神戸市　六甲アイランド	200 kW	1980-1992
	マルチハイブリッド型	鹿児島県隼人町	30 kW	1987-1990
	過負荷対応分散配置型	沖縄県渡嘉敷村	6 kW	1987-1990
独立型	洋上用	大分県上浦町（佐伯湾・海洋牧場）	10 kW	1984-1988
	山間僻地用	富山県大山町	5 kW	1984-1987
	木材発電ハイブリッド	静岡県水窪町	5 kW	1984-1988
	メタンガスハイブリッド	鹿児島県隼人町	30 kW	1984-1988
	放送サテライト	北海道蛇田郡真狩村	36 kW	1985-1988
	トンネル照明	宮崎県南郷町（夫婦浦トンネル）	17 kW	1985-1988
	離島用海水淡水化 電気透析法	長崎県福江市（黄島）	25 kW	1985-1988
	離島用海水淡水化 逆浸透法	広島県因島市（細島）	30 kW	1985-1988
	かん水利用淡水化	長崎県福江市	65 kW	1988-1992
	風力発電ハイブリッド 灌漑用	鹿児島県知名町（沖永良部島）	32 kW	1988-1992
	風力発電ハイブリッド山小屋負荷	長野県白馬村，富山県宇奈月町	70 kW	1988-1992
	大型農業プラント電力供給	北海道上士幌町	300 kW	1988-1992
	防災	静岡市（地震防災センター）	15.6 kW	1989-1992

5-2 風力発電

(1) 風力エネルギー

風力エネルギーは,太陽に起因する自然エネルギーであるといえます.太陽から供給される年間平均120（両極地域）〜250（赤道部）W/m² の熱エネルギーは海水を暖め,蒸発によってエネルギーを持った上昇気流を生じます.また極地と赤道付近ではエネルギー密度に違いが生じ,これを平衡化するために空気を媒体としてエネルギーの移動がおこります.これが風です.風車は地球上で幅広く分布する風力エネルギーを取り出すためのエネルギー変換機であり,水車と並んで人類史上最古の原動機の1つです.

最古の風車は約4000年前であり,現在でもなじみが深いギリシャ型風車でもおよそ2000年前頃には利用が始まったといわれています.12〜13世紀頃からは北ヨーロッパでも風車の利用が進み,土地に高低差がなく水車が利用しにくいオランダ,デンマーク,ドイツ北部など低地地方で最も普及しました.これらの木製風車の用途は灌漑揚排水,製粉などの加工用のメカニカルな動力であり,中世から18〜19世紀に至るまで水車と並んで重要な動力源として広く活躍しました.風車は回転軸の構造によって水平軸型と垂直軸型の2種類に分類でき,それぞれの型にもいくつかの種類があります.**図5.12**に風車の種類を示します.

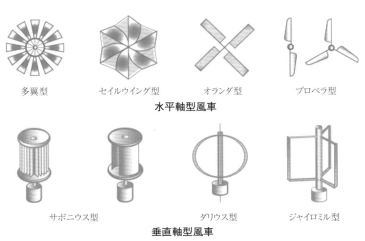

多翼型　　　セイルウイング型　　　オランダ型　　　プロペラ型
水平軸型風車

サボニウス型　　　ダリウス型　　　ジャイロミル型
垂直軸型風車

図 5.12　風車の種類
(出典) 一般財団法人 新エネルギー財団 ホームページより

(2) 風力発電の開発の変遷

前節で述べたように，風車は当初灌漑や製粉などの動力のために用いられていましたが，発電のために用いられるようになったのは，安定した風力が得られるデンマークが起源です．デンマークの物理学者ポール・ラクールは1891年にユトランド半島アスコフの木造の8×5 m の建物の屋上に，高さ11 m の塔を建て4枚翼の帆布製のオランダ型風車を設置して発電を開始しました．また1902年にはアスコフ風力発電所として6 kW の発電機を2基設置し，翌1903年にはデンマーク風力発電協会を設立しました．さらに1908年には10～20 kW 級風力発電機を72台程度建設して運用しています．

また電力系統への接続実験は1975年，J・ユールによってゲッサー風車を用いて行ったのが最初です．また翌1976年にはリセアー夫妻が，自宅裏庭の風車を配電網と接続を行っています．

1980年代に入るとデンマーク国内に20社もの風力発電機メーカーが設立され，活発に製造されました．その結果1997年現在では，デンマーク国内には4700基の風力発電機が設置され，その総発電電力は110万kW にものぼります．

わが国における風力発電開発の歴史は1980年に40 kW 試験用風車が設置されたことに始まります．翌1981年には100 kW 級パイロットプラントの開発が開始され，さらに10年後の1990年には500 kW 級の大型風力発電機の開発が始められました．また1999年からは離島用風力発電システムの開発が開始されるなど，大型化大容量化が進められています．

その結果，2007年度には総設備容量が1409基167万5千kW に達し，さらにその後3年間で300万kW を目標に建設が続けられています．

(3) 風力発電の原理
(a) 流体のエネルギー

風力発電は風車を用いて風の力を機械的エネルギーに変換し，これをさらに電気エネルギーに変換する方式です．P をエネルギー[W]，m を質量 [kg]，v を速度 [m/s]，ρ を空気の密度 [kg/m^3]，A をロータの面積 [m^2] とすると，単位時間あたりにロータを通過する空気量 $A \cdot v$ [m^3] の質量は $\rho \cdot A \cdot v$ となりますから，流体の運動エネルギーは，

$$P = \frac{1}{2}\,mv^2 = \frac{1}{2}(\rho \cdot A \cdot v)v^2 = \frac{1}{2}\,\rho \cdot A \cdot v^3$$

で表すことができます．つまりエネルギー量は風速の3乗に比例します．この運動エネルギーから風車が得るエネルギーは，C_p を風車の出力係数，D [m] を風車の直径とすると

$$P = \frac{1}{2}\,C_p \cdot \rho \cdot Av^3 = \frac{1}{8}\,C_p \cdot \rho \cdot \pi \cdot D^2 v^3 \,[\mathrm{W}]$$

と表すことができます．

(b) 風車の設置条件

風力発電システムを建設するためには，年平均風速が5〜6 m/s 以上あり，風の乱れが少ない地域を選定することが最も重要です．また一般に，地表に近いほど風速は弱くなります．つまり，地形が複雑（地表の植物や建物による粗度が大きい）なほど，風力エネルギー高度分布は大きく変動することがわかります．風力発電システムが対象とする風速の高度分布では，以下の指数法則が成り立ちます．

$$V = V_1 \left(\frac{Z}{Z_1}\right)^{\frac{1}{n}}$$

V：地上高 Z における風速，V_1：地上高 Z_1 における風速
また n の値は海岸地域などで7，内陸部で5程度の値をとります．
さらに風力発電システムを建設するためには次のデータが必要になります．
①平均風速
　　1日，1ヶ月，1年間ごとに風速の平均値を示した値です．平均して安定した風が得られる地点を確認するために用います．
②乱れ強度
　　風速のばらつき具合を示した値です．風速の標準偏差÷平均風速で求めた値で，この値が小さいほど安定した風が得られ，設置に有利となります．
③風向出現率
　　1ヶ月または1年間にどの方位からの風が最も多く吹くのかを16方位に分け

て示した確率値で，風車を複数設置するときの配置条件を決定するために用います．

④風向別平均風速

16方位ごとの平均風速を示した値で，風向出現率が多く，かっこの値が大きい方位ほど設置に有利になります．

⑤最大瞬間風速

安定した風が得られる地点でも瞬間的な突風が吹くと風車には好ましくありません．

⑥風力エネルギー密度

風力により発生される年間エネルギーの1時間あたりの平均値です．この値が大きいほど設置に有利になります．風力エネルギー密度EDは次の式で求められます．

$$ED = \frac{\frac{1}{2}\rho \sum V^3}{\eta}$$

ρ：空気密度 [kg/m^3]，V：1時間の平均風速，η：1年間の観測時間 [8760 h]

また1年間の平均風速の分布が風況マップとしてまとめられていて，発電システムの設置はこれらのデータを参考にして決定します．

(c) 風車の特徴

少ない風量でできるだけ多くのエネルギーを得ることができれば，発電効率は向上します．そのため適切な形状の風車を選択する必要があります．図 5.13 に風速比（風車の円周速度を風速で割った値）に対するパワー係数を示します．クロスフロー型風車やサボニウス型といった抗力型風車は，出力は小さいが，少ない風でよくまわり，風力発電システムによく用いられるプロペラ型風車は強い風が必要になるが，大きな出力が得られます．

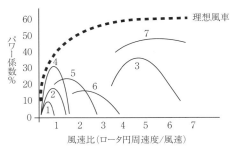

1:クロスフロー型　2:サボニウス型　3:ダリウス型　4:多翼形　5:セイルウイング型　6:オランダ型　7:プロペラ型

図 5.13　風車のパワー係数
（出典）財団法人 新エネルギー財団 ホームページより

（4）風力発電システム

　風力発電システムも太陽光発電と同様に独立型および電力系統に接続してする系統連携型として用いられます．風車によって発電された電力は風の変化に伴って出力が変化しますからこれを安定化する系統連携保護装置が必要になります．この装置には，交流電圧を直接制御する AC リンク方式と，いったん直流電圧に変換する DC リンク方式が用いられています．**図 5.14** に風力発電システムの図を示します．

　発電機は，誘導発電機または同期発電機が用いられています．誘導発電機は出力周波数を一定に制御可能なため AC リンク方式に用いられます．かご型誘導発電機はロータが一定速度で回転する特性を有していて回転子がメンテナンスフリーのため広く用いられています．巻線型誘導発電機では回転子巻線に抵抗を並列付加し，これをサイリスタや IGBT でチョッパ制御する方法や，サイクロコンバータを用いて励磁巻線を制御する方法（超同期セルビウス方式，二次励磁（DF）方式）を用いて可変速制御を行います．

　また同期発電機は回転数によって周波数が変化するため多極機を用い，これを AC/DC コンバータで整流した DC リンク方式に採用されています．

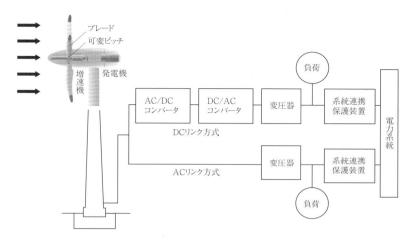

図 5.14　風力発電システム
（出典）財団法人 新エネルギー財団 ホームページより一部引用

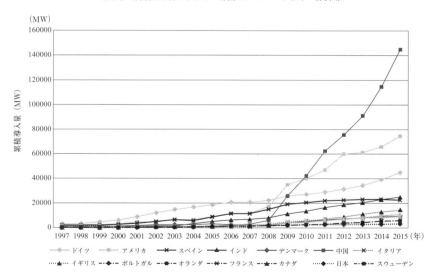

図 5.15　主要国における風力発電導入量の推移

（出典）経済産業省 資源エネルギー庁『エネルギー白書 2008』（第 213-5-6 図），『エネルギー白書 2009』（第 213-5-5 図），『エネルギー白書 2010』（第 213-2-16 図），『エネルギー白書 2011』（第 213-2-17 図），『エネルギー白書 2012』（第 213-2-17 図），『エネルギー白書 2013』（第 213-2-15 図），『エネルギー白書 2014』（第 213-2-17 図），『エネルギー白書 2015』（第 213-2-16 図），『エネルギー白書 2016』（第 213-2-16 図）

第 5 章 再生可能エネルギーによる発電

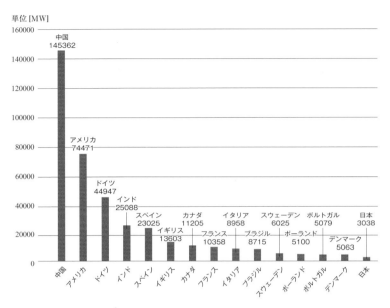

図 5.16 世界の風力発電の設備容量（2015 年）

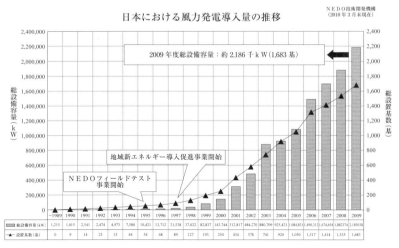

図 5.17 国内風力発電の導入量

（出典）NEDO ホームページより

世界の主要国の風力発電の累積導入量をみると，2000年から2007年にかけての増加率では，ドイツが23.0 %，アメリカは29.5 %，スペインでは28.6 %，イギリスでは34.7 %，イタリア32.7 %，そしてフランスでは74.7 %と，いずれも高い数値を示しています．また2009年以降には中国およびアメリカの伸びが目覚ましく，特に2015年の中国の設備容量を見るとヨーロッパ全体の設備容量を超えた設備が導入されています．また，洋上風力発電の導入も積極的に進められています．一例として，バルト海に19箇所，合計5800 MWの洋上風力発電機を設置し，160 km以上の距離を150 kV海底送電線によって陸上まで電力を供給するシステムが現在建設されています（図5.16）．このシステムでは直流電圧でデンマークとスウェーデンの電力系統を接続し，相互運用する計画ももたれています．

わが国の風力発電システムの導入は1990年代半ばから急速に進められ（図5.17），2010年末には411箇所，総発電設備容量2441 MWが導入されています．また今後2020年までに総設備容量10000 MWの洋上風力発電システムを建設する目標が立てられています．

5-3 地熱発電
（1）地熱資源

図5.18に示すように，わが国は環太平洋火山帯に属していて，日本列島東日本および西日本火山帯が分布している世界有数の火山国です．この火山帯をさらに細かく分類すると日本全国には7つの火山帯が分布していて，およそ200もの火山が活動しています．これらの火山が有する地熱エネルギーのなかで深さ約3 km程度の比較的浅い地表に蓄えられた地熱エネルギーを地熱資源といい，地熱発電のほか，温泉（浴用），暖房・熱水利用（家庭用，農業用，工業用）など私たちの生活におおいに活用されています．

地熱発電は天候に左右されず年中昼夜を通し同じ出力で発電し続けられることから，ベースロード向きであるといえます．また二酸化炭素を排出せず，資源の量は膨大であることから今後の開発が有望視されています．しかしながらわが国で行われている地熱発電はその規模が数MW〜数10 MWと比較的小さなものが多く，建設する場所も限定され，発電コストも火力発電よりやや高いという短所も持っています．

第5章 再生可能エネルギーによる発電

図 5.18　日本の火山帯

(2) 地熱資源の種類

地熱資源は**図 5.19** のように地下深部からの熱の輸送メカニズムによって，対流型地熱資源と高温岩体型地熱資源の2種類に大別できます．

対流型地熱資源は，地下深部から上昇してくる熱水によって熱が運ばれる地熱資源で，商業規模の地熱発電に用いられています．坑井から蒸気だけが噴出するものは「蒸気卓越型地熱資源」，熱水まじりの蒸気が噴出するものは「熱水型地熱資源」と分類されています．

高温岩体型地熱資源は熱水の上昇がなく熱伝導によって熱が運ばれる地熱資源です．資源量的に対流型よりはるかに多く，今後の有効活用が期待されています．

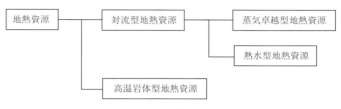

図 5.19 地熱資源の種類

(3) 地熱発電の原理

もっとも一般的な地熱発電は,地下に掘削した坑井から噴出する天然蒸気を用いてタービンを回し発電する方法です.掘削する井戸の深さは深いものでは 1000～3000 m にも達し,坑径は地表面で 25～34 cm,底の付近で約 22 cm になります.

通常は 150～250 ℃ の蒸気が用いられますが,80 ℃ 程度の比較的低温の熱水を用いる研究も進められています.例えばバイナリーサイクル発電ではフロンやアンモニアなど沸点が低い物質を中間熱媒体として気化させ,蒸気タービンを回し発電を行います.

またタービンを回した蒸気は復水器によって冷却され水になりますが,この水は河川や湖沼ではなく,坑井を通して地下に還元されます.

また高温岩体型地熱資源を用いた発電も研究が進められています.この発電は 2000～4000 m の地中深くにある高温岩体にフラクチャと呼ばれる人工的に形成した貯留層を設け,そこに注水することによって発生した蒸気を利用する発電で,高温岩体発電またはマグマ発電と呼ばれます.

(4) 地熱発電所の設備

地熱発電は,蒸気によってタービンを回してその回転力で発電を行う一種の汽力発電です.第 3 章で学んだ火力発電所ではボイラで,また第 4 章で学んだ原子力発電所では原子炉で熱を発生しましたが,地熱発電所では天然の地熱資源を利用します.そのためその設備は**図 5.20** に示すように,生産井,還元井,気水分離器,減圧器などの設備のほか,蒸気タービン,発電機,復水器などで構成されます.またバイナリー発電では**図 5.21** に示すように,気水分離器,減圧器の代わりにフロンやアンモニアなどを気化するための蒸発器と液体に戻すための凝縮器が必要になります.

第 5 章 再生可能エネルギーによる発電

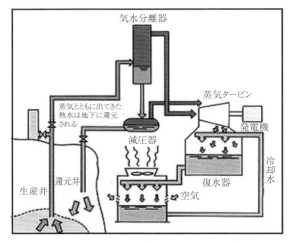

図 5.20 蒸気発電（資源エネルギー庁）
（出典）経済産業省 資源エネルギー庁 ホームページより

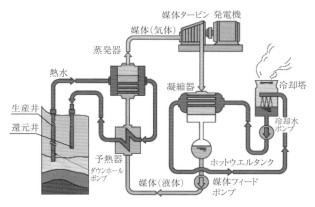

図 5.21 バイナリー発電
（出典）NEDO ホームページより

(5) 地熱発電所の開発の歴史と現状

　地熱発電は1904年，イタリアのラルデロで世界最初の実験に成功したことに端を発します．さらに1913年には，イタリアで世界初の地熱発電所が運転を開始しました．その後各国で建設が進められ，1980年代には総発電容量が約2700 MW，1997年には7300 MW，さらに2003年には8400 MWと年々増加の一途をたどっています．

　わが国においては1925年に大分県別府市で試験発電に成功したのが始まりです．このときの発電容量はわずか1.1 kWでした．1966年には岩手県松尾村の松川地熱発電所（**図 5.22**），1982年には北海道茅部郡の森発電所（**図 5.23**）が運転を開始しました．その後開発が続けられ，現在では18カ所，537.7 MWの発電所が稼働しています．

　表 5.3，**図 5.24**に日本の主な地熱発電所を示します．また**表 5.4**には世界の主な地熱発電所を示します．

図 5.22　松川地熱発電所
(出典) 東北水力地熱株式会社 パンフレットより

第5章 再生可能エネルギーによる発電

図 5.23 森発電所

表 5.3 日本の主な地熱発電所

		大岳発電所	八丁原発電所 1号機	八丁原発電所 2号機	山川発電所
運転開始年		昭和42年8月	昭和52年6月	平成2年6月	平成7年3月
出力		12500 kW	55000 kW	55000 kW	30000 kW
	型式	単気筒衝動型復水タービン	単気筒複流衝動-反動型混圧復水タービン		
	蒸気圧力	0.24 MPa	0.49 MPa	0.59 MPa	0.98 MPa
	蒸気温度	136 ℃	158.1 ℃	164.2 ℃	183.2 ℃
気水分離器		竪型円筒サイクロンセパレータ			
フラッシャー		—	—	横置ドラム型遠心分離トレイ式	—
冷却塔		機械通風式向流両吸込型			

図 5.24 日本の地熱発電所

(出典) 地熱エンジニアリング株式会社 ホームページより

表 5.4 世界の主な地熱発電所（1997 年）

国名	設備容量計 [MW]	総電力設備容量 [MW]	地熱発電割合 [%]	国名	設備容量計 [MW]	総電力設備容量 [MW]	地熱発電割合 [%]
アメリカ	2849.8	810964	0.3	中国	25.78	199897	0
フィリピン	1399.7	6793	20.6	トルコ	20.4	20335	0.1
メキシコ	783	33228	2.4	台湾	--	20983	0
イタリア	742.2	64142	1.1	ロシア	11	214900	0
インドネシア	309.75	15915	1.9	ポルトガル	8.2	8733	0.1
ニュージーランド	289.76	7520	3.8	フランス	4.2	116410	0
エルサルバドル	105	751	14	ギリシャ	--	8837	0
コスタリカ	65	1044	5.7	タイ	0.3	15838	0
アイスランド	50.8	1076	4.7	ザンビア	0.2	2436	0
ケニア	45	805	5.6	オーストラリア	0.17	37206	0
ニカラグア	70	457	15.3	日本	543.6	220898	0.2
				計	7326.16	1809168	0.4

5-4 再生可能エネルギー利用プロジェクト

1973 年，中東アラブ諸国とイスラエルとの間で第 4 次中東戦争が勃発しました．これに伴って中東アラブ諸国が加盟する石油輸出国機構（OPEC）は，原油価格の大幅値上げとともにイスラエルを支持するアメリカ合衆国やオランダに対して石油の輸出を停止しました．資源の乏しいわが国にとって原油価格の高騰は大きな打撃となり，インフレーションを引きおこし，国内の景気は沈滞しました．これが，第 1 次オイルショックと呼ばれるものです．

これを契機にして国外資源にたよるだけでなく，国内資源である再生可能エネルギーを有効に活用することがいかに重要であるか，身をもって知ることになりました．その結果，国策として新エネルギーの研究開発を進めることになり，ここにわが国の新エネルギー技術は飛躍的な向上を遂げたのです．ここではそれらの計画の概要について紹介します．

(1) サンシャイン計画

第1次オイルショックによってわが国のエネルギー問題は抜本的に解決する必要を迫られました．そこで通商産業省工業技術院（当時）は，自然エネルギーを含む新エネルギーの開発と実用化に対する産官学が連携した長期研究計画を策定し，この計画をサンシャイン計画と名づけました．サンシャイン計画によって得られた主な研究成果を**表** 5.5 に示します．太陽エネルギー利用の面では主に太陽熱利用とアモルファスシリコン型太陽電池の開発などを行いました．1981 年には香川県仁尾町に 1 MW タワー集光方式および 1 MW 曲面集光方式太陽熱試験発電システムのパイロットプラントを建設して，基礎的データの蓄積を行いました．

表 5.5　サンシャイン計画の研究成果

単位（年）

1974	水素エネルギー技術の中の水素エネルギー利用技術の1つとして燃料電池の研究が発足 電力貯蔵用超伝導マグネットの研究開発を開始 安定化ジルコニアを固体電界質とする高温型の燃料電池の開発 太陽熱発電システムの機能および材料の研究 本格的に太陽電池を使った太陽光発電システムの研究を開始 高温直接熱分解による水素製造技術に関する研究を開始 海洋温度差発電の研究開発を開始
1975	分散型（曲面集光方式）太陽熱発電モデルシステムを開発
1976	海洋温度差発電システムの本格的模擬実験装置（ETL-ORTEC 1）を完成
1979	熱・電気複合ソーラーシステムの研究の予備実験を開始
1981	太陽エネルギーを利用する熱・電気複合ソーラーシステム原型実験設備（低温ループ）の完成
1985	新型太陽電池アレイ概念の開発を開始
1987	太陽光発電用レドックス電池のプロトタイプ（1 kW 級，20 時間）の建設を開始

(2) ニューサンシャイン計画

新エネルギーの開発を目的としたサンシャイン計画に続いて，通商産業省は省エネルギー技術の研究開発を推進するための研究開発として，ムーンライト計画を 1978 年から 1993 年の間に実施しました．しかし，新エネルギーと省エネルギーに関する研究は技術分野に重複する部分が多く，今までより大きな効果をあげるために 1993 年にニューサンシャイン計画を立ち上げました．ニューサンシャイン計画では太陽光発電，燃料電池発電などの基本的技術の確立や研究開発を進めてきた成果

の実用化，その推進の加速化，持続可能な成長とエネルギー環境問題の同時解決を目指した革新的な技術開発計画を目標として研究が進められました．ニューサンシャイン計画での研究対象の例を**表 5.6**に示します．

表 5.6 ニューサンシャイン計画

再生可能エネルギー	太陽エネルギー　地熱エネルギー　風力エネルギー
化石燃料高度利用	石炭エネルギー技術　燃料電池発電技術 セラミックガスタービン
エネルギー輸送・貯蔵	超伝導電力応用技術　分散型電池電力貯蔵技術
環境対策技術	次世代化学プロセス技術等　地球環境産業技術開発
システム化技術	広域エネルギー利用ネットワークシステム技術 水素利用国際クリーンエネルギーシステム技術

(3) 新エネルギー・産業技術総合開発機構 (NEDO)

1973年の第1次オイルショックに続き，1978年にイランの法学者ホメイニ師によってイラン革命がおきると，イランの石油生産が一時止まりました．さらに OPEC による原油価格値上げの通告によって原油価格が高騰し，第2次オイルショックがおこりました．

このようにわが国のエネルギー供給が中東からの石油の輸入に大きく依存しなければならないといった状況から脱却するために，石油代替エネルギー源を開発する課題が急務となりました．これに対応して1980年に新エネルギー総合開発機構が設立されました．同機構は新エネルギーだけでなく産業技術の開発も視野に入れた研究開発を行うことから，1988年には新エネルギー・産業技術総合開発機構と改称し，その略称をとって (NEDO：ネド) と呼ばれています．

NEDO ではニューサンシャイン計画での技術研究を基盤として，太陽光発電，風力発電，バイオマス発電，燃料電池など新エネルギーに関連した研究開発のほか，生命科学，情報技術，ナノテクノロジーなどの最先端分野の技術に関する研究も行っています．さらにリサイクル技術や地球温暖化対策など産業技術に関する幅広い研究も行っています．

（4）新エネルギー

「新エネルギー」とは，わが国の主要エネルギー源であるLNGや石油等，いわゆる枯渇エネルギーに代替することが可能なエネルギーのうち，1997年に制定された新エネルギー利用等の促進に関する特別措置法（新エネ法）とその関連政令で定められた再生可能エネルギーを総称したエネルギーのことを言います．この法律で定められた新エネルギーの一覧を**表5.7**に示します．新エネルギーの種類としての定義は時代とともに変化していて，1997年の法律制定以降，現在も新エネルギーとして定義されているもの（第Ⅰ世代），2002年の改正時に新たに定義に加わったもの（第Ⅱ世代），2008年の政令改正の際に「経済的社会的環境の変化」に対応するためとして定義から外されたもの（第Ⅲ世代）と新たに定義されたもの（第Ⅳ世代）があります．現在は第Ⅰ・Ⅱ・Ⅳ世代に掲げられた10種のエネルギーが新エネルギーとして指定されています．これらのエネルギーの特徴は，どれも実用化の段階には来ているものの，これまでに広く普及するに至っていないものであって，今後の普及が大きく期待されています．

表5.7 新エネルギーの種類

世代	エネルギーの種類	
Ⅳ	小水力発電	地熱発電（バイナリ式）
Ⅲ	燃料電池	廃棄物発電
	廃棄物熱利用	廃棄物燃料
	天然ガスコジェネ	クリーンカー
Ⅱ	雪氷熱	バイオマス発電
	バイオマス熱利用	バイオマス燃料
Ⅰ	太陽熱利用	太陽光発電
	風力発電	温度差エネルギー

わが国のエネルギー自給率は**図5.25**に示すように2000年以降20％前後で推移していましたが，東日本大震災以降は準国産エネルギーとして位置づけられている原子力発電所が停止したため，2014年のエネルギー自給率は6.0％になりました．またそのうち新エネルギーによるものは，わずか1.9％に過ぎません．

第 5 章 再生可能エネルギーによる発電

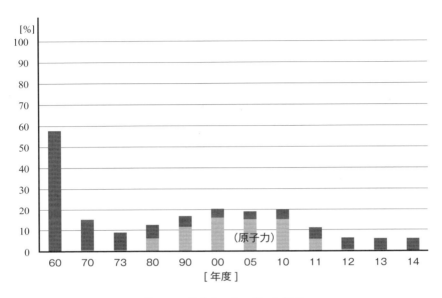

図 5.25　日本のエネルギー自給率

新エネルギーには表 5.7 に示すように大別して熱利用に関するものおよび電力利用に関するものに分類されています.ここではこれらの新エネルギーのうち,さきに述べた太陽光,風力,地熱以外の,小水力,バイオマス発電の概要について紹介します.

(a)　小水力発電

第 2 章で述べたような従来からある水力発電は,出力 1 MW 以上の発電設備を指しています.これは大規模な土木工事を伴うため比較的高い費用を伴う発電方式です.これまでに 1900 件あまりの発電所が建設され,その総発電出力は 27560 MW,全発電電力量の 9 % を占めています.このような成熟した技術を用いて出力 1 MW 未満の水力発電設備を中小河川,用水路,下水処理場などに設置して低コストに発電しようとするのが小水力発電です.

小電力発電所は 2013 年現在,512 ヶ所に設置されていて,その総発電電力は 216 MW に達しています.

(b) バイオマス発電

「バイオマス」とは元来は生態学的用語であり，一般には生物の量を物質のエネルギー量で表したものを指し，化石資源を除く動植物などの生物およびそれらから排出される排泄物や廃棄物等を含む有機性資源の総称のことを言います．

表 5.8 バイオマスの分類

分類		乾燥系	湿潤系	その他
廃棄物	畜産		家畜糞尿	
	林業	林地残材，製材廃材		
	漁業		漁業残渣	
	産業系	建築廃材	水産加工残渣 食品加工廃棄物	産業食料廃油 古紙，黒液
	生活系		下水，し尿，厨芥ごみ	生活食料廃油
資源作物	農業	サトウキビ，トウモロコシ，菜種，甘藷，米，大豆		
未利用	農業	稲わら，籾殻，麦わら，バガス，その他農業残渣		
	林業	間伐材		

バイオマスは表 5.8 に示すように廃棄物系，資源作物系，未利用バイオマスに大きく分類できます．またその状態によって，乾燥系，湿潤系等にも細分化されます．これらを直接燃焼して熱エネルギーを得ることや，ガス燃料化，液化燃料化，固形燃料化など利用しやすい状態に変換すること，そしてこれらバイオマス資源を用いて行う発電がバイオマス発電です．

バイオマス発電は 2002 年 12 月に政府において「バイオマス・ニッポン総合戦略」と題して①地球温暖化防止，②循環型社会への転換，③第一次産業の活性化，④戦略型産業の創出，を柱とした計画が閣議決定されました．これは潜在的競争力を持つものの現在は有効活用されていないバイオマスに対して，直接燃焼，熱化学的変化，生物化学的変化を通して電気，熱および燃料へと利用しようとするもので，この戦略に従って現在，牧場，製材所，製紙工場，清掃工場などで大規模な発電プラントを構築してバイオマス発電が実施されています．表 5.9 に各電力会社が運用しているバイオマス発電所の一覧を示します．これらの発電所は電気事業者が一定量以上の新エネルギーによる発電を義務付けた，いわゆる RPS 法に基づく発電を行っている火力発

電所で，実際には石炭に木質バイオマスを混合した混焼発電を実施しています．また東京都の清掃工場で発電される266.5 MWを筆頭として，160市区町村自治体では総出力1570 MWの電力をごみ焼却等の廃棄物発電を含めたバイオマス発電しています．さらにはバイオマス燃料を乾留ガス化し発電する乾留ガス化発電も行われています．

表5.9 バイオマス発電を行っている発電所

電力会社	名　称	最大出力(MW)	運転開始
東北電力	能代火力	1200	2012. 4
中部電力	碧南火力	4100	2010. 9
北陸電力	敦賀火力	1200	2007. 6
	七尾大田火力	700	2010. 9
関西電力	舞鶴	1800	2008. 8
中国電力	新小野田	1000	2007. 8
四国電力	西条火力	406	2005. 7
沖縄電力	具志川火力	312	2010. 3

(5) 新エネに関わる活動の事例

　新エネに関する活動にはさきにあげた「(独)産業技術総合研究所(略称 産総研，AIST)」および「(独)新エネルギー・産業技術総合開発機構(略称NEDO)」などの政府機関のほかにも産業界においては，一般社団法人日本電機工業会(略称JEMA)は産業界における技術研究の推進，普及促進事業を実施しています．たとえば新エネルギーに関する国際標準化・適合性評価の研究に関してみてみると，2001年から2006年にかけて「風力発電等新エネルギー発電システムの国際規格への認証システムに関する調査研究」が経済産業省(最終年度はNEDO)からの委託事業として実施されています．当時，太陽光発電システムや風力発電システムの適合性評価に関する研究が世界的に精力的に進められていた時期でしたが，日本でもこれにいち早く対応して日本のトレーサビリティ体系整備の充実が図られました．その結果，現在までに国際電気規格IEC，日本工業規格JIS制定への反映が行われています．

　2006年に設立された再生可能エネルギー協議会が主催し，AIST，NEDOそして新エネルギーの基礎的な調査・研究や政策への提言などをおこなう一般財団法人新エネルギー財団が共催する再生可能エネルギー展示会も毎年開催されています．そのほか

にも再生可能エネルギー普及を担う各種社団法人が設立されています．また各大学や電力中央研究所，メーカーの研究室でも独自の研究が行われており，多くの立場から新エネルギーに関する研究開発，普及，周知に対する活動が行われている現状にあります．

演 習 問 題
(1) 太陽電池の光電変換効率が低い理由をのべよ．
(2) 平均日照時間が4時間であったとき，3.1 kW の太陽光発電システムの年間発電量はいくらになるか．
(3) 直径40 m の風力発電用風車に，風速10 m/s の風が吹いたときの出力はいくらになるか．ただし，出力係数を0.4，空気密度を 1.2 kg/m^3 とする．
(4) 次の発電方法について述べよ．
〔潮力発電，波力発電，海洋温度差発電，熱電子発電，熱電発電〕

第6章 燃料電池発電

＜この章の学習内容＞

イギリスのデービー卿が原理を発見した燃料電池（fuel cell）による発電が可能なことを実証したのは，同じイギリスのグローブ卿で，今から150年以上前の1839年のことでした．この燃料電池を宇宙船に搭載するため，1961年にアメリカのNASAが研究を始め，開発された燃料電池は宇宙船ジェミニやアポロ宇宙船の電源に用いられて実用化されました．

この燃料電池は1981年にスタートしたわが国の「ムーンライト計画」で取り上げられ，その開発が進められました．それ以来すでに4半世紀が経過しましたが，この間に燃料電池の開発が進み，電気エネルギーを効率的に生み出す発電方式として大きな期待を集めています．

本章ではこの燃料電池について理解するために，次の①〜④について学び，燃料電池のしくみと特徴を理解します．

①燃料電池の原理と燃料電池の構造
②各種の燃料電池の構造と特徴
③燃料電池を用いた発電システムとこれに用いられる装置の概要
④燃料電池車などの燃料電池の応用分野

6-1 電池の原理と構造

（1）電池の原理（電気分解と電池）

図6.1に示すように，苛性ソーダ（NaOH）の水溶液や希硫酸（H_2SO_4）に2枚の電極を浸して両電極間に2V以上の直流電圧を加えると水（H_2O）が電気分解し，陽極にO_2ガスが，また陰極にはH_2ガスが発生します．

第6章 燃料電池発電

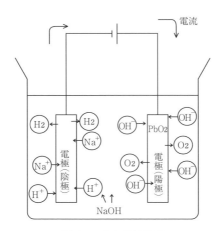

図 6.1 水の電気分解

水はつぎの化学式のように水素イオンと水酸基イオンの電離式で表すことができます．

$$2H_2O = 2H^+ + 2OH^-$$

陰極では供給された電子と水素イオンが結合して水素ガスを生成します．

$$2H^+ + 2e^- \rightarrow H_2$$

また陽極では2つの水酸基イオンが結合して酸素と水を生成します．

$$2OH^- \rightarrow \frac{1}{2}O_2 + H_2O + 2e$$

全体として水は水素と酸素に分解されます．

$$H_2O \rightarrow H_2 + \frac{1}{2}O_2$$

燃料電池はこの電気分解と逆の電気化学反応を利用したエネルギー変換装置です．

一般に，電極を介して化学反応を進めると反応前後のエネルギー差（ギブスの自由エネルギー差 ΔG）に相当するエネルギーを電気エネルギーとして外部回路から取り出すことが可能になります．これが電池であり，大別すると1次電池，2次電池，燃料電池の3種類に分けることができます（**表 6.1**）．

ここでは燃料電池について学ぶ前に1次電池と2次電池について簡単におさらいします．

表 6.1 電池の種類

分　類	種　類	電池名
化学電池	1 次電池	マンガン電池
		アルカリマンガン電池
		ニッケル電池
		リチウム電池
		酸化銀電池
		亜鉛電池
		水銀電池
	2 次電池	ニッケルカドミウム電池
		ニッケル水素電池
		リチウムイオン電池
		鉛蓄電池
		アルカリ蓄電池
		ナトリウム硫黄電池
		レドックスフロー電池
	燃料電池	
物理電池	太陽電池	
	ゼーベック素子	
	原子力電池	

(a) 1 次電池

内部の物質が反応しきってしまうまで電力を取り出せるけれども，充電や再生することができない電池を 1 次電池といいます．1 次電池には正極の減極剤に二酸化マンガン，負極に亜鉛を用いたマンガン電池や，正極に二酸化マンガンと黒鉛粉，負極に亜鉛粉を用いたアルカリ・マンガン電池などがあります．アルカリ・マンガン電池は単にアルカリ電池とも呼ばれています．

マンガン乾電池は次のような化学反応によって起電力を生じます．電解液に塩化アンモニウム（NH_4Cl）が使用されている場合，負極では亜鉛（Zn）が酸化され電子が放出されます．

$$Zn \rightarrow Zn^{2+} + 2e^-$$

$$Zn + 2NH_4Cl \rightarrow ZnCl_2 + 2NH_4^+ + 2e^-$$

このとき正極では二酸化マンガン（MnO_2）が電子を受け取り還元されます．

$2e^- + 2MnO_2 + 2H^+ \rightarrow 2MnO(OH)$

両極の反応をまとめると以下のような式で表されます．

$2MnO_2 + 2NH_4Cl + Zn \rightarrow 2MnO + Zn(NH_3)2Cl_2 + H_2O$

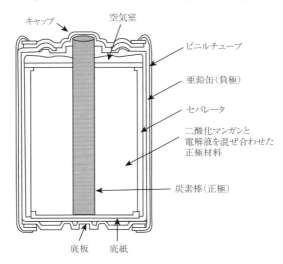

図6.2 二酸化マンガン電池の構造
（出典）石橋千尋，山内章博：『電検第2種一次試験これだけ機械』，電気書院，p.281, 第1図, 2004

(b) 2次電池

充電によってもとの状態に戻すことができる電池を2次電池といいます．2次電池としては負極には鉛が，正極には酸化鉛が使われている鉛蓄電池のほか，リチウムイオン電池やニッケル・カドミウム電池などがあり，一般には充電池と呼ばれています．

鉛蓄電池は自動車のバッテリとしてよく使われています．電極間を希硫酸（H_2SO_4）で満たしていて，次のような化学反応によって起電力を生じます．負極では鉛（Pb）と四酸化硫黄が反応し硫酸鉛が生成され電子が放出されます．

$Pb + SO_4^{2-} \rightarrow Pb\,SO_4 + 2e^-$

このとき正極では二酸化鉛が電子を受け取り硫酸鉛と水を生成します．

$PbO_2 + 4H^+ + SO_4^{2-} + 2e^- \rightarrow PbSO_4 + 2H_2O$

両極の反応をまとめると次のような式で表されます．

$$PbO_2 + 2H_2SO_4 + Pb \rightarrow 2PbSO_4 + 2H_2O$$

充電時には両極で生成された硫酸鉛が逆の反応を起こし，負極では電子を受け取り鉛と硫酸イオンに，正極では酸化鉛と水素イオン，硫酸イオンが生成されます．

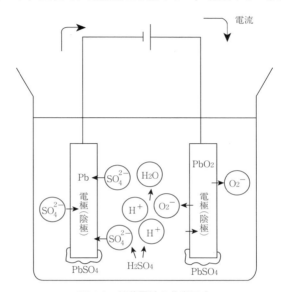

図 6.3　鉛蓄電池の化学反応

(c) 燃料電池

反応物質（酸素と水素など）を供給して，生成する水とエネルギーを取り出すことによっていつまでも連続的に電力を取り出すことができる電池を燃料電池といいます．燃料電池は**図 6.4**に示すように，1対の多孔性電極とイオン導電性の電解質で構成されています．

酸水素電池の化学反応は次のような化学反応によって起電力を生じます．水素側の電極（負極）は燃料極と呼ばれ，水素ガスが酸化され電子が放出されます．

$$H_2 \rightarrow 2H^+ + 2e^-$$

燃料極から放出された電子は外部に接続された回路をとおり正極に移動します．また水素イオンも電解質中を移動し正極に移動します．

酸素側の電極である正極は空気極と呼ばれ，空気中の酸素と前述した水素イオンと電子が反応して水を生成します．

$$\frac{1}{2}O_2 + 2H^+ + 2e^- \rightarrow H_2O$$

両極の反応をまとめると次のような式で表されます．

$$\frac{1}{2}O_2 + H_2 \rightarrow H_2O$$

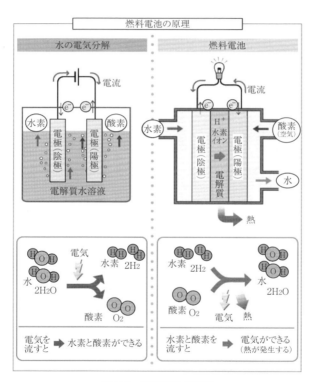

図 6.4　燃料電池の原理
（出典）NEDO ホームページより

（2）燃料電池の構造と種類

　燃料電池の構成は**図6.5**に示すように電解質を挟んで2つの電極（燃料極と酸素極）を向き合わせた構造で，それぞれの極には燃料と空気を流して発電を行います．1セルあたりの発電電圧は0.5〜1.6 V程度ですが，このセルを複数接続したスタックとして用いられます．使用する電解質の種類によって，リン酸形，溶融炭酸塩形，固体酸化物形などに分類することができます．詳しくは**表6.2**に燃料電池の種類の一覧を示します．

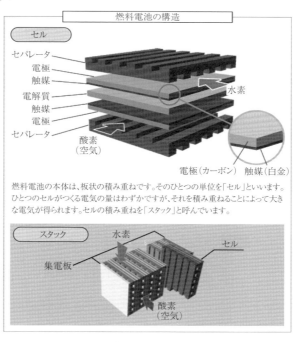

図6.5　固体酸化物形燃料電池の構造
（出典）NEDOホームページより

表 6.2 燃料電池の種類

	固体高分子形（PEFC）	リン酸形（PAFC）	固体酸化物形（SOFC）	溶融炭酸塩形（MCFC）
原燃料	都市ガス，LNG，メタノール等			
電解質	固体高分子膜	リン酸	安定化ジルコニア	炭酸塩
運転温度	70〜90 ℃	200 ℃	700〜1,000 ℃	650〜700 ℃
発電効率（HHV）	30〜40 %	35〜42 %	40〜65 %	40〜60 %
発電規模	数 W 〜数百 kW	20 kW〜1万 kW	1 kW〜数十万 kW	数百 kW〜数十万 kW
開発段階	研究〜実用化段階	商用化段階	研究〜実用化段階	実証段階

燃料電池は使用する電解質の種類によっていくつかの形に分類されます．電解質にリン酸（H_3PO_4）溶液を用いたものはリン酸形燃料電池（PAFC, Phosphoric Acid Fuel Cell）と呼ばれます．触媒に白金を用いていて，動作温度は約 200 ℃，発電効率は約 40 % です．電解質に炭酸リチウム，炭酸カリウムなど溶融した炭酸塩を用いたものは溶融炭酸塩形燃料電池（MCFC, Molten Carbonate Fuel Cell）と呼ばれます．動作温度は 600〜700 ℃，発電効率は約 45 % です．電解質に酸化物イオンが透過しやすい安定化ジルコニアやイオン伝導性セラミックスなどの個体酸化物を用いたものは固体酸化物形燃料電池（SOFC, Solid Oxide Fuel Cell）と呼ばれます．動作温度は 800〜1,000 ℃，発電効率は約 55 % です．イオン伝導性を持つ高分子（イオン交換）膜を電解質として用いたものは固体高分子形燃料電池（PEFC, Polymer Electrolyte Fuel Cell）と呼ばれます．触媒に白金を用いていて，発電効率は 30〜40 % 程度と低いけれども容積あたりのエネルギー密度が高く，運転温度は 80〜100 ℃と低温で，起動も速くさらに小型軽量化が可能なため現在の開発の主流となっています．

燃料電池によって得られるエネルギーの大きさは化学反応前後のエネルギー差（ギブスの自由エネルギー差 ΔG）に相当するエネルギーに等しくなります．いま，エンタルピー変化を ΔH [J/mol]，絶対温度を T [K]，エントロピー変化を ΔS [J/mol·K] とすると，ギブスの自由エネルギーの変化 ΔG [J/mol] は，

$$\Delta G = \Delta H - T \cdot \Delta S$$

で表されます．ここでΔGが負のとき化学反応は自発的に起こり，連続してエネルギーを発生します．燃料電池ではこの発生したエネルギーを電気エネルギーとして取り

出して利用します．燃料電池の起電力 V は

$$V = \frac{-\varDelta G}{nF} \text{ [V]}$$

で求めることができます．ただし n は電子数，F はファラデー係数で F =96,500 C/mol です．

6-2 燃料電池発電システム

燃料電池は次のような特徴を持っています．

①発電効率が高い（40～60 %，廃熱利用まで含めると 80 %）

②環境に優しい（無騒音，NOx／SOx の排出がない）

③規模の制約がない

④出力の制御が容易である

これらの特徴から燃料電池発電システムは大都市における分散電源システムや熱電併給（コージェネレーション）システムに多く用いられています．また燃料電池のエネルギー源には水素ガスが必要ですが，水素ガスは天然ガスなどの化石燃料や合成燃料から燃料改質装置を用いて生成します．このほかの構成要素として制御装置，廃熱回収装置，直交変換装置などを組み合わせて発電システムが構成されています（図 6.6）．

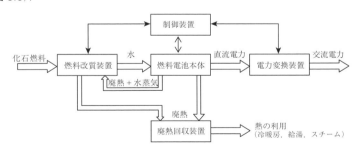

図 6.6 燃料電池発電システムの構成

6-3 燃料電池の開発のステップ

1800 年にイタリアのボルタによって亜鉛と銅を電極とする 1 次電池のボルタ電池が発明されました．しかしすでに翌 1801 年には，燃料電池の原理がイギリスのデー

第6章 燃料電池発電

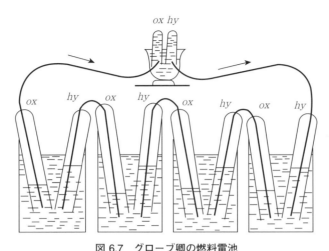

図 6.7　グローブ卿の燃料電池
(出典) W.R. Grove：『Philosophical Magazine』, Ser.3, Vol.14, 1839

ビー卿によって明らかにされ，1839 年にはイギリスのグローブ卿によって最初の燃料電池が製作されました．

　グローブ卿は希硫酸溶液に1対の試験管を逆さにして設置し，一方の試験管には酸素を，そしてもう一方の試験管には水素を充填して白金電極の両端に起電力を発生させました．そして**図 6.7** のように直列に接続して水を電気分解する実験を行いました．

　20 世紀に入ると世界各地で研究開発が進められ，1953 年にはイギリスのベーコン卿がアルカリ電解質形燃料電池を発明し，1959 年には 5 kW のアルカリ形燃料電池（ベーコン電池）を開発しました．また 1955 年にはアメリカのゼネラル・エレクトリック社のグループによって固体高分子形燃料電池（PEFC）が発明されました．この電池は 1958 年に改良され，1965 年には有人宇宙船ジェミニ 5 号に搭載されました．さらに 1969 年，人類初の月面着陸に成功したアポロ 11 号にはアルカリ形燃料電池が搭載され，2.3 kW の電力，飲用，機器冷却用のための水を乗組員に供給しました．

　わが国では 1981 年に 4.5 MW の加圧リン酸形燃料電池発電システムが東京電力の五井発電所に設置されました．この発電システムはアメリカのユナイテッド・テクノロジー社製で天然ガスを燃料とし，作動温度は 191℃，発電端効率は 37.8% であり，

1983年から1985年までの間に実証試験が行われ，その間540万kWhが発電されました．さらに1991年には出力11 MWのリン酸形燃料電池発電システムの実証試験が同じく五井発電所において行われました．これらの実証試験の結果，リン酸形燃料電池発電システムは工場，ビルなどに設置するオンサイト型コージェネレーションシステムとして実用化され，4万時間以上の運転寿命を達成しています．

＜アポロ13号＞

1970年酸素タンクが爆発して人類史上初の宇宙での事故を経験したアポロ13号は，1995年に映画化され1億7千万ドルもの興行成績をあげました．アポロ13号は第2酸素タンクの爆発により燃料電池の空気（正）極に供給する酸素を一瞬にして失ってしまい，十分なエネルギーが得られなくなりました．そこで月着陸船に搭載された酸化銀電池（1次電池）のエネルギーを用いて宇宙を航行し地球へ帰還することになったのです．このとき受けた電源系統のダメージは，第1酸素タンクの誘爆破損により3台すべての燃料電池が使用不能になり，さらに2系統の電力供給ラインの1つが破損するといったものでした．事故の原因は構造上の欠陥ではなくミスが積み重なったものと考えられます．アポロ13号に使用した第2酸素タンクは，アポロ10号から流用されたものでした．移設時に1本のネジを外し忘れたために無理な力がかかってタンク内のパイプがはずれました．さらにタンク内のヒーターに定格65 Vを用いるべきところ28 Vのサーモスタットを使ってしまったため溶着してしまい，温度が上昇し続けて撹拌ファンの電線被覆を溶かしてしまいました．離陸後，撹拌ファンのスイッチを入れたとたんに露出した銅線間に火花が飛び爆発がおこってしまったのです．

第4章159ページ＜補足＞の例でも紹介したように，事故は構造上の欠陥というよりむしろ人為的なミスの複合的な要因に起因するものが多く，現在は「人はまちがいをおかすもの」という前提で「フェールセーフ」や「フールプルーフ」の考えが取り入れられているのです．

排気ガスを出さないという利点と石油に代わる代替エネルギーの観点から，近年では燃料電池自動車（Fuel Cell Vehicle, FCV）の開発が盛んになっています．2000年にはダイムラークライスラー社がメルセデス・ベンツAクラスをベースとした燃料電池自動車NECAR5を開発しました．NECAR 5は出力75kWの高分子固体電解

質形燃料電池(PEFC)を搭載し，メタノールから取り出した水素を反応物質としています．

燃料電池自動車の普及のためには反応物質である水素を安定的に供給する体制の整備が不可欠です．NECAR 5 はメタノールから水素を取り出しますが，ガソリンを改質して水素を取り出す方式や圧縮水素を用いる方式が用いられています．それぞれの方式の特徴を**表 6.3** に示します．

表 6.3 使用する燃料の特徴

	長　　　所	短　　　所
水素	走行時に排出されるのは「水」のみ "排気ガスゼロ" の理想形	水素の貯蔵方法，インフラの整備などが課題
メタノール	液体燃料のため，内燃機関自動車と同様に利用可能	改質のために 250 ℃程度の加熱が必要 メタノールスタンドの整備が必要
ガソリン	既存のガソリンスタンドが利用可能 内燃機関自動車と同じように利用可能	改質のために 800 ℃近くの高温が必要 改質したガソリン CHF(クリーンハイドロカーボンフューエル)が必要

2002 年にはトヨタとホンダがリース販売を開始し，日米政府などに数十台が納入されました．また 2005 年に開催された日本国際博覧会(愛知万博～愛・地球博～)ではトヨタと日野自動車が開発した会場連絡バスが 8 台導入されました．博覧会終了後には中部国際空港(セントレア)でランプバスとして 2013 年まで活躍しました．また 2017 年には東京ビッグサイトと東京駅間を毎日 4 往復する路線バスが運行を開始しました．

各自動車メーカーが試作した燃料電池自動車の性能スペックを**表 6.4** に示します．いずれも圧縮水素を燃料としていることから，水素供給のインフラ整備が課題となっています．2009 年には 11 か所の施設を建設して実証試験を行っていましたが，2017 年現在 90 か所の水素ステーションが運用を行っています．また 2017 年現在には**表 6.5** に示すように 2 種類の燃料電池自動車が市販されているほか，2016 年 6 月には日産自動車がバイオエタノールを燃料として発電を行う固体酸化物型(SOFC)燃料電池を用いた燃料電池自動車の試作車を発表しています．

700～1000 ℃程度の高温状態下では，メタンガスと水蒸気は触媒を介在してつぎのような化学反応を起こします．

$$CH_4 + 2H_2O \rightarrow 4H_2 + CO_2$$

この化学反応を用いて水素を取り出す方法を水蒸気改質法と呼びます．セントレアに設置されていた水素ステーションは都市ガス（メタンガス）から水素を生成する水蒸気改質型で，1日あたり100 kgの水素供給能力を持っていましたが，岩谷産業，関西電力，堺LNGの3社によって設立された企業「ハイドロエッジ」では2017年現在1時間当たり420 kgの液化水素を製造する能力を持っています．

表 6.4 燃料電池自動車の性能

会社名	トヨタ	日産	ホンダ	DC	スズキ
電動機種類	交流同期	減速機一体型同軸	交流同期	誘導	交流同期
最大出力[kW]	90	90	60	65	38
最大トルク[N・m]	260	280	272	210	260
燃料電池種類	固体高分子形				
燃料電池出力[kW]	90	90	78	90	78
2次電池	ニッケル水素	コンパクトリチウムイオン	ウルトラキャパシタ	ニッケル水素電池	無
燃料種類	純水素	圧縮水素	純水素		圧縮水素
燃料貯蔵方式	高圧水素タンク				
燃料圧力	35 MPa				70 MPa

燃料電池を用いたコージェネレーションは，天然ガスや灯油などから水素を取り出して発電を行い，そのとき生じた熱で給湯を行うシステムで，家庭用にはエネファームという愛称で導入が進められています．発電出力・排熱出力ともに約1 kWで，主として固体高分子形燃料電池（PEFC）が使用されています．この燃料電池は燃料電池自動車と共用することでコストの削減を目指しています．

表 6.5 市販中の FCEV 車（2017 年現在）

会社名	トヨタ	ホンダ
車名	MIRAI	CLARITY
発売年	2014	2016
電動機種類	交流同期	
最大出力 [kW]	113	130
最大トルク [Nm]	335	300
燃料電池種類	固体高分子型	
燃料電池出力 [kW]	114	103
2次電池	ニッケル水素	リチウムイオン
燃料種類	圧縮水素	
燃料貯蔵方式	高圧水素タンク	
燃料圧力	70 MPa	

演習問題

(1) 溶融炭酸塩形燃料電池の燃料極および空気極の化学反応式をそれぞれ述べよ．

(2) リン酸形燃料電池において，300 K における自由エンタルピー変化が -2.372×10^5 J/mol であった．このときの起電力を求めよ．

(3) 燃料電池自動車やコージェネレーションシステムのほかに燃料電池を用いている工業製品を挙げ，その動作および構造について述べよ．

第7章　電力輸送システム

＜この章の学習内容＞

　水力発電所や原子力発電所は通常山間部や人口の少ない過疎地帯に立地されており，火力発電所も人口の多い都市部中心地から離れた臨海地区に設置されています．このため，発電所で作られた電気エネルギーを，工場やオフィスビル，一般家庭などの消費地に送ることが必要になります．このためのシステムが電力輸送システムです．第7章ではこの電力輸送システムについて学びます．本章で学習する項目はつぎの通りです．

① 電力輸送システムの構成
② 遠隔地の発電所から需要地に電力を輸送する架空送電線と大都市内の電力輸送システムである地中送電線
③ 送電線によって送られてきた電力の電圧調整，電力潮流制御などを扱う変電所と変電所の主な施設
④ 工場，オフィスビル，家庭に電気を送り届ける配電システムの構成と設備

7-1　電力輸送システムの構成

　発電所で作られた電力は，送電線や配電線などにより，工場，オフィスビル，一般家庭などの消費者まで送られます．このために必要な施設が電力輸送システムで，送電線，変電所，配電線などで構成されています．送電線は発電所で作られた電気エネルギーを変電所まで送る施設で，水力発電所，火力発電所，原子力発電所の電力を消費地近くまで送る架空送電線と，大都市内部の電力輸送に用いられる地中送電線に大別されます．送電線で送られてきた電力は，変電所を経由して利用者に届けられますが，これを司るのが配電線です．送電線，変電所，配電線は発電所で発生した電力を消費者に届けるための大きなシステムを構成しています．

　図7.1はこのシステム全体を模式的に示したものです．

第7章 電力輸送システム

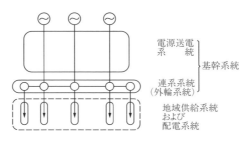

図 7.1 電力輸送システムの構成
(出典) 道上勉:『送電・配電 (改訂版)』, 電気学会, p.5 図 1.2, 2001

図 7.1 の基幹系統は発電所で発生した大きな電力を輸送する系統で、輸送の過程における電力損失をできるだけ小さくするため、高い電圧で大容量の電力輸送を行います。基幹系統では各方面からの電力輸送システムが互いに連携されています。地域供給系統は基幹系統より低い電圧で各地域の送電用変電所へ、あるいは送電用変電所を経由して配電用変電所や大口の電力消費者に電力を送る系統です。配電系統は地域供給系統の末端の電力輸送システムで、消費者に直接電力を送り届けます。図 7.2 は具体的なイラストで電力輸送システムを示したものです。

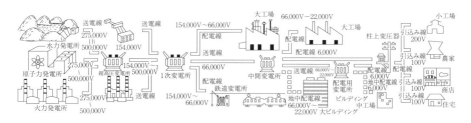

図 7.2 イラストで示した電力輸送システム
(出典) 日立電線編:『六訂 電線ケーブルハンドブック』, 山海堂, p.2, 3 図 1.1, 1995

7-2 送電システム

(1) 送電系統

発電電力を消費地に届ける電力輸送システムは、一般に交流の送電線で構成されています。

図 7.3 は日本の電力輸送の幹線をなす送電線のネットワークです。明治時代に欧

米の技術を導入したときの名残で，日本全国が単一周波数の交流システムではなく，東日本が 50 Hz の交流，西日本が 60 Hz の交流のシステムとなっていますが，幹線となる送電線のネットワークが全国的に構築されており，これらの送電線が互いに連繋し，地域間相互の電力融通ができるシステムとなっています．

図 7.4 は幹線送電網の最高送電電圧の変遷です．第二次世界大戦後の電力の需要増加を受けて，発電電力は年々増大し，その電力を送る送電線の最高電圧も年々上昇しました．現在の最高送電電圧は 500 kV ですが，近い将来の需要増を見込んで，すでに送電電圧 1000 kV の送電線が建設されています．図 7.5 は首都圏の送電網と連結している幹線送電網です．

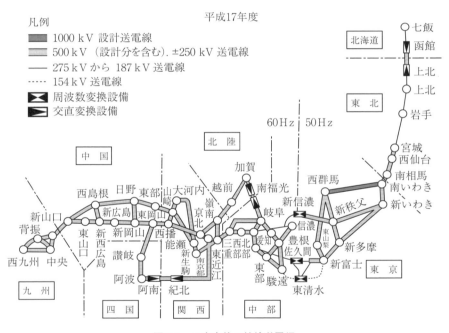

図 7.3　日本全体の幹線送電網

（出典）吉川榮和，垣本直人，八尾健：『発電工学』，電気学会，p.18, 図 1.9, 2003

第7章 電力輸送システム

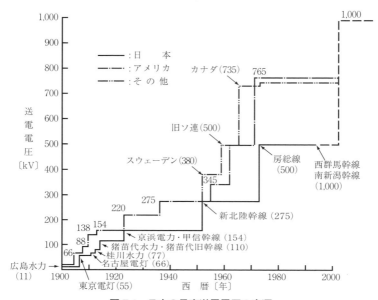

図 7.4　日本の最高送電電圧の変遷

(出典) 道上勉：『送電・配電（改訂版）』, 電気学会, p.3 図 1.1, 2001

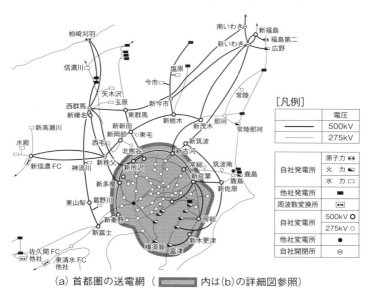

(a) 首都圏の送電網 (　　　 内は(b)の詳細図参照)

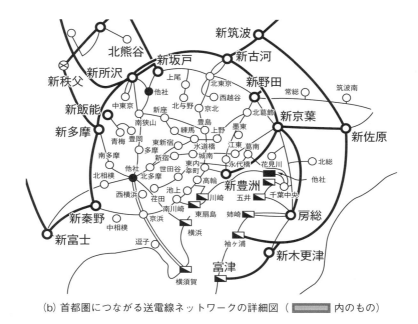

(b) 首都圏につながる送電線ネットワークの詳細図（ ▬▬ 内のもの）

図 7.5　首都圏の送電網に連結している幹線送電網（2014 年 12 月現在）
(資料提供元：東京電力)

（2）架空送電線

　架空送電線は発電所で発生した電力を消費地近郊まで長距離送電します．また，環状の送電線として大都市近郊では変電所間を結ぶ送電線の役割も担います．架空送電線は送電鉄塔，電線，碍子などで構成されており，送電電圧は 66 kV～500 kV と高く，懸垂碍子とアークホーンを組み合わせた碍子装置で電線を絶縁し，この送電電圧を維持します．架空送電線のルートは山岳地帯を通過することが多く，厳しい自然環境（日射，風，雨，雪，雷）の下で，電気的，機械的特性を満たすことが必要であり，環境との調和を図ることも必要です．**図 7.6** は代表的な架空送電線（福島東幹線）です．

図 7.6　架空送電線（福島東幹線）
(写真提供：日立電線株式会社)

(a) 架空送電線の構成

　図 7.7 に鉄塔に電線導体を取りつけた架空送電線の構成を示します．図に示すように，架空送電線の電線導体は送電電圧を維持するために，懸垂碍子の碍子連を介して鉄塔のアームに取りつけられます．実際の超高圧送電線では，図 7.8 のように**多導体方式**の送電線を用いる場合が多く，懸垂碍子連の上下にはアークホーンが取りつけられます．アークホーンは送電線に雷サージが侵入した場合に，その箇所でフラッシオーバをおこして，碍子の破壊を防ぐための装置です．上下のアークホーン間のギャップ間隔は，開閉インパルス電圧が加わった場合にもフラッシオーバがおこらないように決められます．例えば，500 kV 送電線の場合，アークホーン間のギャップ間隔は 3～4 m です．アークホーンを取りつけた碍子連は碍子装置と呼ばれています．

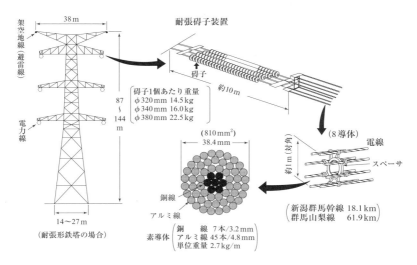

図 7.7 架空送電線の構成

(出典) 福田務, 相原良典:『絵とき電力技術』, オーム社, p.113, 図 3.6, 1991

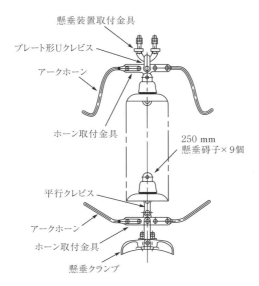

図 7.8 碍子装置

(出典)『第6版 電気工学ハンドブック』, 電気学会, p.1241 28 編, 図 37 (a), 2001

(b) 電線

架空送電線の導体には一般にアルミ電線が用いられます．架空送電線には細い電線をより合わせたより線が使用されますが，送電線に求められる機械的強度を与えるため，中心に鋼線を配置し，その周囲にアルミ電線を撚り合わせた鋼心アルミより線（ACSR）や，亜鉛メッキ鋼線の表面にアルミニウムを圧接させたアルミ被鋼線（AS線）が用いられます．また，電線の断面構造を改良して風による騒音を減らした低騒音電線などの特殊な電線も開発されて使用されています．**図7.9**はACSR，アルミ被鋼線，低騒音電線のより線断面の構造です．

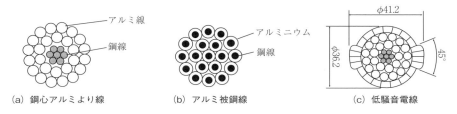

(a) 鋼心アルミより線　　(b) アルミ被鋼線　　(c) 低騒音電線

図7.9　架空送電線に使用されている電線の構造

(c) 碍子

碍子は送電線の導体を電気的に絶縁しつつ，機械的に支持するもので，絶縁体と金具で作られています．碍子には様々な形状，構造のものがありますが，架空送電線に使用される碍子のほとんどは懸垂碍子と耐塩用懸垂碍子（スモッグ碍子）です．耐塩用懸垂碍子は懸垂碍子の沿面距離を増すためにひだを深くしたもので，懸垂碍子に比べて汚損時の耐電圧が30％高い値を示します．**図7.10**が懸垂碍子の構造です．図に示すように，懸垂碍子は金具，絶縁体，ピンからなり，絶縁体の下面にひだを設けた構造で，金具の構造が異なるクレビス型とボールソケット型があります．碍子の絶縁体は磁器，ガラス，エポキシ樹脂などですが，日本で使用されている懸垂碍子の絶縁体は磁器です．懸垂碍子の特性では機械的強度とフラッシオーバ電圧が重要です．とくに，フラッシオーバ電圧は絶縁設計の基になる重要な特性です．

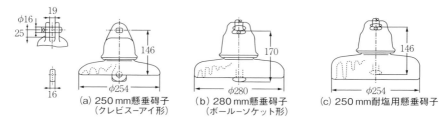

図 7.10　懸垂碍子の構造

(出典)『第 6 版 電気工学ハンドブック』, 電気学会, p. 1239, 28 編 図 31, 図 32, 2001

　フラッシオーバ電圧は気象条件や碍子表面の汚損の状態によって変わります．自然環境にさらされる懸垂碍子は汚損物質である海塩，煤煙，塵埃などによる汚損が避けられません．台風や季節風によって運ばれた海塩粒子により短時間に碍子が汚損する急速汚損の場合には，これが原因で送電線がフラッシオーバ事故を引きおこす場合もあります．

　図 7.11 は乾燥空気中と汚損条件下の碍子のフラッシオーバ電圧です．フラッシオーバ電圧は碍子の連結長（個数）とともに上昇しますが，碍子表面が汚損している場合には，図 7.11 (b) に表れているように，フラッシオーバ電圧が低下します．自然の汚損では食塩以外の導電性汚損物質も碍子に付着しますが，他の物質による汚損を同一導電率を持つ食塩の量に換算して汚損量の目安としており，食塩と砥の粉を水に混ぜた汚損液を碍子表面にふきつけて行う人工汚損試験により，汚損下のフラッシオーバ電圧が求められています．このようにして得られた汚損条件下のフラッシオーバ電圧図 7.11 (b) が架空送電線の絶縁設計に利用されています．

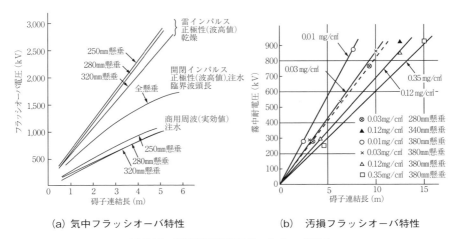

(a) 気中フラッシオーバ特性　　(b) 汚損フラッシオーバ特性

図7.11　懸垂碍子連のフラッシオーバ電圧

(出典) (a) 電気学会技術報告Ⅱ部220号『架空送電線路の絶縁設計要綱』, 電気学会, 1986, (b)『がいし』, 電気学会, 1983

(d) 架空送電線の絶縁設計

送電電圧を維持するため，架空送電線の電線は送電電圧に見合った個数の懸垂碍子を用いて鉄塔に取りつけます．架空送電線の絶縁設計では，アークホーンのギャップ間隔，碍子連結個数，電線の離隔距離等を決定します．なかでも，碍子個数の決定が絶縁設計の重要なポイントです．絶縁設計では，雷サージに対してはある程度のフラッシオーバを許容し，交流過電圧と開閉インパルス電圧でフラッシオーバを生じないように設計します．碍子の個数は碍子の汚損特性を考慮して次のような手順で行われます．

1) その地区の等価塩分付着密度の想定

⇩

2) 設計汚損耐電圧値の推定

⇩

3) 汚損耐電圧値を考慮した碍子必要個数の算定

表7.1は上記の手順で決められた各電圧階級の碍子個数です（汚損の程度の違いが等価塩分付着密度で示されています．等価塩分付着密度と汚損の度合いは参考表のとおりです）．

表7.1 等価塩分付着密度と碍子個数

電圧階級 (kV)	碍子の種類	想定塩分付着密度 (mg/cm²)			
		0.063	0.125	0.25	0.5
66	250 mm 懸垂碍子	4	5	6	6
154		9	11	12	14
275		16	19	22	25
500	280 mm 懸垂碍子	32	37	43	49
500	320 mm 懸垂碍子	27	32	36	41

(出典)『送電設備の塩害対策』,電気協同研究第20巻2号,No.2,第6-4表1969年(第6-4表を改変)

＜参考表　等価塩分付着密度で表わされた汚損の程度＞
(汚損の程度を台風,季節風に対する海岸からの距離で表示)

汚損区分		A	B	C	D
想定最大等価塩分付着密度 (mg/cm²)		0.063	0.125	0.25	0.5
海岸からの距離 (km)	台風に対し	50以上	10〜50	3〜10	0〜3
	季節風に対し	10以上	3〜10	1〜3	0〜1

(出典)『第6版 電気工学ハンドブック』,電気学会,p.1241,28編 表19,2001

(e) 架空送電線の許容電流

電線の最高許容温度に対する電流が安全電流ですが,安全電流を決める要因として電線の種類(材質),構造,周囲温度,日射,風雨などが挙げられます.式 (7.1) は架空送電線の許容電流 I [A] を与える式です.

$$I = \sqrt{\frac{K\pi d\theta}{R}} \tag{7.1}$$

式 (7.1) 中の K, d, θ, R はそれぞれ次の量を表します.
　K：熱放散係数,d：電線外径 [cm],θ：許容温度上昇 [℃],
　R：使用温度における電線導体の交流抵抗 [Ω/cm]

架空送電線の導体として広く用いられている ACSR の最高許容温度の推奨値は 90 ℃ で,このときの許容電流(連続許容電流)の値は**表7.2**の通りです.

表7.2　ACSRの許容電流値（周囲温度40℃）

公称断面積 (mm^2)	許容電流 (A)	公称断面積 (mm^2)	許容電流 (A)	公称断面積 (mm^2)	許容電流 (A)
1,520	1,840	520	939	200	521
1,160	1,570	410	829	160	454
810	1,237	330	713	120	388
610	1,043	240	593	—	—

(出典) 日立電線編『電線ケーブルハンドブック』, 山海堂, p.444 表8.6, 1995

(f) 架空送電線の保守

架空送電線は山岳地帯などの厳しい地理的環境の地域を経過する場合も多く，絶えず厳しい自然環境にさらされています．このような架空送電線が正常に運転できるようにするため，線路の保守が重要です．そのための具体的な作業として，線路の巡視，設備の点検，保守が行われます．巡視は定例の日常巡視と事故が発生したときの事故巡視に分かれます．定例巡視は決められたルートによる巡視のほか，ときにはヘリコプターを用いた空中巡視を行う場合もあります．設備の点検では，碍子，金具，支持物，電線およびその付属品などについて実施します．これらの点検により，不良碍子の有無や電線の損傷，把持部の不具合の有無などを調べ，事故の発生を未然に防止します．また，保守作業ではパイロット碍子を用いて碍子の汚損状態を調べたり，碍子の洗浄や破損碍子の交換などが行われます．また，雷や強風などによって送電線が損傷を受け停電が発生した場合には，速やかに復旧させることも送電線保守の大切な仕事です．

(3) 地中送電線
(a) 都市部の地中送電線路

架空送電線で大都市近郊の変電所に送られてきた電力をさらに都市部消費地の変電所に送るには，共同溝や洞道（電線布設のための専用トンネル）内に布設された電力ケーブルが使われます．これは人口の密集した大都市地域で架空送電線に必要な送電鉄塔を建設することが困難で，地下の共同溝や洞道内に布設された送電線による電力輸送が必要になるためです．電力ケーブルは導体を絶縁耐力の高い固体絶

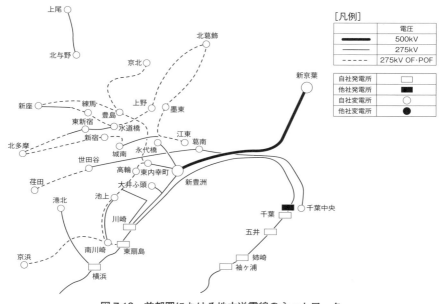

図7.12　首都圏における地中送電線のネットワーク
(資料提供元：東京電力)

縁材料で被覆したコンパクトな送電線で，地中送電線の建設に不可欠です．古くはエジソンも電力ケーブルの開発に取り組んだことが記録されていますが，エジソンの時代から100年以上を経過した今日では，OFケーブルやCVケーブルのような性能のすぐれた電力ケーブルが開発され，それらを用いた地中送電線のネットワークが大都市圏に構築されています．**図7.12**は首都圏の地中送電線のネットワークです．

(b) 電力ケーブル

都市部の地下に埋設され，地中送電線として使用される電力ケーブルは，導体の周囲を絶縁耐力の高い固体絶縁材料で被覆した電線です．今日，地中送電線に用いられている電力ケーブルは，絶縁体に油浸紙（絶縁油を含浸させた絶縁紙）を使用したOFケーブルと，プラスチック絶縁材料である架橋ポリエチレンを使用したCVケーブル（架橋ポリエチレン絶縁ケーブル）です．

① OF ケーブル

OF ケーブルは導体上に乾燥させた絶縁紙（クラフト紙）を何層にも巻き，その周囲を鉛やアルミニウムなどの金属で覆い，真空乾燥後に低粘度の絶縁油を含浸させて構成した油浸紙絶縁体を大気圧以上に加圧して使用するケーブルで，導体の中心部には絶縁油の通路となる油通路が設けられています．**図 7.13** がその断面の構造と外観です．

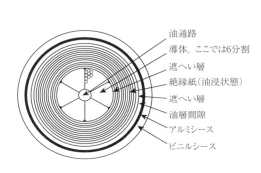

油通路
導体，ここでは6分割
遮へい層
絶縁紙（油浸状態）
遮へい層
油層間隙
アルミシース
ビニルシース

図 7.13 OF ケーブルの断面構造と外観
(写真提供：日立電線株式会社)

OF ケーブルに使用される絶縁紙（化学成分がセルロース）は脱イオン水で抄紙した不純物の少ないクラフト紙で，イオン性不純物が少なく誘電正接が小さい電気特性の優れた紙です．しかしながら，セルロースは分子構造中に水酸基（OH 基）を有するため，誘電特性の改善には限界があります．クラフト紙の誘電率を下げるため，ポリプロピレンフィルムとクラフト紙をラミネートした絶縁紙（半合成紙：PPLP 紙）が日本で開発されました．**表 7.3** に PPLP 紙の特性を示します．表に示したように，PPLP 紙はクラフト紙に比べ，誘電率，誘電正接が小さく，絶縁耐力が高いため，超高圧ケーブルの絶縁紙として用いられています．

表 7.3 PPLP 紙の特性

特　性	PPLP 紙	クラフト紙
$\varepsilon_s \times \tan \delta$ （%）	2.8×0.08	3.2×0.17
交流絶縁破壊強度（kV/mm）	135	80
雷インパルス電圧絶縁破壊強度（kV/mm）	250	150

(出典) 飯塚喜八郎編：『新版 電力ケーブル技術ハンドブック』，電気書院，p.89, 表 3.9, 1989

OFケーブルに用いられる絶縁油として，古くは鉱油が用いられていましたが，現在では合成絶縁油であるアルキルベンゼン（ハード型，ソフト型）が使用されています．アルキルベンゼンは高温・高電界下の電気特性が良く，劣化も起こりにくい絶縁油です．**表7.4**に鉱油とアルキルベンゼンの特性を示します．**表7.5**はOFケーブルの絶縁体厚さと運転電界強度です．OFケーブルは，大都市の275 kV地中送電線や発電所の引き出し線，変電所の構内連絡線などとして用いられています．

表7.4　絶縁油の電気特性

特　性	鉱　油	アルキルベンゼン	
		ハード	ソフト
比　重	0.895	0.865	0.864
動粘度（CS）	14	11	6.3
交流破壊電圧 (kV/2.5mm ギャップ)	55	60	58
$\tan \delta$	0.006	0.001	0.001
$\tan \delta$（劣化後）	0.102	0.011	0.016

（出典）飯塚喜八郎編：『新版 電力ケーブル技術ハンドブック』，電気書院，p.94，表3.10より抜粋，1989

表7.5　OFケーブルの絶縁体厚さと運転ストレス

定格電圧 [kV]	絶縁体厚さ [mm]	運転ストレス [kV/mm]
66	7.0〜8.0	6〜8
77	8.0〜9.5	
154	12.5〜14.0	9〜11
275	19.5	11〜13
500	32.0〜36.0	15〜16

② CVケーブル

CVケーブルは架橋ポリエチレンを絶縁体とする乾式の電力ケーブルで，絶縁油を使用していないので取扱が容易で，防災性に優れているため，世界中で広く用いられており，日本では電力ケーブルの使用量の大半を占めています．

図7.14にCVケーブルの断面構造と外観を示します．CVケーブルの絶縁体材料の架橋ポリエチレンは，ポリエチレン$[-(CH_2-CH_2)_n-]$を架橋した高分子材料で，絶縁耐力が高く，誘電体損失が小さい優れた絶縁材料です．ケーブルの性能はこの材料をケーブルの絶縁体に加工する過程で生じるボイド，異物，界面の突起などの微

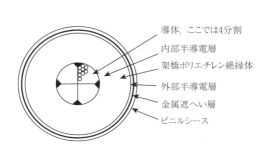

図 7.14　CV ケーブルの断面構造と外観
(写真提供：日立電線株式会社)

小な欠陥に左右されるので，欠陥を生じない加工技術の確立が重要です．日本はこの点について世界最高水準の技術を有しており，世界に先駆けて高電圧ケーブルを開発し，それらを用いた高電圧の地中送電線路が数多く建設されました．2000 年 11 月には 500 kVCV ケーブルを用いた地中送電線路も建設されています．

表 7.6 は送電電圧 66〜500 kV の CV ケーブルの設計電界強度と絶縁体厚さです．この表で明らかなように，定格電圧 66 kV，154 kV，275 kV，500 kV CV ケーブルの絶縁体厚さの設計値は，それぞれ 9 mm，17 mm，23 mm，27 mm という値です．

表 7.6　CV ケーブルの耐電圧値と絶縁体厚さ

定格電圧 [kV]	雷インパルス耐電圧 [kV]	設計電界強度 [kV/mm]		絶縁体厚さ [mm]
		交　流	雷インパルス	
66	350	20	50	9
154	750	20	50	17
275	1050	30	60	23
500	1425	40	80	27

(c) 電力ケーブルの許容電流

電力ケーブルは運転中に導体に発生するジュール損，絶縁体に発生する誘電体損，金属シースまたは遮蔽層に生じるシース損などにより熱が発生します．これらの発

生熱はケーブル表面から外部に放出されます．この発熱と熱放散のバランスによりケーブルの温度が決まります．発熱に伴う温度上昇により，ケーブル材料の性能変化や劣化が生じるので，ケーブルの許容電流は運転時におけるケーブルの到達温度が材料の許容温度範囲に収まるように定められます．表7.7がOFケーブルおよびCVケーブルの最高許容温度です．

表7.7 OFケーブルとCVケーブルの導体最高許容温度 [℃]

ケーブルの種類	導体最高許容温度		
	常　時	短時間	瞬　時
OFケーブル	80	90	150
CVケーブル	90	105	230

電力ケーブルの許容電流 I はつぎの式 (7.2)，式 (7.3) で求めることができます．

直埋，管路布設ケーブル　　　$I = \sqrt{\dfrac{T_1 - T_2 - T_d}{n \times r \times R_{th}}}$　　　　　(7.2)

気中，暗きょ布設ケーブル　　$I = \eta_0 \sqrt{\dfrac{T_1 - T_2 - T_d}{n \times r \times R_{th}}}$　　　(7.3)

式 (7.2)，式 (7.3) 中の T_1，T_2，T_d，n，r，R_{th}，η_0 はそれぞれ次の通りです．

　　T_1：導体許容温度（90 ℃），T_2：基底温度，

　　T_d：誘電体損による温度上昇，n：ケーブル線心数，

　　r：許容温度における交流導体抵抗（Ω/m），R_{th}：全熱抵抗，

　　η_0：気中，暗きょ多条布設の場合の低減率

T_d，r，R_{th} を算出する式は布設方式によって異なる複雑な式です（表7.10 参照）．表7.8，表7.9 は許容電流を算出する式 (7.2)，及び式 (7.3) を用いて算出された 66 kV-OF ケーブルと 66 kV-CV ケーブルの許容電流の一例です．

表7.8　66～77 kV 単心 OF ケーブルの許容電流（A）

布設方式		管路布設（1孔1条）		直埋布設		暗きょ布設	
回線数		1	2	1	2	1	2
導体断面積 (mm²)	800	890	755	895	740	1,160	1,110
	600	745	660	780	640	975	925
	400	610	555	640	520	770	730

（出典）日立電線編：『電線ケーブルハンドブック』，山海堂，1995, p.444 表8.32 より抜粋

表 7.9　66〜77 kV 単心 CV ケーブルの許容電流（A）

布設条件	直埋布設 (深さ 1400 mm，3 条 1 回線)			管路布設 (深さ 1400 mm，1 孔 3 条，1 回線)		
導体断面積 (mm^2)	損失率（L_f**）			損失率（L_f**）		
	0.6	0.8	1.0	0.6	0.8	1.0
2000	1930	1750	1610	1610	1495	1400
1600	1735	1575	1450	1460	1360	1275
1400	1625	1475	1360	1395	1305	1225
1200	1495	1360	1255	1290	1210	1140
1000	1355	1235	1145	1175	1105	1040
800	1150	1050	975	960	895	845
600	995	910	845	855	800	760
400	805	740	685	685	645	610
250	620	570	530	530	500	475

(**) 土壌，管路の熱抵抗の損失率
(出典) 日立電線編：『電線ケーブルハンドブック』，山海堂，p.442 表 8.25 より抜粋，1995

表 7.10　式 (7.2)，及び式 (7.3) 中に現れる基底温度 T_2 の値と T_d, r, R_{th} の算出式

諸　量	直埋，管路布設	気中，暗きょ布設
基底温度（T_2）	21 ℃（深さ 2 m），17 ℃（深さ 5 m）	40 ℃
誘電体損による温度上昇 （T_d）	（直埋布設）$T_d = W_d \cdot (0.5 R_1 + R_2 + R_4)$ （管路布設）$T_d = W_d \cdot (0.5 R_1 + R_2 + R_3 + R_4)$	$T_d = W_d \cdot (0.5 R_1 + R_2 + R_3)$
誘電体損失（W_d）	$W_d = 2\pi f C n \dfrac{E^2}{3} \tan\delta$, f：周波数，C：静電容量， E：最高線間電圧	
絶縁体の熱抵抗（R_1）	$R_1 = \left(\dfrac{\rho_1}{2\pi}\right) \cdot \ln\dfrac{d_1}{d_2}$, d_1：絶縁体内径，d_2：絶縁体外径 ρ_1：絶縁体の固有熱抵抗（= 3.5 K·m/W **）	
防食層の熱抵抗（R_2）	$R_2 = \left(\dfrac{\rho_2}{2\pi}\right) \cdot \ln\dfrac{d_3}{d_4}$, d_3：防食層内径，d_4：防食層外径 ρ_2：防食層の固有熱抵抗（= 5.5 K·m/W**）	
ケーブルの 表面放散熱抵抗（R_3）	$R_3 = \dfrac{\rho_3}{\pi d_5}$, d_5：ケーブル外径 ρ_3：防食層の表面放散固有熱抵抗（= 0.09 K·m^2/W**）	
土壌および管路の 熱抵抗（R_4）	通常はケネリーの式，今井の式によって算出　　（省略）	

諸量	直埋, 管路布設	気中, 暗きょ布設
全熱抵抗 (R_{th}) L_f: 土壌, 管路の熱抵抗の損失率 ($L_f = 0.6 \sim 0.8$), P_s: シース発熱 W_s と導体発熱 W_c の比 〔= (W_s/W_c)〕	(直埋布設) $R_{th} = R_1 + (1+P_s)(R_2 + L_f \cdot R_4)$ (管路布設) $R_{th} = R_1 + (1+P_s)(R_2 + R_3 + L_f \cdot R_4)$	(空中, 暗渠布設) $R_{th} = R_1 +$ $(1+P_s)(R_2 + R_3)$
許容温度における導体抵抗 r	$r = r_0 \times k_1 \times k_2$, k_1: 90 ℃(最高許容温度)と20 ℃の導体抵抗の比, k_2: 交流抵抗と直流抵抗の比	

(出典)『電気協同研究第53巻第3号』, 社団法人 電気協同研究会

(d) 地中送電線路の建設

① 電力ケーブルの布設工事

電力ケーブルの布設方法として直埋布設, 管路布設, 洞道内布設があります. このほかに, 発電所や変電所の構内では専用のピットを設けてそこにケーブルを布設する方法も行われています. 直埋布設は布設するケーブルの数が少なく, 将来も増設する可能性の少ない場合に採用されます. この方法は**図 7.15 (a)** に示すように, コンクリート製のトラフ内にケーブルを引き込んで砂を充填する布設方法です. 管路布設方式は**図 7.15 (b)** に示すように, ヒューム管, FRP管, 波つき可とうポリエチレン管などで管路を作り, その管路中にケーブルを布設する方法です. この方法では管路内に電力ケーブルを1条布設する場合と3条布設する場合があります. 洞道内布設は, 予め地下に建設された洞道(ケーブルを布設するための専用トンネル)や共同溝内に一定間隔で布設用の金物を取りつけ, **図 7.15 (c)** に示すように, その金物にケーブルを設置する方法です. この布設方式はケーブルの布設ルートが複雑な場合や種類の異なるケーブルを布設する場合, 将来の増設が予想される場合などに用いられます. 洞道の建設には多額の費用を要するので, かなり計画的にプロジェクトがすすめられます. これらの3種類の布設方法のうち, 日本では主に管路布設と洞道内布設が用いられています.

第7章 電力輸送システム

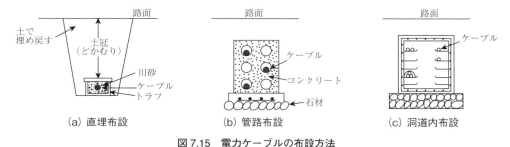

図 7.15 電力ケーブルの布設方法

(出典) 道上勉: 『送電・配電 (改訂版)』, 電気学会, p.137, 138, 図 5.16- 図 5.18, 2001

② 電力ケーブルの接続

　工場で製造されたケーブルはドラムに巻いて出荷されますが, 現地に搬送されるケーブルの長さは 500〜2000 m です. したがって, 長距離の地中送電線路を建設するには, ケーブルの接続が不可欠です. 接続工事はケーブル布設の現場で行われますが, ケーブル運転中のトラブル発生を防ぐため, 特別に準備された接続部品や施工技術を利用して注意深く行われます.

③ OF ケーブルの接続

　OF ケーブルの接続には図 7.16 に示すように, 普通接続部, 絶縁接続部, または油止め接続部のいずれかを用いて行います. 普通接続部はケーブルを電気的に接続し, 油通路を連絡するために用いられます. 絶縁接続部は接続部外部のシースを絶縁筒で分離した接続部で, クロスボンド接続を行うために必要な接続部です. クロスボンド接続はケーブルの遮蔽層に誘起される電圧が異常に高くならないようにするためにケーブルの接続箇所で 3 相ケーブルの遮蔽層を交互に入れ替える結線です. 油止め接続部には接続されるケーブルの絶縁油をたがいに分離するためのエポキシ樹脂の絶縁ユニットが組み込まれており, OF ケーブルに絶縁油を送るための給油系をその箇所で分離するために用いられます. OF ケーブルの接続工事では油浸紙を用いて接続箇所の絶縁体を現地で組み立てます. この作業はかなりの熟練を要する高度な技術です.

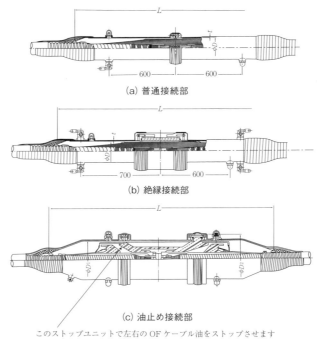

(a) 普通接続部

(b) 絶縁接続部

(c) 油止め接続部

このストップユニットで左右の OF ケーブル油をストップさせます

図 7.16　OF ケーブルの接続に使用する接続部

（出典）日立電線編『電線ケーブルハンドブック』，山海堂，p.254, 255, 図 4.21, 4.23, 4.24, 1995

④ CV ケーブルの接続

　CV ケーブルの接続にはケーブルの定格電圧で異なる種々の方法が用いられています．**表 7.11** にそれらを示します．定格電圧が 66 kV 以下のケーブルの接続には，接続部の絶縁層を絶縁テープを巻いて作成する絶縁テープ巻き方式が採用されています．定格電圧が高くなると絶縁テープを巻いただけでは絶縁強度が十分でないので，絶縁体をモールドする方法などが採用されます．定格電圧がさらに高い場合には押出しモールド式接続部（No.3）やプレハブ式接続部（No.4）が採用されています．しかしながら，No.2, 3 に示すモールド方式は高度な技術が必要で，工事時間が長いことが難点で，これを改善する方式として新しく開発された方法が RBJ 方式（No.5）です．

表7.11 CVケーブルの接続技術

NO	接続方式	接続方法	電圧階級
1	自己融着性テープ巻方式	自己融着性の絶縁テープを重ね巻きして絶縁体を形成する方式	66 kV 以下
2	テープ巻モールド方式	化学架橋剤入りポリエチレンテープを重ね巻きした後,加熱溶融させ,一体化した絶縁体を作る方式	154 kV
3	押出しモールド方式	接続箇所に成型用の金型を配し,押出機で加熱溶融した架橋剤入りポリエチレンを注入し,成型後に外部半導電層を取り付けて加熱架橋し,絶縁体を形成する方式	275 kV, 500 kV
4	プレハブ方式	エポキシ絶縁体とゴム製ストレスコーンをスプリングで圧着させて絶縁層を構成する方式	275 kV
5	RBJ（ゴムブロックジョイント）方式	あらかじめ拡径したゴムモールド絶縁体を挿入し,スペーサを引き抜いてケーブル絶縁体上に圧着させる方式	66 kV～154 kV

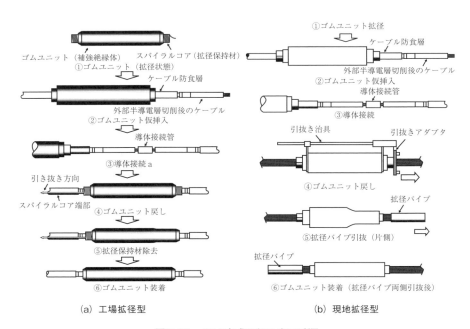

(a) 工場拡径型 (b) 現地拡径型

図7.17 RBJ方式の組み立て手順

(出典)『電気協同研究 第61巻第1号』,社団法人 電気協同研究会,p.36,第2-3-12図,第2-3-13図,2005

RBJ方式はあらかじめ拡径したゴムのモールド絶縁体を使用する接続方式で，**図7.17 (a)** に示す工場拡径型方式と，**図7.17 (b)** に示す現地拡径型方式の2つの方式が考えられています．この接続方式は ① 組み立て時間が短い，② 寸法が小さい，③ 安定した組み立て性能を保証できる，という利点があり，66 kV～154 kV級ケーブルに用いられています．

(e) 地中送電線路の保守

地中送電線による電力輸送を正常に行うためには，線路の巡視，点検，検査，不良個所の修理などの保守が重要です．これらの保守の作業では，線路が正常に運転されているかどうかを確認するための巡視点検や，線路の健全性確認のための絶縁診断試験などを行います．線路の点検のための試験として，OFケーブルでは油圧や油量のチェック，絶縁油の分析などを行います．また，CVケーブルでは線路の巡視・点検と合わせて，絶縁体の健全性を確認するため，絶縁抵抗や漏れ電流の測定，誘電正接の測定，部分放電試験，水トリー劣化の有無を調べる各種絶縁診断試験などが行われます．また，近年では洞道内を自動的に監視するシステムも開発されており，これらを用いた線路の保守が行われています．

＜補足 電力ケーブルの発達の歴史＞

電線のルーツは18世紀に金属線で静電火花を遠方に伝達したのが始まりと伝えられています．このようにして誕生した電線は，19世紀中頃にまず通信用電線として使用されました．1850年には英仏海峡横断の海底ケーブルが布設され，南北戦争の直前には大西洋横断ケーブルが布設されたと伝えられています．電力ケーブルは1812年にロシアで火薬点火の実験に使用されたゴム絶縁電線が起源とされています．19世紀末，エジソンにより炭素電球が発明されると，この電球を灯すための電線が開発されました．「エジソンチューブ」と呼ばれたこの電線は、油を浸した木綿やジュートで巻いた銅の丸棒を長さ20フィートの鉄管に挿入し、ビチューメンコンパウンドを詰めたものでした．エジソンはこれを用いてニューヨークの下町に5000灯の電灯を灯しました．初期の電力ケーブルは「エジソンチューブ」のように技術的に未発達のものでしたが，次第に改良が加えられ，20世紀初頭にかけて電力輸送を担う電線として利用されました．1917年ピレリ社のエマニュエリによりOFケー

ルが発明されると，電気絶縁特性に優れていることが広く認められ，1920～1930年代には送電用電力ケーブルとしての地歩を確立するに至りました．

高分子絶縁材料を使用した電線は，通信用電線として用いられた「ガタパーチャ*絶縁電線」にその起源を求めることができますが，20世紀前半までは絶縁材料としてふさわしい材料が出現しなかったため，大きな進歩はありませんでした．

しかしながら，第二次世界大戦の前後には絶縁特性の優れた合成ゴム・プラスチック絶縁材料が数多く開発され，これらを用いた電線・ケーブルが相次いで誕生しました．1944年にはPVCを絶縁材料に使用したPVCケーブルが登場しましたが，極性高分子であるPVCは誘電率が高く，誘電正接が温度と共に上昇するので，使用電圧は高々10 kVまででした．1960年代には絶縁材料にブチルゴムを用いたBNケーブルが開発され，電力ケーブルとして一時期おおいに利用されました．しかしながら，1960年代後半に明らかとなった浸水課電劣化現象と，新たに開発されたEPR（エチレンプロピレンゴム）の出現により，BNケーブルはEPRを用いたケーブルに取って代わられました．EPRケーブルは当初中・低電圧ケーブルとして使用されていましたが，やがて66～150 kVの高電圧ケーブルが開発され，イタリア，アメリカ，ブラジルなどで電力ケーブルとして使用されるようになりました．

一方，低密度ポリエチレン（LDPE）は絶縁耐力が高いうえに，誘電率・誘電正接が小さく，熱伝導が大きい，水を通さないなどの優れた特性を持つため，理想的な合成絶縁材料と考えられ，1944年にアメリカで電力ケーブルの製造が行われました．ポリエチレン絶縁ケーブルの実用化を積極的に進めたのはフランスで，1962年に63 kVケーブルが布設されて以来，電力ケーブル線路への導入が進められ，1969年に225 kVケーブルが，また1986年には400 kVケーブルが実用化されました．

1958年にアメリカで低密度ポリエチレンの化学架橋法が開発されると，この技術を用いた架橋ポリエチレンケーブル（CVケーブル）が開発されました．架橋ポリエチレンはポリエチレンに比べて耐熱性に優れ，電気的特性も良好であることから，1960年以降に世界各国でCVケーブルの実用化が進みました．1970年代に入ると日本において，CVケーブルの新しい製造技術が開発され，高電圧ケーブルの開発が急ピッチで進みました．CVケーブルは乾式絶縁ケーブルで保守が容易であることや，絶縁油を使わないので防災性に秀でていることから，今日ではOFケーブルやSLケーブルなどの油浸紙絶縁ケーブルに代わり，送配電用ケーブルとして世界各国

で広く用いられています.
（＊）ガタパーチャ（gutta percha）：天然ゴムの一種

7-3 変電所
（1）変電所の機能と母線方式
（a）変電所の機能と種類

変電所は送電線によって送られてきた電力の電圧調整，電力潮流制御，電力設備の保護を行うところで，送配電系統の中で重要な役割を担っています．**図 7.18** は変電所のイメージ図です．

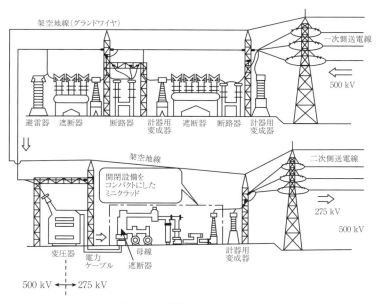

図 7.18　変電所のイメージ図

（出典）福田務，相原良典：『絵とき 電力技術』，オーム社，p.140「変電所の構成例」，1991

変電所で行われる電圧や電流の調整，制御，設備の保護などの機能を果たすため，変電所には変圧器，母線，断路器，調相設備，遮断器，避雷器など種々の機器が設置されています．変電所に設置されている機器の多くは高電圧のもとで運転が行われる高電圧機器で，電気絶縁が重要な技術です．

従来の変電所には気中絶縁方式が採用されてきましたが，1960～1970年代に絶縁特性の優れたSF_6ガスを用いた高電圧機器が開発された後には，これらの機器を用いた密閉型変電所が建設されるようになり，変電所のコンパクト化が実現しています．また，コンピュータによる制御システムや保守監視システムの導入が進み，変電所の機能の高度化と信頼性向上が図られています．さらに，大都市では防災や周辺地域との調和を考えた地下変電所が増えています．変電所は扱う電圧や電力系統における役割により，500 kV変電所，超高圧変電所，1次変電所，2次変電所，配電変電所などに区別されています．それぞれの変電所で扱われる電圧は次の通りです．

　　500 kV変電所：500 kVから275～154 kVへ降圧する送電用変電所
　　超高圧変電所：275～187 kVから154～66 kVへ降圧する送電用変電所
　　1次変電所　　：154～110 kVから77～22 kVへ降圧する送電用変電所
　　2次変電所　　：77～66 kVから33～22 kVへ降圧する送電用変電所
　　配電変電所　　：154～22 kVから配電電圧に降圧する変電所

(b) 変電所母線の結線方式

　変電所母線の結線方式として単母線，二重母線，三重母線，環状母線などがあります．単母線は**図7.19(a)** に示す結線方式です．この方式は最も単純な結線方式で，スペースが少なく経済的で，一般的に広く用いられています．ただし，母線に事故があったときには停電となるので，規模の大きな変電所では採用されていません．**図7.19(b)** の二重母線は一方の母線が停止しているときに変圧器などの機器の点検ができるので，上位系統の変電所で広く採用されています．とくに主要な基幹系統の変電所では**図7.19(c)** の二重母線4バスタイ方式や**図7.19(d)** の二重母線$1\frac{1}{2}$遮断器方式が採用されています．日本では275 kV変電所では4バスタイ方式が，500 kV変電所では4バスタイ方式と$1\frac{1}{2}$遮断器方式の両者が採用されています．4バスタイ方式は母線事故が発生したとき$\frac{1}{4}$の母線の停止となり，系統への影響が極めて少ない特徴があります．$1\frac{1}{2}$遮断器方式は母線事故の系統への影響はほとんどありません．人口の密集した過密都市では負荷も大きく変電所の果たす役割が特に重要です．前述のように，都市の景観を維持するため変電所はビルの地下室などに設けられますが，この場合は1次側の母線のないユニット方式（**図7.20**）が広く採用されています．

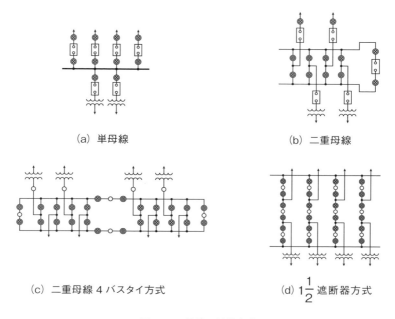

(a) 単母線 　　　　(b) 二重母線

(c) 二重母線4バスタイ方式 　　(d) $1\frac{1}{2}$遮断器方式

図7.19　母線の結線方式

(出典) 道上勉:『発電・変電 (改訂版)』, 電気学会, p.295, 6編 図4.3, 2000

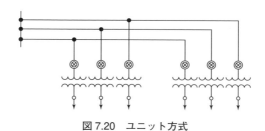

図7.20　ユニット方式

(出典) 道上勉:『発電・変電 (改訂版)』, 電気学会, p.297, 6編 図4.5, 2000

（2）変電所の設備

(a) 変圧器

　変電所に設置される変圧器（電力用変圧器）は電圧の昇降（変成）を行う最も重要な施設です．電力用変圧器は大容量の油入変圧器で，高電圧で長期間の運転に耐

える性能が要求されます．

①　構造

　変圧器はよく知られているように，鉄心の周囲に巻かれた2組以上の巻線を利用して，電磁誘導現象に基づいて交流電圧を変換する装置で，1次巻線端の電圧を V_1，1次巻線の巻数を n_1，2次巻線端の電圧を V_2，2次巻線の巻数を n_2 とした場合，$V_2 = \dfrac{n_2}{n_1} V_1$ を満たす電圧 V_2 が2次巻線端に得られます．

②　定格

　変圧器の定格として重要な項目には電圧，電流，周波数，容量が挙げられます．変圧器容量は変電所で扱う負荷の量や故障時の対策などを考慮して選定されます．**表7.12**は各変電所の容量とそこに設置される変圧器容量，およびバンク数の例です．

表7.12　変電所の標準容量

種　類	変電所	電圧階級（kV）	バンク容量（MVA）	バンク数	最終容量（MVA）
送電用変電所	500 kV	500/275	1500 1000	4-5	6000-7500 4000-5000
		500/154	750		3000-3750
	275 kV	275/154	450 300	4-5	1800-2250 1200-1500
		275/77（66）	300 200	3-4	900-1200 600-800
	154 kV	154/77（66）	250 200	3-4	750-1000 600-800
		154/33（22）	150 100		450-600 300-400
配電用変電所		都市部	30 20	3	90 60
		一般地区	20		60

（出典）『第6版　電気工学ハンドブック』，電気学会，p.1230, 29編 表3, 2001

③　絶縁

　変圧器は高電圧のもとで長期間安全に運転されなければならず，絶縁は重要な性

能です．変圧器内部の電気絶縁は次のような部分から構成されており，それぞれに対して高い信頼性が求められます．

(A) 端部絶縁　　（高圧巻線端部とタンク間の絶縁）
(B) リード絶縁　（高圧リード線とタンク間の絶縁）
(C) 主絶縁　　　（高圧巻線と低圧巻線間の絶縁）
(D) 対地絶縁　　（巻線対鉄心間，巻線対タンク間絶縁）
(E) 巻線内絶縁　（ターン間絶縁，コイル間絶縁）

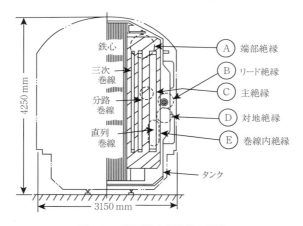

図 7.21　変圧器内部絶縁の要素

(出典) 鎌田譲，前島正一：『油入大容量変圧器の新しい絶縁技術』, 電気学会 B 部門誌, Vol.112, No.4, pp.289-293, 1992

図 7.21 は上記（A）〜（E）のそれぞれの部分を示したものです．変圧器の絶縁体は油隙，油浸クラフト紙，油浸プレスボードで構成されており，これらが直列に配置された複合絶縁体ですが，製作にあたっては，それぞれの要素部分の検討を集積し，次のような手順を経て最終製品を完成させます．

(1) 要素絶縁モデルによる検討

　　寸法比 1〜数分の 1 のモデルにより，現象の解析（部分放電，絶縁破壊など）と許容電界の検討を行い，各部の設計電界を決定します．

(2) 実規模絶縁モデルによる検証

　　巻線の全体構造を表すモデル（寸法比 1：1）で絶縁構成の瑕疵の有無を検討します．

(3) 試作器による総合検証

鉄心,タンク,巻線のすべてを含む変圧器を1台試作し,電気的・機械的性能,熱特性,騒音・振動等について総合的に検証し,設計の妥当性を確認します.**図 7.22** はこのようにして完成し,現地に設置された 500 kV 変圧器の例です.

図 7.22　500 kV 変圧器の外観
(写真提供:日本 AE パワーシステムズ株式会社)

(b) 調相設備

調相設備は回路の電圧調整と送電線路の力率改善のための設備で,回転型の同期調相機,または静止型機器の電力用コンデンサと分路リアクトルの組み合わせのいずれかが使用されます.一般的には静止型機器の進相用コンデンサとリアクトルを組み合わせる方法が採用されています.電力用コンデンサは絶縁材料に油浸紙を使用したもの,ポリプロピレンフィルムを使用したもの,あるいはその両者を組み合わせたものがありますが,ポリプロピレンは誘電損失が小さく,絶縁耐力が高いので,最近ではポリプロピレンフィルムを使用したオールフィルムコンデンサが広く用いられています.**図 7.23 (a)** はコンデンサの絶縁体構造,**図 7.23 (b)** は缶型の電力用コンデンサの構造です.図に示すように,コンデンサの絶縁体は絶縁材料であるポリプロピレンフィルムをアルミニウム箔電極で挟んだものを巻き込んで作成し,それを何組か缶に納めて缶型コンデンサに仕上げます.

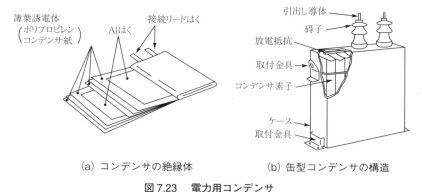

(a) コンデンサの絶縁体　　(b) 缶型コンデンサの構造

図 7.23　電力用コンデンサ
（出典）『第 6 版 電気工学ハンドブック』, 電気学会, p.733, 17 編 図 76, 図 78, 2001

(c) 断路器

　断路器は，回路の接続変更や機器を点検修理する際に，作業を安全に行うために停電部分から回路を完全に切り離す設備です．断路器で切り離されるのは負荷電流や故障電流が流れていない回路です．**図 7.24** に断路器の外観を示します．

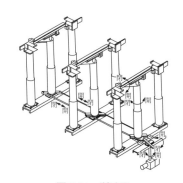

図 7.24　断路器
（出典）財満英一編：『発変電工学総論』, 電気学会, p.330 図 6.26, 2007

(d) 遮断器

　遮断器は地絡や短絡事故が発生したとき，速やかにその部分を系統から切り離し，

回路に接続されている電力機器が大電流や電流遮断時に発生するアーク放電による損傷を防ぐ役目を担っています．**図 7.25** に変電所の中で遮断器（CB）が設置される箇所を示します．

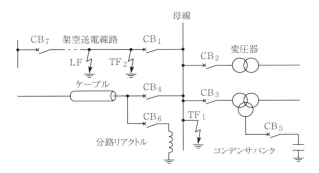

図 7.25　変電所内における遮断器の設置箇所
(出典)『第 6 版 電気工学ハンドブック』, 電気学会, p.743, 18 編 図 2, 2001

遮断器で大電流を遮断するときには接点間にアーク放電が発生します．これは遮断器の接点を開くときに接点温度が急上昇するため，陰極からの熱電子放射や，高電界形成に伴う電界放射が盛んになり，遮断器のギャップ間に放電路が作られるためです．このため，遮断器で回路の大電流遮断を行うには，このアーク放電を消去させる消弧が必要です．消弧の方法として，

① ガスを吹き付けてアークを冷却し電離作用を抑制する方法（冷却），
② 真空にしてアーク中の高密度ガスプラズマを拡散させる方法（真空），
③ アークを引き伸ばし，金属板や耐火性絶縁板の隙間で分割して冷却する方法（分割），
④ 電子を SF_6 のような負性ガスに付着させて電離を抑制する方法（電子付着）

など，様々な方法があり，これらを応用した各種の遮断器が開発されています．

アーク放電が消滅すると，接点間の絶縁が回復し，電圧（回復電圧）が現れます．また，アーク放電が消滅した瞬間からしばらくの間は，回路の過渡現象によって接点間に大きな過渡電圧が加わります．これが再起電圧です．再起電圧によって接点間に再び放電が発生するとこれがアーク放電に成長し，回路は短絡状態となります．これが再発弧（再点弧）です．遮断を成功させるには，絶縁耐力の回復速度が再起

電圧の上昇速度を上回ることが必要です．これらの要件をみたす遮断器として，油遮断器（OCB），空気遮断器（ABB），ガス遮断器（GCB），真空遮断器などがあります．各遮断器の消弧原理と特徴は次の通りです．

① 油遮断器（OCB）

油遮断器は消弧室内の油がアークの熱により分解し，そのとき発生する多量の水素ガスにより消弧が行われます．水素ガスは電子付着率が高く電離を抑制する作用に優れ，しかも熱伝導度が高く，アークを冷却する作用の大きいガスです．

② 空気遮断器（ABB）

空気遮断器はアークに圧縮空気を吹きつけて消弧させます．遮断するときに圧縮空気が送られ，ピストンを押して可動接触子を動かします．接触子間が開くと圧縮空気が可動接触子の内部を通って流れ，アークの軸方向に空気が吹きつけられます．アーク消滅後は残留イオンを吹き飛ばし，圧縮空気により絶縁を回復します．遮断器の重量は小油量型油遮断器の数分の1です．

③ ガス遮断器（GCB）

ガス遮断器は優れた消弧作用と高い絶縁耐力を有するSF_6ガスの特性を利用した遮断器です．**図 7.26** は N_2 ガスと SF_6 ガス中で発生したアーク放電プラズマの温度分布です．図に示されているように，SF_6 ガス中のアーク放電プラズマの温度は N_2 ガスに比べて低く，消弧させ易いガスであることが分かります．絶縁耐力が高く消弧性能のよい SF_6 ガスを用いたガス遮断器は昭和30年代に実用化されましたが，パッファ型が開発されてから実用化が進みました．パッファ型ガス遮断器は一定ガス圧の SF_6 中で接触子とピストンの機械的運動でガス流を作り，圧縮された高圧の SF_6 ガスがノズルを通して電極間に排気され，アークを吹き消します．構造が簡単で大容量の遮断が可能で，しかも信頼性が高いので，変電所で広く利用されています．**図 7.27** にガス遮断器の構造を示します．

第7章 電力輸送システム

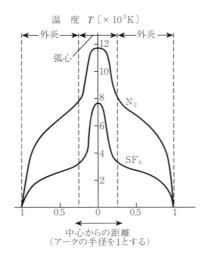

図 7.26　アーク放電の温度分布
(出典) 河野照哉：『新版 高電圧工学』, 朝倉書店, p.53, 図 2.35, 1994

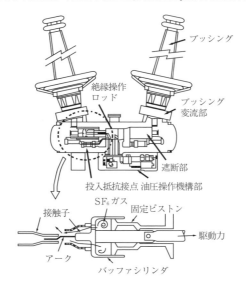

図 7.27　SF_6 ガス遮断器の構造
(出典) 財満英一：『発変電工学総論』, 電気学会, p.318 図 6.23, 2007

(e) GIS

　GIS は母線，遮断器，断路器，接地開閉器，変流器等の機器をステンレス製の円筒内に一括して組み込み，SF_6 ガスで絶縁した複合型の変電機器です．構造は母線となる導体を中心に配した円筒型で，円筒型のケース内に上記の各機器が配置されています．導体はエポキシ樹脂のスペーサで支持されています．図 7.28 は GIS の構成図です．

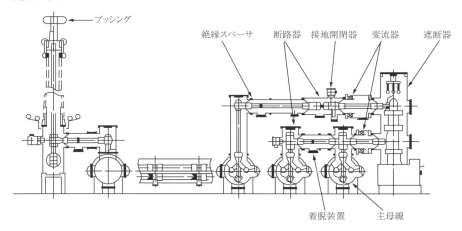

図 7.28　GIS の構成図
(出典)『第 6 版 電気工学ハンドブック』，電気学会，p.763，18 編 図 43, 2007

図 7.29　275kVGIS の外観
(写真提供 東京電力)

図7.29 は 275 kVGIS の外観です．表7.13 は GIS を使用した場合の変電所の面積及び体積の縮小率です．表7.13 のように GIS を用いることにより変電所の占有領域を大幅に減少させることができ，変電所のコンパクト化に大きな役割を果たしています．

表7.13 従来型変電所と GIS を採用した密閉型変電所の占有領域の比較

電圧 [kV]	面積 [m^2]			体積 [m^3]		
	GIS (S_A)	従来型 (S_B)	縮小率 (S_A/S_B)	GIS (V_A)	従来型 (V_B)	縮小率 (V_A/V_B)
66	21	120	0.17	136	1360	0.1
154	37	475	0.077	331	8075	0.041
275	46	1200	0.038	414	28800	0.014
500	90	3706	0.024	900	147696	0.006

(出典) 財満英一：『発変電工学総論』, 電気学会, p.339 表 6.2, 2007

(f) 避雷器

避雷器は過電圧が浸入したときに変電所に設置されている機器を保護する役割を担う装置で，送配電線路に雷サージや開閉サージなどの過渡的な過電圧が浸入したとき，放電によって過電圧を抑制し，過電圧を除去した後の続流を遮断して正規に回復させます．避雷器は，過電圧侵入時には過電圧を抑制し，過電圧が除去された後には，端子間の絶縁を回復し，続流を遮断します．理想的な避雷器の電圧−電流特性は，電流の値にかかわらず端子電圧（制限電圧）を一定に保つ特性です．かつての避雷器は SiC（炭化ケイ素）を用いて（直列ギャップ+SiC）の構成でしたが，1970 年に ZnO（酸化亜鉛）を主体とする非直線性抵抗体が開発された後は ZnO を用いた避雷器が開発され，優れた V−i 特性を有するギャップレス型避雷器の利用が急速に広がっています．図7.30 に ZnO と SiC の V−i 特性の違いを示します．図7.31 に実際の避雷器（碍子型）の構造を示します．

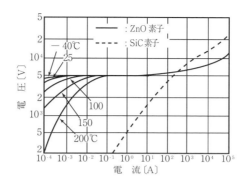

図 7.30　ZnO と SiC の V－i 特性
（出典）宅間董，柳父悟：『高電圧大電流工学』，電気学会，p.194 図 8.20, 1988

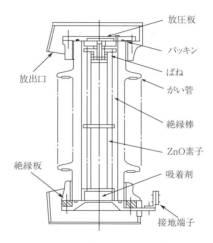

図 7.31　碍子型避雷器の構造
（出典）『第 6 版 電気工学ハンドブック』，電気学会，p.774, 28 編 図 65 (a), 2001

（3）変電所の運転と保守

　変電所は電力輸送システムの中で最も重要な施設であり，事故などが発生すると大停電を生じることになるので，その運転と保守が重要です．変電所の運転操作には，送配電線や母線を含む機器の運転・停止のための開閉器操作，電圧調整器の操作などがあります．近年，変電所には運転操作や機器の状態監視を自動的に行う監視制

273

御装置が導入されており，電圧の調整や，送配電線の再閉路，計器や各種機器の異常の有無の監視などは自動的に行われるようになっています．

一方，変電所を常に正常に運転できるようにするため，変電所に設置されている機器の保守も所員の重要な任務です．この目的のため，変電所では日常の巡視点検や，期日を定めての定期点検，異常が発生した場合などの臨時点検が行われます．点検では機器の動作点検や不調箇所を見出すための設備診断が行われます．例えば，変圧器絶縁体の劣化の有無を調べるため，絶縁油中のガス成分の分析や，ガス絶縁機器の部分放電試験が実施されます．異常が発見された場合には直ちに是正措置が取られます．このような診断分析を自動的に行えるシステムの開発も進んでおり，それらを駆使して保守監視作業が行われています．

7-4 配電システム

(1) 配電システムの構成

送電線によって需要地域に送られた電力は配電変電所から配電線によって工場，オフィスビル，一般家庭などの最終需要家に送られます．また，家庭，工場，オフィスビルなどの需要家では屋内配線を通じて電気エネルギーを需要地まで届けます．図 7.32 は配電システムの概要を示すイラストです．配電線は大きく架空配電線と地中配電線に分けられます．架空配電線は電柱上の碍子に電線を固定して線路を構成し，地中配電線は管路や暗きょ，洞道などに電力ケーブルを布設して線路を構成します．欧米の国では都市部の配電線路は地中配電線が主体ですが，日本ではいまだに電柱に電線を架線した架空配電線が使われています．最近では防災，景観，安全などの観点から配電線の地中化が進められており，大都市地域では地中配電線路が増えています．

（2）配電線路の電気方式

配電線路は使用される電圧により低圧配電線，高圧配電線，特別高圧配電線に区分されます．それぞれの配電線の電圧は次の通りです．

低圧：直流 750 V 以下，交流 600 V 以下　（100，200，100/200，415，240/415 V）

高圧：低圧の限度を超え，7000 V 以下　（3300，6600 V）

特別高圧：7000 V を超えるもの（11000，22000，33000 V）

図 7.32 のように，配電線で需要家に送られる電力は，配電変電所から家庭や工場，ビルなどの需要家の近くまで 6.6 kV の高圧配電線で送られた後，低圧配電線で個々の需要家に届けられます．図 7.33 は配電変電所からの高圧配電線です．図 7.34 のように，高圧架空配電線の配電方式は樹枝状，またはループ状に配置されていて，区分開閉器を通して他の系統と連携しています．この2方式のうち大半が樹枝状の配電線です．

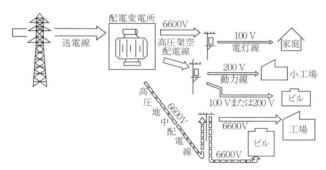

図 7.32　配電システムの構成

（出典）道上勉：『送配電工学（改訂版）』，電気学会，p.154，図 6.1，2001

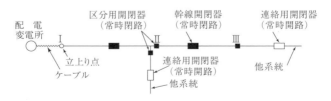

図 7.33　高圧配電系統の構成

（出典）道上勉：『送配電工学（改訂版）』，電気学会，p.295，図 6.2，2003

第7章 電力輸送システム

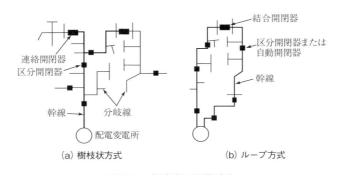

図 7.34　架空高圧配電系統

（出典）道上勉:『送配電工学（改訂版）』, 電気学会, p.295, 図 6.2, 2003

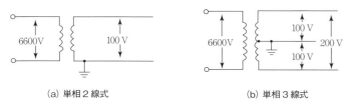

図 7.35　低圧配電線の給電方式

（出典）道上勉:『送電・配電（改訂版）』, 電気学会, p.162, 図 6.7, 2001

　一般家庭などには高圧配電線から分岐した低圧配電線で給電されます．**図 7.35** に示すように，低圧配電線の給電方式には単相2線式と単相3線式があり，一般の家庭には単相2線式で，動力電源を必要とする需要家には単相3線式で給電が行われています．ただし，近年では家庭向けの配電線の場合にも引き込み口までは単相3線式で給電されており，必要に応じて200 V電源の配線が行えるようになっています．

　電力の需要の大きい大都市では 20 kV 配電が採用されています．特に過密な地域では 20 kV 地中配電方式で給電が行われており，2次側ではスポットネットワーク方式，または，レギュラーネットワーク方式で電力が供給されています．20 kV 架空配電は大規模ニュータウンや，新設の工業団地などへの給電に採用されています．20 kV 級配電線の供給方式として次の3つがあります．

(a) **直接供給方式**

　　大口の需要家に対して直接 20 kV 級配電線で供給する方式

(b) 低圧・直接遍降供給方式

　20 kV 配電線より変圧器を介して電圧を下げ一般の低圧需要家に供給する方式

(c) 20 kV/6.6 kV 級配電塔供給方式

　20 kV 配電線から配電塔を介して低圧に変換し需要家に供給する方式

　20 kV 地中配電に用いられているスポットネットワーク方式は図7.36 (a) のように，22 kV 変電所から3回線の配電線で受電し，変圧器の2次側を1つの母線で並列し，その母線に接続された幹線でビル内の負荷に供給します．1次側の遮断器を省略し，2次側にネットワークプロテクターを用いている点に特徴があります．レギュラーネットワーク方式は図7.36 (b) に示すように，2回線以上の配電線から分岐し，どの回線に事故が発生しても無停電で供給できるようにした方式で，商店街や繁華街などに適用されています．

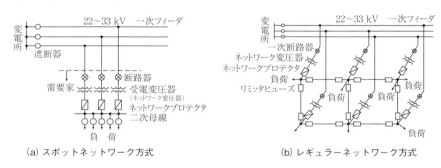

図 7.36　22 kV 地中配電線のネットワーク方式

（出典）道上勉：『送電・配電（改訂版）』，電気学会，p.187 図 6.27，p.188，図 6.28，2001

　地中配電線に事故が発生した場合には故障の復旧に相当の時間が必要になるので，あらかじめ，系統を連携させておくことが必要です．無停電供給のための連携のやり方として，(a) ネットワーク方式，(b) 本線・予備線方式，(c) 連絡線方式，などがあります．図7.37 にこれらを示します．(a) のネットワーク方式と (b) の本線・予備線方式は特別高圧の配電線に，(c) の連絡線方式は高圧配電線に用いられています．

第7章 電力輸送システム

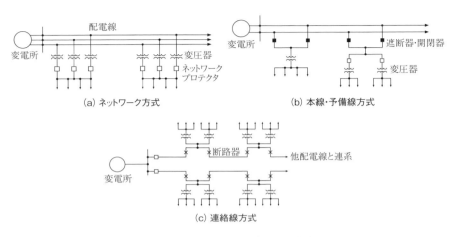

図 7.37　22kV 地中配電線の連携方式

（出典）道上勉：『送配電工学（改訂版）』，電気学会, p.348 図 6.35, 2001

（3）架空配電線とその設備

図 7.38 は架空配電線の概略図です．図のように，架空配電線を構成するには支持物，電線，碍子，変圧器，開閉器，カットアウトスイッチなどの部品が必要です．

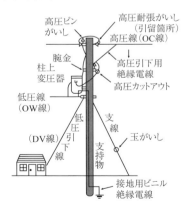

図 7.38　架空配電線の概略図

（出典）道上勉：『送電・配電（改訂版）』，電気学会, p.154, 図 6.1, 2001

(a) 支持物

　支持物（電柱）は配電線の電線や変圧器などを支持する柱で，木柱，鉄筋コンクリート柱，複合柱などがあります．配電線用のコンクリート柱は長さ 10～16 m，末口直径 190 mm，テーパ $\frac{1}{75}$ の鉄筋コンクリートが使用されています．木柱は長さ 7～16 m で，表面に防腐剤を塗布したものが使用され，支持物は今日ではほとんどがコンクリート柱となっています．これらの電柱に電線，変圧器，開閉器などを取りつけますが，架線の配列の仕方には水平装柱と垂直装柱があります．水平装柱は古くから採用されている方法です．垂直装柱は架線がやや難しいものの，建物との離隔が取りやすく，高所作業車を利用すれば作業がしやすい利点があります．変圧器の取りつけ方法には変台装柱と懸ハンガ装柱があります．変台装柱は腕金などで台を組み，その上に変圧器を取りつける方法です．図 7.39 に架空配電線の水平装柱，垂直装柱と変圧器の変台装柱を示します．

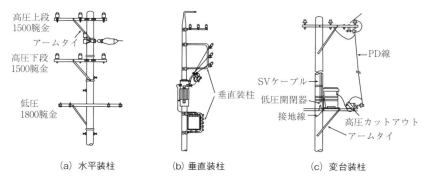

(a) 水平装柱　　(b) 垂直装柱　　(c) 変台装柱

図 7.39　架空配電線の装柱

（出典）『第 6 版電気工学ハンドブック』，電気学会，p.1344，30 編 図 23，図 24，2001

(b) 電線

　図 7.40 は電柱に電線が架線されている状況を示した図です．図に示すように，高圧架空配電線には OE 線（屋外用ポリエチレン電線）または OC 線（屋外用架橋ポリエチレン電線）が，低圧架空配電線には OW 線（屋外用ビニル絶縁電線）が，高圧架空配電線と柱上変圧器間には高圧引き下げ線が，低圧架空配電線から需要家への引き込みには引き込み線がそれぞれ用いられます．

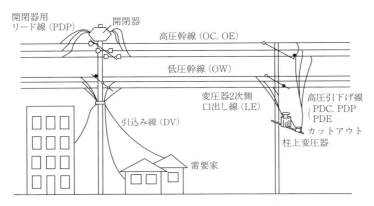

図 7.40　架空配電線路に使用される電線
(出典) 日立電線株式会社編：『電線便覧』p.566, 1989

　架空配電線に用いられる電線は，安全上の目的から，導体を絶縁材料で被覆した絶縁電線，または架空ケーブルを使用するように定められています．これらの電線の導体には銅とアルミニウムが使用されています．使用する電線のサイズなどは電線の許容電流，損失，機械的強度などを考慮して決められます．**表 7.14** に銅導体を使用した架空配電線に用いられる電線を，許容電流とともに示します．**図 7.41** は配電線に使用される高圧架空ケーブルの断面構造です．

表 7.14　架空配電線に使用される電線

NO	用　途	電　　線	記号	導体断面積 [mm^2]	許容電流 [A]
1	高圧配電線	屋外用ポリエチレン絶縁電線	OE	5〜200	110〜445
		屋外用架橋ポリエチレン絶縁電線	OC	5〜200	140〜585
2	低圧配電線	屋外用ビニル絶縁電線	OW	2〜200	26〜240
3	高圧配電線と変圧器間の連結線	高圧引き下げ線	PDC	2〜150	—
			PDP	2〜30	—
4	低圧配電線と需要家間の結線	引き込み線	DV	8〜60	—

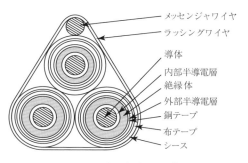

図 7.41　高圧架空ケーブル

（出典）道上勉：『送電・配電（改訂版）』, p.127, 図 6.17

(c) 碍子

　碍子は電線を電柱に固定し絶縁するために使用されますが，種類として高圧ピン碍子，耐張碍子，中実碍子などに分けられます．これらを**図 7.42(a)〜(c)** に示します．

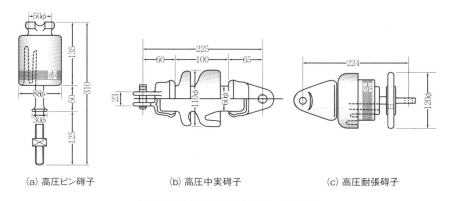

(a) 高圧ピン碍子　　　　(b) 高圧中実碍子　　　　(c) 高圧耐張碍子

図 7.42　架空配電線に用いられる碍子

（出典）道上勉：『送電・配電（改訂版）』, 電気学会, p.157, 図 6.4, 2001

(d) 柱上変圧器，開閉器

　柱上変圧器は高圧配電線の電圧を降圧し，需要家に供給するための変圧器で，1次側が 6.6 kV，2次側が 105 V または 210 V の変圧器です．鉄心には通常はケイ素鋼板が用いられていますが，一部でアモルファス金属を使用した変圧器も使用され

ています．区分開閉器には油入開閉器が使用されていましたが，最近では防災上の観点から真空開閉器，気中開閉器，ガス開閉器などが使用されています．

(4) 地中配電線とその設備

地中配電線は地下に建設された配電線路です．配電線を地中化することにより
① 都市の美観が向上する
② 自然災害に対する信頼性が向上する
③ 設備の安全性が向上する

という利点があります．ただし，事故が発生した場合には復旧に時間がかかるといった難点はあります．欧米では古くから都市の美観を向上させる目的で地中配電線が普及していますが，建設コストが大幅に増大するため，日本では配電線の地中化が遅れているのが現状です．しかしながら近年，計画的に配電線の地中化が進められており，大規模な商業地区やオフィス街などに地中配電線が建設され，都市部の美観の改善が進んでいます．

図 7.43 は地中配電線路の概要です．図のように，地中配電線路は電力ケーブル（高圧ケーブル，低圧ケーブル），地上用変圧器，多回路開閉器，低圧分岐装置などで構成されています．

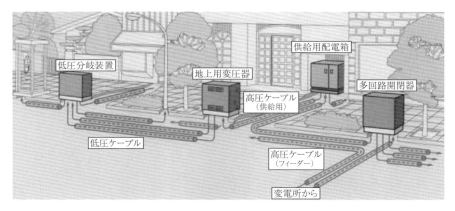

図 7.43　地中配電線の概要
（図面提供 東京電力株式会社）

(a) 地中配電用電力ケーブル

今日では地中配電線路のフィーダーとして使用される電力ケーブルにはCVケーブルが広く用いられています．CVケーブルの構造は**図7.44（a）**のような3芯ケーブルと，**図7.44（b）**のような，単心ケーブルを3本より合わせたトリプレックス型ケーブルが使用されています．**表7.15**に管路布設ケーブルの許容電流の例を示します．ケーブルの布設方式は送電ケーブルの場合と同様で，直埋式，管路式，暗きょ式があります．

(a) 3芯CVケーブル　　　　(b) トリプレックス型CVケーブル

図7.44　地中配電用ケーブル

表7.15 管路布設CVケーブル（3.3 kV，6.6 kV）の許容電流 [A]

導体サイズ [mm²]	3芯CVケーブル（共通シース）		トリプレックス型CVケーブル	
	1孔1条	4孔4条	1孔1条	4孔4条
325	475	360	515	380
250	405	310	445	335
200	360	280	390	295
150	305	240	330	250
100	235	185	260	200
60	175	140	190	150

(b) 地中配電用変圧器

地中配電用変圧器は6600 Vの電気を一般家庭で使用する低圧（100 V/200 V）に変換するためのもので，架空配電線用の変圧器3台分をまとめ，開閉器とヒューズを内蔵したコンパクトな構造のパッドマウント変圧器です．

(c) 多回路開閉器

多回路開閉器は 6600 V の系統でフィーダーから分岐線を数回路分岐するための装置で，開閉器数回路分一体化したもので，工事などで電気を停める必要がある場合や，万一の停電時に，電気の流れを切り替えるために設置されています．

(d) 低圧分岐装置

低圧分岐装置は一般家庭へ電気を供給するため各戸用に電気を分配する装置で，電柱と同様の役割を果たし，最大で8箇所まで分配できます．

図 7.45～図 7.47 に地中配電用変圧器，多回路開閉器，低圧分岐装置の構成と外観を示します．

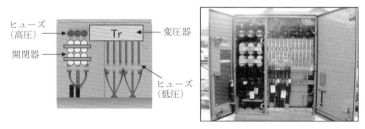

図 7.45　地中配電用変圧器
(図面・写真提供 東京電力株式会社)

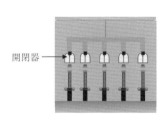 

図 7.46　地中配電用多回路開閉器
(図面・写真提供 東京電力株式会社)

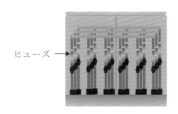

図 7.47　地中配電用低圧分岐装置
(図面・写真提供 東京電力株式会社)

(5) 屋内配線

屋内配線は送配電システムの最終部分です．ここでは使用される電力の大きさや負荷の種類によって，各種の結線方式が採用されています．電灯や小型器具の動力には単相の電力が，モータなどの動力負荷を含む場合には3相電力が利用されます．ビルディングや工場などには高圧，または特別高圧の電力が供給されます．屋内配線の材料や工事が適切でないと，火災や感電などの事故を発生させる原因となるので，工事材料の選定や工事方法は電気設備技術基準，内線規定，電気用品安全法などの規則や法令に基づいて実施することが規定されています．

(a) 住宅

住宅内には電灯や家庭用電気器具を使用するための屋内配線を行うことが必要です．必要な箇所で電灯が点灯でき，電気器具類をどこでも使用できるようにコンセントを分散して配置する配線が望ましいといえます．

(b) 大型ビル

必要な電力量に応じて，3.3 kV，6.6 kV，22 kV，33 kV，66 kV などの電圧で受電し，自家用変電設備で変成を行います．規模の大きなビルの場合にはスポットネットワーク方式が採用される場合もあります．電灯回路の幹線は 100 V/200 V 単相 3 線式か 400 V 3 相 4 線式を用い，分岐回路に 100 V 単相 2 線式または 200 V 単相 2 線式を用い，動力回路には 200 V または 400 V の 3 相 3 線式が使用されます．

(c) 工場

一般的には電灯回路,動力回路とも大型ビルと同様の配線が採用されますが,工場の事情によってさまざまな屋内配線が行われます.

表7.16は電灯負荷とモータ負荷の違いを勘案しながら,屋内配線の配電方式を整理した表です.

表7.16 負荷別にみた配電方式

配電方式	電灯負荷	モータ負荷	その他の負荷
100 V 単相2線式	小口需要の電灯	小型モータ	家庭用電気機器 小型電熱器
100/200 V 単相3線式	住宅,事務所,店舗,小工場などの照明	—	大型家庭用電気機器,工業用電熱器,大容量暖房器具,医療用大型器具
200 V 3相3線式	—	低圧モータ	
400 V 3相4線式	工場,大型ビルなどの照明	中容量モータ	
3.3 kV, 6.6 kV 3相3線式	—	大容量高圧モータ	—

(出典)『電気工学ハンドブック』,電気学会,p.1334, 30編 表1, 2001

演習問題

(1) 送電線路において送電電圧を高くする理由はなぜか.また単相2線式の代わりに3相3線式を用いる場合,電線1線あたりの送電電力は何倍になるか.

(2) 架空送電線路の雷害防止のために用いられる対策について述べよ.

(3) 架空送電線路の塩じん被害対策として誤っている事項を選択せよ.

　① 碍子の個数を増加する

　② 碍子をV吊りにする

　③ 碍子の表面にシリコン処理を行う

　④ スモッグ碍子を用いる

　⑤ 活線洗浄を定期的に実施する

(4) 電力ケーブルの損失は,導体内に発生する[　　　]損,絶縁体内に発生する[　　　]損,シースに発生する[　　　]損などがある.

(5) 地中電線路において，電力ケーブルの芯線数 n を，交流導体実効抵抗を r [Ω/cm]，導体最高許容温度を T_1 [℃]，大地の基礎温度を T_2 [℃]，誘電損による温度上昇を T_d [℃]，ケーブル導体から地表面までの全熱抵抗 R_{th} [℃cm/W] とするとき，次の問いに答えよ．
　① ケーブルの発熱量と放熱量をそれぞれ求めよ．
　② ケーブルの発熱量と放熱量が等しいことを用い，電力ケーブルの許容電流を求めよ．
(6) ガス絶縁開閉装置の特徴について述べた次の文章のうち，誤っているのはどれか．
　① 爆発の危険がない
　② 装置の縮小化が可能である
　③ 内部事故時の復旧が容易である
　④ 装置の劣化が少ない
　⑤ 充電部が露出していない
(7) 酸化亜鉛型避雷器の特徴について述べた次の文章のうち，誤っているのはどれか．
　① 直列ギャップがないため，放電電圧－時間特性に関係する問題がない
　② 微少電流から大電流サージ領域まで高い直線抵抗特性を示す
　③ 素子の単位体積あたりの処理エネルギーが大きいので，寸法構造を小型化できる
　④ SF_6 ガス絶縁機器に組み込まれた場合，ギャップ中のアークによる分解ガス生成の問題がない
　⑤ 並列素子数を増加することにより，許容される吸収エネルギーの増加がはかれる
(8) わが国の高圧配電系統に非接地方式が主に採用されている理由について述べよ．
(9) 直流送電方式の長所と短所を述べよ．

演習問題解答

第2章

(1) p37 参照

(2) $\dfrac{1}{2}\rho v^2$

(3) プロペラ水車＞フランシス水車＞ペルトン水車

(4) (b)

(5) ［位置］［圧力］［電力貯蔵］

(6) ［流入水量］［フランシス］［ガイドベーン］［ペルトン］［ニードル弁］

(7) ペルトン水車のノズル1個あたりの出力 P は

$$P = \dfrac{40 \times 10^3}{4} = 10000 \text{ kW}$$

である．比速度の基本公式に代入すると

$$N_S = N \dfrac{P^{\frac{1}{2}}}{H^{\frac{5}{4}}} = 500 \times \dfrac{10000^{\frac{1}{2}}}{625^{\frac{5}{4}}} = 16 \text{ m} \cdot \text{kW}$$

(8) 最大使用水量を Q [m³/s]，有効落差を H [m]，効率を η とすると，最大出力 P_m は

$$P_m = QgH\eta = 9.8 \times 10 \times 256 \times 0.86 = 21576 \text{ kW}$$

(9) 揚水発電所の揚水にかかる電力に揚水にかかる時間を乗ずることで必要電力量を求めることができる．つまり，下部池から T 時間で揚水するときにその流量 Q は

$$Q = \dfrac{V}{3600T} = \dfrac{6 \times 10^6}{3600T} \text{ [m/s]}$$

となるため，揚水時の所用動力 P_m は

$$P_m = N \dfrac{gQH_P}{\eta_m \eta_P} = \dfrac{9.8 \times \dfrac{6 \times 10^6}{3600T} \times 225}{0.98 \times 0.88} \text{ [kW]}$$

したがって，揚水時に必要な電力量 W は

$$W = P_\mathrm{m} \times T = \frac{9.8 \times \dfrac{6 \times 10^6}{3600 T} \times 225}{0.98 \times 0.88} T = \frac{9.8 \times 6 \times 10^6 \times 225}{3600 \times 0.98 \times 0.88} = 4.26 \times 10^6 \text{ kWh}$$

第3章

(1) p.86 参照

(2) (ア) 等圧受熱　(イ) 等圧受熱　(ウ) 等圧過熱　(エ) 断熱膨張　(オ) 等圧凝縮

(3) [蒸気圧力] [湿り度] [蒸気温度] [再熱器] [再熱]

(4) 電気集塵機

(5) [ガスタービン] [蒸気タービン] [熱効率] [排熱回収] [ガスタービン] [蒸気タービン]

　　[排熱回収ボイラ] [蒸気タービン] [p.103 表3.8 参照]

(6) [排気蒸気] [真空度] [圧力差] [効率]

(7) 蒸気と水のエンタルピーの差を ΔH とすると, $\Delta H = 2800 - 760 = 2040$ kJ/kg

　　つぎに t の水が得た全熱量を Q とすると $Q = \Delta H W$

　　したがって $Q = 2040 \times 1 \times 10^3 = 2.04 \times 10^6$ kJ

(8) タービン効率 η_t は

$$\eta_\mathrm{t} = \frac{\text{タービンで発生した機械的出力}}{\text{タービンで消費した熱量}} = \frac{3600 P_\mathrm{T}}{Z(i_\mathrm{s} - i_\mathrm{e})}$$

$$= \frac{3600 \times 75000}{320 \times (3390 - 2340)} = 0.8036$$

答：80.4 %

タービン室効率 η_t は,

$$\eta_\mathrm{t} = \frac{\text{タービンで発生した機械的出力}}{\text{ボイラで発生した蒸気の発熱量}} = \frac{3600 P_\mathrm{T}}{Z(i_\mathrm{s} - i_\mathrm{w})}$$

$$= \frac{3600 \times 75000}{320 \times 10^3 \times (3390 - 150)} = 0.260$$

答：26.0 %

(9) 発電端熱効率 η_P は

$$\eta_t = \frac{発電機で発生した電気出力}{ボイラに供給した燃料の発熱量} = \frac{3600 P_G}{BH}$$

$$= \frac{3600 \times 500000}{105 \times 10^3 \times 44000} = 0.390$$

答：39.0 %

発電端熱効率 η_P は，ボイラ効率 η_B，タービン室効率 η_T および発電機効率 η_g の積であるから

$$\eta_B = \frac{\eta_P}{\eta_r \, \eta_g} = \frac{0.39}{0.45 \times 0.99} = 0.875$$

答：87.5 %

第 4 章

(1)

核種	$^2_1$H	$^3_1$H	$^3_2$He	$^7_3$Li
元素名	重水素	三重水素	ヘリウム	リチウム
陽子数	1	1	2	3
中性子数	1	2	1	4

核種	$^{95}_{42}$Mo	$^{135}_{55}$Cs	$^{137}_{57}$La	$^{232}_{90}$Th	$^{239}_{94}$Pu
元素名	モリブデン	セシウム	ランタン	トリウム	プルトニウム
陽子数	42	55	57	90	94
中性子数	53	80	80	142	145

(2) 半減期 T_h は $T_h = \ln\frac{1}{\lambda} = \frac{0.6931}{\lambda}$ で表されるため，^{238}U，^{235}U それぞれについての λ は，

$$\lambda_{238} = \frac{0.6931}{4.51 \times 10^9} = 1.537 \times 10^{-10}$$

$$\lambda_{235} = \frac{0.6931}{7.13 \times 10^8} = 9.72 \times 10^{-10}$$

現在の量を N, 元の量を N_0 とする時, 次式が成立する.
$$N = N_0 \times \exp(-\lambda t)$$
したがって,
$$N_0 = \frac{N}{\exp(-\lambda t)} = N \times \exp(\lambda t)$$
4.7×10^9 年前の ^{235}U の量を a, ^{238}U の量を b とすると
$$a = 0.072 \times \exp(9.72 \times 10^{-10} \times 4.7 \times 10^9)$$
$$= 0.072 \times 96.39$$
$$= 6.94$$
$$b = 0.9928 \times \exp(1.537 \times 10^{-10} \times 4.7 \times 10^9)$$
$$= 0.9928 \times 2.06$$
$$= 2.045$$
$a + b = 100$ %とすると,
$$a : b = \frac{6.94}{6.94 + 2.045} : \frac{2.045}{6.94 + 2.045}$$
$$= 0.772 : 0.228$$

答：ウラン238：2.05倍　ウラン235：6.9倍　組成比77.2％：22.8％

(3) ［中性子］［2］［中性子］［質量欠損］［MeV］
(4) ①核燃料　②制御材　③減速材　④冷却材
(5) ［低濃縮ウラン］［天然ウラン］［ウラン238］［中性子］［プルトニウム239］
(6) ④
(7) ①原子炉圧力容器　②加圧器　③蒸気発生器　④給水ポンプ
(8) ［低濃縮ウラン］［冷却材］［蒸気発生器］［再循環］
(9) ［燃料］［ベースロード］［制御棒］［反応度］［再循環流量］
(10) 質量1gのウラン235が全部核分裂した場合, 質量欠損は
$$1 \times 10^3 \times 0.09 \times 10^{-2} = 9 \times 10^{-7} \text{ kg}$$
である. また, この質量から得られるエネルギーは
$$E = mc^2 = 9 \times 10^{-7} \times (3 \times 10^8)^2 = 81 \times 10^9 \text{ J}$$
となる. 重油の発熱量が 40000 kJ/ℓ = 40×10^6 J/ℓ であるから

$$\frac{81 \times 10^9}{40 \times 10^6} = 2025\ \ell$$

(11) 質量 1 g のウラン 235 が全部核分裂した場合,得られるエネルギーは

$$E = mc^2 = 0.09 \times 10^{-2} \times 9 \times 10^{-7} \times (3 \times 10^8)^2 = 81 \times 10^9\ \text{J}$$

また 1 J = 1 Ws であるから,3600 J = 3600 Ws = 1 Wh となることから発生電力量 W は

$$W = \frac{E}{3600}\eta_P = \frac{8.1 \times 10^{10}}{3600} \times 0.32 = 7.2 \times 10^6\ \text{Wh} = 7.2 \times 10^3\ \text{kWh}$$

(12) 天然ウラン 150 t 中に含まれるウラン 235 の量 m は

$$m = 150 \times 10^6 \times 0.007 = 1.05 \times 10^6\ \text{g}$$

このウラン 235 がすべて核分裂して発生するエネルギー E は

$$E = 8.2 \times 10^{10}\ m = 8.61 \times 10^{16}\ \text{Ws} = \frac{8.61 \times 10^{16}}{3600} = 2.39 \times 10^7\ \text{MWh}$$

したがって発電所の熱効率を考慮すると,運転できる日数 d は

$$d = \frac{E\eta_P}{1000 \times 24} = \frac{2.39 \times 10^7 \times 0.33}{1000 \times 24} = 329$$

(13) 1 g のウラン 235 が核分裂したときに発生するエネルギーを e [Ws],原子力発電所の熱効率を η_P と知ると,発生電力量 W は,

$$W = \frac{e}{3600}\eta_P = \frac{9 \times 10^{10}}{3600} \times 0.33 = 8.25 \times 10^6\ \text{Wh}$$

答:8.25 MWh

つぎに石炭の消費量を B [kg],石炭の発熱量を H [kJ/kg],火力発電所の熱効率を η_P とすると,発生電力量 W は

$$W = \frac{BH\eta_P}{3600}$$

で表される.上式を変形して

$$B = \frac{3600W}{H\eta_P} = \frac{3600 \times 8.25 \times 10^3}{25100 \times 0.38} = 3110\ \text{kg}$$

第5章

(1) 半導体の一種である太陽電池は，バンドギャップを超える光エネルギーを受けると発電を行う．理論的に発電可能な変換効率のバンドギャップに対する関数として表したものを理論限界変換効率曲線というが，この値の最大値がおよそ28％であるため，これより高い変換効率を得ることは不可能である．

(2) $3.1 \times 4 \times 365 = 4526$ kWh

(3) 風速を v [m/s]，プロペラの受風面積を A [m^2]，空気密度を ρ [kg/m^3]，出力係数を Cp とすると，風車の出力 P は

$$P = C_p \frac{1}{2} \rho A v^3$$

であらわされる．したがって得られる出力は

$$P = 0.4 \times \frac{1}{2} \times 1.2 \times \pi \times \left(\frac{20}{2}\right)^2 \times 10^3 = 753.6 \text{ kW}$$

第6章

(1) 燃料極：$H_2 + CO_3^{2-} \rightarrow H_2O + CO_2 + 2e^-$，空気極：$\frac{1}{2} O_2 + CO_2 + 2e \rightarrow CO_3^{2-}$

(2) 電気エネルギー [J] は起電力 V と電気量 [C] の積で表すことができる．またファラデー定数 F は $F = 9.65 \times 10^4$ C/mol である．つまり，起電力 V は電気エネルギー÷電気量で表される．

ここでエンタルピー変化 ΔH が $\Delta H = 2.372 \times 10^5$ J/mol であることから，

$$\frac{\Delta H \text{ [J/mol]}}{F \text{ [C/mol]}} = \frac{2.372 \times 10^5}{9.65 \times 10^4} = 2.458 \text{ J/C} = 2.458 \text{ V}$$

第7章

(1) 線間電圧を V，線電流を I，力率を $\cos \theta$ とすると，単相2線式の負荷電力 P_2 は，

$$P_2 = VI \cos \theta$$

つぎに三相3線式の負荷電力 P_3 は

$$P_3 = \frac{\sqrt{3}}{3} VI \cos \theta$$

と表されるから，各々1線あたりの送電電力の比を求めると

$$\frac{\frac{\sqrt{3}}{3}VI\cos\theta}{\frac{1}{2}VI\cos\theta} = \frac{2}{\sqrt{3}} \approx 1.15$$

(2) 架空地線の設置，埋設地線の設置，アークホーンの導入，アーマロッドの導入，不平等絶縁方式，高速度再閉路方式，送電用避雷装置

(3) 「がいしをV吊りにする」．ただし，がいしのV吊りは塩じん害地域において過絶縁対策のために用いられることがあります．

(4) ［抵抗］［誘電体］［シース回路，またはシース渦電流］

(5) ケーブル放熱量：$nI^2 r + \dfrac{T_\mathrm{d}}{R_\mathrm{th}}$

ケーブル発熱量：$\dfrac{T_1 - T_2}{R_\mathrm{th}}$

$nI^2 r + \dfrac{T_\mathrm{d}}{R_\mathrm{th}} = \dfrac{T_1 - T_2}{R_\mathrm{th}}$ から $I = \sqrt{\dfrac{T_1 - T_2 - T_\mathrm{d}}{nrR_\mathrm{th}}}$ ［A］

(6) ガス絶縁開閉装置は円筒形容器中にSF6ガスを封入し，ここに母線，遮断器，断路器などを収納した構造になっているため，ひとたび内部事故が起きた場合，その復旧にはたいへん困難となる．

(7) 酸化亜鉛型避雷器は高い非線形性を示す

(8) 1線地絡時の故障電流および電磁誘導障害を低く抑えることができ，低圧線が混在している場合においても低圧線に与える影響が少ないことから非接地方式が採用されている．

(9) 長所：

・安定度が高く電線許容電流限度まで送電可能

・電圧降下・電力損失が小さい

・充電容量に対する補償装置が不要

・異なる周波数での連携が可能である

・導体数が2条でよいため線路建設費用が小さい

短所

・交直変換装置・無効電力供給減が必要

・電食問題を起こす恐れがある

・高調波対策が必要である
・遮断時の持続電流遮断が困難
・系統構成の自由度が低い

参 考 文 献

全 般

1. 向坊 隆 編：岩波講座 基礎工学『エネルギー論』（岩波書店）
2. 藤井 康正，茅 陽一：岩波講座 現代工学の基礎『エネルギー論』（岩波書店）
3. 伊東 弘一 ほか：『エネルギー工学概論』（コロナ社）
4. 関根 泰次，堀米 孝：電気学会 大学講座『エネルギー工学概論』（電気学会）
5. 関根 泰次：電気学会大学講座『エネルギー工学序論』（電気学会）
6. 高橋 一弘 編：『エネルギーシステム工学概論』（電気学会）
7. 山本 孟，鈴木 正義，高橋 三吉：新編電気工学講座『発変電工学』（コロナ社）
8. 吉川 榮和，垣本 直人，八尾 健：電気学会大学講座『発電工学』（電気学会）
9. 道上 勉：『発電・変電（改訂版）』（電気学会）
10. 財満 英一 編：電気学会大学講座『発変電工学総論』（電気学会）
11. 福田 務，相原 良典：『絵とき電力技術』（オーム社）
12. John Andrews and Nick Jelly："Energy Science"（Oxford University Press）
13. 『第 6 版 電気工学ハンドブック』（電気学会）
14. 2007 年版『理科年表』（丸善）
15. 『エネルギー白書 2016』，『エネルギー白書 2017』（資源エネルギー庁）
16. 資源エネルギー庁公式ホームページ

第 1 章 エネルギーの概念

17. 谷 辰夫，小山 茂夫，大野 吉弘：『エネルギー変換工学』（コロナ社）
18. 河野 照哉：『電気磁気学』（丸善）
19. 霜田 光一：『歴史を変えた物理実験』（丸善）

第 2 章 水力発電

20. 小谷 正雄 編：『物理学』（裳華房）
21. 松平 升，大槻 義彦，和田 正信：理工教養『物理学』（培風館）

22. 江間 敏，甲斐 隆章：『電力工学』（コロナ社）
23. 電気学会大学講座『水力発電』（電気学会）
24. 東京電力株式会社公式ホームページ
25. 中部電力株式会社公式ホームページ

第3章 火力発電

26. 小野 周：『熱力学』（岩波講座基礎工学，岩波書店）
27. 小出正一郎 ほか：『NEW SCIENCE AGE 11 エントロピーとは何だろう』（岩波書店）
28. 棚沢 一郎，増子 昇，高橋 正雄 電気学会大学講座：『エネルギー基礎論』（電気学会）
29. 瀬間 徹 監修：『火力発電総論』（電気学会）
30. 斎藤 孟 ほか：『熱機関演習』（実教出版）
31. 火力原子力発電 2008年10月号 特集 コンバインドサイクル発電
32. 田中 博成，白井 弘孝，堀 哲哉『熱回収ボイラー』火力原子力発電 59巻，10号，p.87-92（2008/10）
33. 『平成28年環境白書』（環境省）
34. 環境省の公式ホームページ
35. 国立環境研究所の公式ホームページ
36. 地球環境産業技術研究機構の公式ホームページ
37. 三菱重工株式会社公式ホームページ

第4章 原子力発電

38. 『原子力エネルギー図面集2016』（日本原子力文化振興財団）
39. 2013年度版『エネルギー白書』（資源エネルギー庁）
40. 『原子力－その今と明日を考えるために－』（日本原子力文化振興財団）
41. 『日本経済新聞』（日本経済新聞社）
42. 『原子力・エネルギー図面集2013』（日本原子力文化振興財団）
43. 安 成弘，若林 宏明：電気学会大学講座『基礎原子力工学』（電気学会）
44. 須田 信英：『原子炉の動特性と制御』（同文書院）
45. 木越 邦彦：『核化学と放射化学』（裳華房）
46. 菅野 卓二：『やさしく語る放射線』（コロナ社）
47. 舘野 之男：『放射線と健康』（岩波新書，岩波書店）

第5章 再生可能エネルギーによる発電

48. シャープ株式会社ホームページ
49. 斎藤 勝裕：『よくわかる太陽電池』（日本実業出版社）

50．清水 幸丸：『風力発電入門』（パワー社）
51．文部科学省：『科学技術白書』
52．『Newton』 2009年9月号「太陽光発電」
53．『Forbes』 2007年11月号 p.82-89「次世代エネルギー"ソーラー・パワー"の旗手たち」

第6章 燃料電池発電

54．堤 敦司，槌屋 治紀：『燃料電池 実用化への挑戦』（工業調査会）
55．日本電池工業会ホームページ
56．水素・燃料電池実証プロジェクトJHFCホームページ

第7章 電力輸送システム

57．河野 照哉：『送配電工学』（朝倉書店）
58．道上 勉：『送電・配電（改訂版）』（電気学会）
59．道上 勉：電気学会大学講座『送配電工学（改訂版）』（電気学会）
60．河野 照哉：電気工学基礎講座『新版 高電圧工学』（朝倉書店）
61．岸 啓二：『高電圧技術』（コロナ社）
62．電気学会編『がいし』（電気学会）
63．飯塚 喜八郎編：『電力ケーブル技術ハンドブック』（電気書院）
64．日立電線株式会社編：『電線ケーブルハンドブック』（山海堂）
65．日立電線株式会社編：『電線便覧』（日立電線）
66．『地中送電線の送電容量設計』電気協同研究 第53巻3号，1997（社団法人 電気協同研究会）
67．『CVケーブル線路における工事技術の現状と今後の展望』電気協同研究 第61巻 第1号，2005（社団法人 電気協同研究会）
68．宅間 董，柳父 悟：『高電圧大電流工学』電気学会，1988
69．鎌田 譲，前島 正一：『油入大容量変圧器の新しい絶縁技術』電気学会B部門誌，112巻4号，p.289-293，1992/4

索　引

数字

1$\frac{1}{2}$遮断器方式 ……………………… 262
1次エネルギー …………………………… 19
1次エネルギーの供給量 ………………… 4
1次回収 …………………………………… 13
1次電池 ………………………………… 225
1次変電所 ……………………………… 262
1次放射性核種 …………………… 157, 158
1次巻線 ………………………………… 264
1条布設 ………………………………… 255
20kV架空配電 ………………………… 276
20kV級配電線の供給方式 …………… 276
20kV地中配電 ………………………… 277
20kV地中配電方式 …………………… 276
2原子分子 ………………………………… 8
2次回収 …………………………………… 13
2次電子 ………………………………… 163
2次電池 ………………………………… 226
2次変電所 ……………………………… 262
2次放射性核種 ………………………… 158
2次巻線 ………………………………… 264
2次冷却系 ……………………………… 173
2次冷却材 ……………………………… 152
2次冷却水 ……………………………… 173
3次回収 …………………………………… 13
3条布設 ………………………………… 255
3相3線式 ……………………………… 285
3相4線式 ……………………………… 285
3相電力 ………………………………… 285
4バスタイ方式 ………………………… 262

A

ACSR ……………………………… 244, 247
AS線 …………………………………… 244
A重油 …………………………………… 93

B

BNケーブル …………………………… 260
B重油 …………………………………… 93

C

CO ……………………………………… 112
CO_2 ……………………… 18, 111, 120, 121
CO_2削減 ……………………………… 117
CO_2濃度 ……………………………… 111
CO_2発生量 …………………………… 127
COP …………………………………… 117
COP3 ………………………………… 117
CVケーブル
　　　　　　 249, 251, 252, 253, 259, 260
CVケーブルの接続 …………………… 257
C重油 …………………………………… 93

D

DNA …………………………… 162, 164
DNAの損傷 …………………………… 164

E

EPR …………………………………… 260
EPRケーブル ………………………… 260

F

FRP管 ………………………………… 255

G

GIS …………………………………… 271

索 引

I
IAEA ... 181
IAEAの保障措置 ... 181
IPCC ... 113
IPCC第5次報告書 ... 113

L
LNGタンク ... 65
LNG ... 65, 66, 93, 101, 105, 109
LNG火力 ... 91, 108
LOCA ... 165

M
MOX燃料 ... 177

N
NO_X ... 112

O
OC線 ... 279
OE線 ... 279
OFケーブル ... 249, 250, 251, 253, 256, 259, 260
OHラジカル ... 164
OW線 ... 279

P
PCコンクリート管 ... 45
PID制御方式 ... 55
PPLP紙 ... 250
PVC ... 260
PVCケーブル ... 260
P-V線図 ... 70, 73, 74, 77, 80, 81, 82, 85, 86, 87

R
RBJ方式 ... 257, 259

S
SCR法 ... 109
SF_6 ... 112
SF_6ガス ... 262, 269, 271
SI単位 ... 33, 160, 161
SI単位系 ... 66
SLケーブル ... 260
SO_2 ... 107

T
T-S線図 ... 70, 73, 74, 77, 80, 81, 82, 85, 86, 87, 89
T-V線図 ... 84

U
U字管 ... 32

Z
ZnO ... 272

あ
アーク ... 269
アーク放電 ... 268, 269
アークホーン ... 242, 246
アーチ型 ... 41
アーム ... 242
アイソトープ ... 132
アインシュタインの関係式 ... 134
アインシュタインの法則 ... 10
亜鉛メッキ鋼線 ... 244
亜酸化窒素 ... 112
圧縮 ... 77, 80, 81, 85
圧縮機 ... 82, 105
圧縮空気 ... 105, 269
圧縮性 ... 30
圧縮比 ... 81, 104
圧力 ... 31, 32, 33, 34, 35, 37, 54, 70, 72, 73, 78, 83, 84, 85, 97
圧力エネルギー ... 46, 97
圧力計 ... 32

圧力差	32, 38
圧力上昇	87
圧力トンネル	27, 44
圧力分布	31
圧力変化	74
油遮断器	269
アボガドロ数	69, 70, 137
アモルファス金属	281
アラスカ産 LNG	93
アルキルベンゼン	251
α 線	135, 160, 163
α 崩壊	156
α 粒子	156
アルミ電線	244
アルミニウム箔電極	266
アルミ被鋼線	244
暗きょ	44, 274
暗きょ式	283
暗きょ布設ケーブル	253
安全審査基準	168
安全対策	127, 165
安全電流	247
安全防災対策	125, 127, 164
安全率	45
案内羽根	46
アンモニア接触還元法	109

い

イエローケーキ	175
硫黄	11
硫黄酸化物	66, 107, 108
イオン	66
伊方	153
異常	165
異常事象	171

位置エネルギー	1, 5, 6, 10
位置変化	38
猪苗代第一発電所	29
異物	251
引力	8

う

宇宙線	160
ウラン	13, 175
ウラン・アクチニウム系列	158
ウラン・ラジウム系列	158
ウラン 234	138
ウラン 235	10, 13, 126, 138, 140, 142, 143, 146, 148, 158
ウラン 238	18, 138, 140, 142, 143, 148, 150, 151, 158
ウラン鉱床	13
ウラン鉱石	174
ウラン濃縮	175
ウラン濃縮工場	175
雨量	39
運転	25, 273
運転制御	59, 155
運転電界強度	251
運動	34
運動エネルギー	1, 5, 6, 7, 10, 46, 66, 68, 86, 95, 143
運動状態	66
運動量	136

え

液化	85
液体	31, 37
液体ナトリウム	152

索引

液面 ……………………………… 32, 37
エジソン ……………………………… 64
エジソンチューブ ……………………… 259
X線 ……………………………… 163
エネルギー ………………………………
　　1, 2, 5, 6, 7, 8, 10, 11, 13, 17, 18, 38,
　　66, 67, 126, 127, 133, 134, 138, 140,
　　141, 143, 150, 163, 181
エネルギー供給 ……………………… 15
エネルギー源 ……………………… 12
エネルギー資源 ……… 11, 13, 15, 16, 19
エネルギー消費量 …………………… 1
エネルギー貯蔵装置 ………………… 27
エネルギーの需要量 ………………… 4
エネルギー分布 ……………………… 139
エネルギー変化 …………………… 36, 38
エネルギー変換 …………………… 19, 20
エネルギー保存の法則 …… 6, 7, 8, 35, 67
エネルギー密度 ……………………… 17
エネルギー利用 ……………………… 1, 2
エポキシ樹脂 ……………………… 244, 256
遠隔常時監視制御方式 ……………… 59
遠隔制御方式 ……………………… 59
遠心分離法 ……………………… 175
遠心力 ……………………… 57
塩水速度法 ……………………… 40
エンタルピー …………… 70, 74, 87, 88
エンタルピー変化 …………………… 74
鉛直 ……………………… 32
煙道 ……………………… 90
煙道ガス ……………………… 90
円筒水車 ……………………… 48
エントロピー ……………………… 70, 71
エントロピー変化 …………………… 71, 73

お

往復運動 ……………………… 79
大飯 ……………………… 153
大型管 ……………………… 91
オールフィルムコンデンサ ………… 266
屋外式 ……………………… 25
奥只見発電所 ……………………… 27
屋内式 ……………………… 25
屋内配線 ……………………… 274, 285, 286
押出しモールド式接続部 …………… 257
汚損 ……………………… 244, 245, 246
汚損液 ……………………… 245
汚損条件下 ……………………… 245
汚損耐電圧値 ……………………… 246
汚損特性 ……………………… 246
汚損物質 ……………………… 245
汚損量 ……………………… 245
オットーサイクル ……………… 80
親物質 ……………………… 175
温室効果 ……………………… 111
温室効果ガス ……………… 112, 113, 116
温室効果ガスの成分濃度 …………… 112
温暖化 ……………………… 113
温暖化現象 ……………………… 113
温度 ………………………………
　　66, 70, 71, 72, 73, 76, 77, 79, 83, 84,
　　85, 97
温度差 ……………………… 17
温度上昇 ……………………… 83

か

加圧器 ……………………… 153
加圧水型原子炉 ……………… 153, 173
加圧水型炉 ……………… 146, 153
カーボンニュートラル ……………… 19

海塩	245	壊変系列	158
海塩粒子	245	海面水位上昇	113
開きょ	44	界面の突起	251
碍子	241, 244, 245, 246, 248, 274, 278, 281	海洋	16
碍子個数	246	海洋エネルギー	11, 17
碍子装置	241, 242	海洋温度差エネルギー	17
界磁巻線	100	海洋温度差発電	17
改修	59	海洋温度差発電推進機構	17
回収率	13	開裂	164
碍子連	242	回路	21
碍子連結個数	246	化学エネルギー	5, 8
海水	16	化学結合	163
海水温度	17	化学組成	13
回転運動	7, 66	化学的作用	163
回転子	100	化学的処理	12
回転軸	97	化学的成分	11
回転子磁極	57	化学反応	8, 135
回転磁極	57	可逆的	71
回転速度	28, 46, 50, 51, 52, 54, 55, 56, 57, 61	可逆的状態変化	71
回転速度の変化率	56	可逆変化	71
回転羽根	96	架橋ポリエチレン	251
ガイドベーン	57	架橋ポリエチレン絶縁電力ケーブル	260
ガイドベーン開度	55	核	17
外燃機関	79	架空ケーブル	280
外部被曝	163	架空送電線	237, 241, 242, 244, 245, 246, 247, 248
外部被曝管理	164	架空配電線	274, 278, 279, 280
灰分	11	核エネルギー	5, 9, 10, 125, 181
開閉インパルス電圧	242, 246	核子	132, 133, 134
開閉器	278, 279, 281	核種	132, 133, 138, 153, 156, 158, 160
開閉器数回路分一体化したもの	284	核種記号	132
開閉器とヒューズを内蔵した	283	各種絶縁診断試験	259
開閉サージ	272		

索　引

核燃料 ……………………………………
　　　13, 125, 127, 142, 143, 146, 148,
　　　149, 151, 156, 165, 166, 171, 172,
　　　174
核燃料加工会社……………………… 172
核燃料サイクル ……………… 125, 174
核燃料施設…………………………… 177
格納容器……………………………… 150
核反応………………… 135, 136, 138, 140
核物質………………………………… 182
核分裂………………………… 136, 138
核分裂エネルギー ……… 127, 138, 139
核分裂生成物 ……………………… 156
核分裂性物質 ……………………151, 175
核分裂性物質プルトニウム…… 13, 150
核分裂断面積 …………………… 138, 140
核分裂反応……………………………
　　　125, 126, 138, 139, 140, 141, 143,
　　　146, 148, 149, 150, 151
核分裂反応の例…………………… 138
核分裂ミクロ断面積……………… 142
核分裂連鎖反応………………… 139, 141
核兵器………………………………… 131
核兵器の不拡散に関する条約…… 181
核融合反応…………………………… 17
確率…………………………………… 135
鹿沢ダム……………………………… 42
火主水従……………………………… 65
ガス化………………………………… 12
ガス開閉器…………………………… 282
ガス拡散法…………………………… 175
ガス遮断器…………………………… 269
ガス成分の分析……………………… 274

ガスタービン…………………………
　　　65, 66, 82, 101, 103, 105, 106
ガスタービン発電…………………… 65
ガス冷却炉………………… 131, 146, 150
化石燃料…………… 11, 19, 63, 107, 111
河川……… 16, 26, 27, 34, 39, 40, 41, 44, 60
河川流量…………………… 26, 39, 40, 60
加速器………………………………… 160
ガソリンエンジン …………… 79, 80, 81
ガタパーチャ………………………… 261
ガタパーチャ絶縁電線……………… 260
渇水量………………………………… 40
活性炭法……………………………… 109
褐炭……………………………… 11, 93
カットアウトスイッチ……………… 278
過程…………………………………… 8
過電圧………………………………… 272
可動接触子…………………………… 269
過渡現象……………………………… 268
過渡状態……………………………… 57
過渡電圧……………………………… 268
カドミウム…………………………… 149
金具…………………………… 244, 248
加熱………………………………85, 87
加熱管………………………………… 91
過熱器………………………86, 87, 90, 106
過熱蒸気……………… 85, 86, 87, 89, 90
可能…………………………………… 71
下部案内軸受………………………… 58
過負荷時……………………………… 47
下部貯水池…………………………… 27
カプラン水車……………………… 48, 54
可変速方式…………………………… 28
ガラス………………………………… 244

ガラス固化処理 178
カリウム40 18
下流 41
下流地域 60
火力発電
　　7, 19, 21, 63, 64, 65, 66, 83, 93, 112, 126, 127
火力発電所
　　29, 63, 64, 65, 66, 103, 107, 237
火力発電プラント 111
カルノー 76
カルノーサイクル 76, 77
火炉 90
乾き度 84
乾き度1の乾燥飽和蒸気 86
癌 162
缶型 266
缶型コンデンサ 266
環境 241
環境基本法 108
環境破壊 107
環境保全対策 107
環境問題 63
管厚設計 45
関西電力株式会社 27, 131
関西電力美浜原子力発電所 173
管材の引張り強さ 45
監視 59
監視制御方式 59
環状 241
環状母線 262
含浸 250
幹線 238, 239
幹線送電網 239

完全燃焼 94, 95, 110
完全流体 30
乾燥蒸気 72
乾燥飽和蒸気 84, 86, 87
神流川揚水発電所 49
γ線 136, 149, 160, 163
γ崩壊 156
乾溜 12
貫流ボイラ 91
管路 255, 274
管路式 283
管路布設 255
管路布設ケーブル 253

き

気化 83, 84
機械式 55
機械的仕事 45, 67, 79
機械的特性 241
基幹系統 238
機器 25
機器の点検 59
気候変動 113
気候変動枠組条約締結国会議 117
気候変動に関する政府間パネル 113
気候変動に関する国際連合枠組条約
　　116
基準落差 60
軌跡 34, 85
気体
　　31, 68, 70, 71, 72, 73, 75, 76, 77, 84, 146
気体定数 70
気体の膨張 68
気体分子 66

305

索 引

気体分子運動論 7, 66
気体膨脹 78
気中開閉器 282
気中絶縁方式 262
基底温度 253
起電力 21
起動 155
基本単位 66
基本法則 7
気密装置 96
ギャップ間隔 242
ギャップレス型避雷器 272
キャニスタ 178
キャビテーション 51, 54
キャビテーションの防止策 54
吸収 135, 136, 138
吸収線量 161
吸収断面積 138, 140, 143, 145, 156
吸収ミクロ断面積 142
吸出管 46
給水 88, 89, 90
給水加熱 89
給水ポンプ 73, 86, 87, 88, 91
急速汚損 245
吸入 80
給油系統 256
キュリー 160
供給電力 29
強制循環ボイラ 91
共同溝 248
共同溝内 255
京都議定書 117
強度設計 45
共鳴吸収 143, 156

共鳴吸収を逃れて熱中性子になる確率 142
魚道 44
許容温度上昇 247
許容温度範囲 253
許容線量 162, 164
許容電界 265
許容電流 247, 253, 280, 283
汽力発電 65, 83, 106
汽力発電サイクル 63
汽力発電所 89
緊急停止 166
緊急停止装置 165

く

区域モニタリング 164
空気圧縮機 101
空気遮断器 269
空気比 95
空気ポンプ 100
空気予熱器 90
空中巡視 248
クーロン／キログラム 161
クーロン反発力 135
クーロン力 110, 135
管の断面積 37
区分開閉器 275, 282
クラウジウスの定理 69
クラフト紙 250
クリアランス制度 179
クリーンディーゼル自動車 119
グレイ 161
クレビス型 244
クロス・コンパウンド 98, 99
クロス・コンパウンド機 99

クロスボンド接続 …………………… 256
黒部川第4ダム ……………………… 42
黒部川第4発電所 …………………… 27

け

蹴上発電所 …………………………… 29
系 ……………………… 67, 69, 70, 75
軽水 …………………… 146, 149, 153
軽水炉 ……………………………………
　　125, 127, 131, 146, 148, 149, 150,
　　153, 175, 177
ケイ素鋼板 …………………………… 281
軽負荷時 ………………………………… 47
警報システム ………………………… 165
警報設備 ……………………………… 44
ゲージ圧力 …………………………… 33
ケーシング ……………………… 46, 48, 97
ケーブル ……………………… 255, 256
ケーブルの接続 ……………………… 256
欠陥 …………………………………… 252
結合 …………………………………… 133
結合エネルギー …………… 8, 10, 133, 134
結線方式 ……………………………… 285
ケルビン ……………………………… 66
ケルビン・プランクの定理 …………… 69
玄海 …………………………………… 153
限界線量 ……………………………… 162
検査 …………………………………… 259
原子 ………………… 7, 9, 66, 132, 134, 135
原子エネルギー ………………… 10, 125
原子核 ……………………………………
　　9, 10, 125, 132, 133, 134, 135, 136,
　　137, 156, 157
原子核の密度 ………………………… 137
原子核反応 ………………… 135, 136, 160

原子間距離 …………………………… 8
原子質量単位 ………………………… 133
原子番号 ………………… 132, 157, 160
原子力 ………………………………… 131
原子力技術 …………………………… 131
原子力基本法 ………………………… 131
原子力発電 ………………………………
　　13, 19, 21, 125, 126, 127, 130, 131,
　　132, 155, 181
原子力発電所 ……………………………
　　29, 125, 127, 131, 153, 155, 156,
　　167, 168, 169, 170, 171, 177, 237
原子力発電プラント ………………… 130
原子炉 ……………………………………
　　125, 126, 131, 139, 142, 146, 148,
　　149, 150, 153, 155, 156, 157, 164,
　　165, 166
原子炉圧力容器 ……………… 150, 164, 166
原子炉格納容器 ………… 150, 164, 166, 172
原子炉建屋 …………………………… 164
原子炉内 ……………………………… 160
懸垂碍子 ……………… 241, 242, 244, 245, 246
懸垂碍子連 …………………………… 242
建設 …………………………………… 255
減速 ………………………… 141, 144, 145
減速材 ……………………………………
　　143, 144, 145, 146, 148, 149, 150,
　　156, 172
減速能 ………………………………… 145
減速率 ………………………………… 145
減損ウラン …………………………… 151
現地拡径型 …………………………… 259
懸ハンガ装柱 ………………………… 279
原油 …………………………………… 65

原理	25, 30, 31

こ

コイル	23
高圧架空ケーブル	280
高圧架空配電線	275
高圧ケーブル	282
高圧トンネル	44
高圧配電線	275, 276
高圧引き下げ線	280
高圧力	44
高圧力水	44
降雨量	39
高温	69, 71, 79, 146
高温ガス炉	150
高温岩体型地熱資源	208
高温熱源	77, 79
高温物体	69
効果	61
光起電力	191
工業材料	12
工業用水	26, 43
高効率ボイラ	119
考察	69
格子点	66
工場拡径型方式	259
降水	6, 16
降水管	91
洪水調整	26
降水量	16, 39
洪水量	40
合成核反応	158
合成ゴム	260
合成絶縁材料	260
合成絶縁油	251

鉱石	13
構造	25
高速核分裂効果	142, 143
高速増殖炉	151, 152, 176
高速増殖炉（FBR）	150
高速増殖炉原型炉「もんじゅ」	152
高速中性子	140, 141, 142, 143, 144, 149, 150, 151
高速中性子の減速	143
高速中性子炉	146, 150
高低差	27
高電圧機器	261
高電圧ケーブル	260
光電効果	192
構内連絡線	251
高濃縮ウラン	151
高分子材料	251
鉱油	251
高落差	46, 60
効率	46, 47, 53, 54, 60
交流	239
交流過電圧	246
交流抵抗	247
交流電圧	264
交流導体抵抗	253
交流発電機	52
高レベル廃棄物	177, 178
コージェネレーション	119
コールダーホール	131
コールダーホール改良型	150
枯渇型エネルギー資源	11, 15
黒液	18
黒鉛	131, 150, 172
黒鉛減速軽水冷却	171

国際原子力機関 181
故障電流 267
個人モニタリング 164
固体酸化物形 229
固体絶縁材料 249
固体分子 66
コットレル集塵器 110
固定子 100
固定子巻線 57, 100
固定羽根 96
駒橋発電所 29
ゴム絶縁電線 259
固有の安全性 164
コロナ放電 110
コンクリート重力ダム 41
コンクリートダム 42
コンクリート柱 279
混合気 81
混合抽出法 176
混合揚水式 27
コンデンサ 266
コンバインドサイクル発電 63, 65, 101
コンパクト化 262

さ

サージタンク 27, 44
再起電圧 268
最高許容温度 247
最高効率 46
最高送電電圧 239
最高電圧 239
再処理 125, 176
再処理工場 176, 178
再生可能エネルギー資源 11, 15, 20, 21
再生サイクル 89

再生率 142
再転換 176
再熱器 89, 90
再熱サイクル 89
細胞 163
細胞質 163
細胞分裂 162
細胞膜 163
佐久間ダム 41
鎖交 21
作動流体
　　75, 78, 79, 80, 82, 83, 86, 87, 88, 101
酸化亜鉛 272
酸化分解 12
産業革命 11
産業廃棄物 18
サンシャイン計画 191, 195, 215
三重水素 132, 133
三重母線 262
酸性雨 107
酸性物質 107
酸素 11, 94
酸素量 94
産地 13
散乱 135, 136, 138
散乱断面積 138, 145

し

シース 256
シース損 252
シーベルト 161
シーレックス法 176
紫外線 17
自家用変電設備 285
磁器 244

索　引

軸受 ·· 57, 58, 96
軸流圧縮機 ··· 105
軸流タービン ································· 96, 106
資源 ··· 11
次元 ·· 137
資源枯渇 ·· 11
事故
　　165, 166, 167, 169, 171, 172, 173,
　　248
事故巡視 ··· 248
自己制御性 ·································· 164, 172
仕事 ······························· 35, 68, 75, 77, 88
脂質二重結合 ······································ 164
支持物 ·· 248, 279
磁石 ··· 22
自重 ··· 41
磁針 ··· 23
磁性体 ··· 22
施設外環境モニタリング ··················· 164
自然環境 ··· 241
自然循環ボイラ ····································· 91
磁束 ··· 21
磁束密度 ··· 21
実験用原子炉 ······································ 131
実験炉常陽 ·· 152
実効増倍率 ·························· 142, 155, 156
湿式石膏法 ·· 109
質量
　　10, 34, 38, 66, 133, 134, 137, 138, 157
質量欠損 ·············· 10, 17, 125, 133, 134, 138
質量数
　　132, 134, 138, 143, 144, 145, 157, 158
質量保存の法則 ····················· 10, 34, 133
自動監視 ··· 165

自動停止装置 ······································ 171
信濃川発電所 ··· 26
磁粉探傷検査 ··· 60
湿り蒸気 ······························· 84, 87, 100
湿り度 ··· 84
車室 ·· 96, 98
遮水壁 ··· 42
遮断 ·· 56, 272
遮断器 ················· 52, 261, 267, 268, 269, 271
遮蔽 ··· 149
遮蔽材 ··· 146
遮蔽層 ··· 256
斜流形 ··· 49
斜流水車 ··· 46, 47
自由エネルギー ····································· 70
集合煙突 ··· 109
収縮 ··· 79
重心座標系 ·· 143
集塵装置 ··· 110
集塵電極 ··· 110
重水 ·· 145, 146
重水素 ·· 17, 132
重水炉 ··· 146
周速度 ··· 50
集中監視制御方式 ································· 59
周波数 ·································· 51, 55, 264
修復 ··· 162
重油 ·· 65, 93
重油ボイラ ·· 127
重量 ··· 51
重力 ······································ 31, 32, 35, 38
重力キログラム毎平方センチメートル
　　··· 33
重力の加速度 ······················ 6, 32, 35, 38

重力場	6
ジュール損	252
主軸	57
樹枝状の配電線	275
取水口	26, 44
主絶縁	265
出力	26, 34, 38, 50, 53, 54, 127
手動制御	59
受風面積	17
寿命の短縮	162
循環ポンプ	91
巡視	59, 248
巡視点検	259
準静的	76
純揚水式	27, 28
省エネルギー	119
蒸気	88, 89, 90, 96, 101
蒸気エネルギー	97
蒸気温度	88
蒸気機関	7, 64
蒸気タービン	63, 65, 66, 73, 87, 89, 95, 96, 97, 98, 100, 101, 105, 106, 126
蒸気タービン発電機	64
蒸気発生器	153
消弧	268, 269
硝酸イオン	107
抄紙	250
常時監視	60
常時監視制御方式	59
照射線量	161
上水道	43
使用水量	60
使用済み燃料	125, 176, 178, 179
使用済み燃料貯蔵プール	176
状態	7, 8, 67, 69, 70, 71, 74, 75, 88
状態監視	25
状態図	70, 73, 74
状態変化	63, 71, 72, 73, 74, 76, 79, 82, 83, 84, 85, 86, 87, 88
状態変数	70, 72
状態方程式	70, 72
状態量	69, 70
衝動式タービン	97
衝動水車	45
衝動タービン	97, 98
衝突	135
衝突回数	144
衝突断面積	136, 137, 140, 156
蒸発	16
蒸発管	91
上部案内軸受	58
上部貯水池	27
情報通信技術	25
正味の熱量	75
正味の力学的仕事	75
照明	10
上流	41
上流地域	60
食塩	245
植物の弱体化	107
処分	125, 178
処理	125, 127, 178
磁力線が発生	22
シリンダ	6, 69, 71, 76, 79, 83
塵埃	245

索　引

新エネルギー・産業技術総合開発機構 216
深海 17
真空開閉器 282
真空乾燥 250
真空遮断器 269
人工汚損試験 245
人工放射性核種 157, 158, 159
審査基準 168
浸水 42
浸水課電劣化現象 260
進相用コンデンサ 266
新高瀬川発電所 26
新高瀬川揚水発電所 27
振動 7, 66
浸透探傷検査 60
森林破壊 107

す

水圧 41, 45
水圧管 26, 27, 45
水圧管路 44, 45
水位 41
水位変動 44
水銀 33
水撃圧 45
水口開度 52, 55
水酸基 250
随時監視制御方式 59
水資源 16
随時巡回方式 59
水車 25, 26, 27, 28, 44, 45, 46, 48, 49, 50, 51, 52, 53, 54, 59, 60
水車の効率 39
水車の出力 53
水車発電機 45, 52, 57
水車発電機の運転 59
水車発電機の停止 59
水主火従 29
水蒸気 63, 66, 67, 73, 75, 83, 84, 85, 86, 87, 90, 126, 146
水蒸気の状態変化 83
水素 8, 11, 94, 132, 133
水槽 26, 44
水素ガス 269
水素化分解 12
水素原子 132
水素爆発 165
水素冷却方式 100
水中 31
水柱 32
垂直 31
垂直装柱 279
垂直方向 31
水分 11
水平装柱 279
水力学の法則 31
水量 16, 39, 41, 44, 48, 60
水力エネルギー 6, 11, 16
水力資源 19
水力発電 19, 25, 26, 29, 30, 34, 39, 44
水力発電所 25, 26, 29, 38, 41, 58, 59, 63, 237
水力発電所の運転 59
水力発電所の運転や保守 25
水力発電所の監視制御方式 59
水力発電所の出力 38

水力発電所の設備	25
水力発電所の無人化	59
水力発電所の理論出力	39
水力発電の理論	25
水冷式	100
水路	26, 27, 44
水路式発電所	25, 27
数値目標	117
スポットネットワーク方式	276, 277, 285
スモッグ碍子	244
スラスト軸受	58
スラリー法	109
スリーマイル島	171
スリーマイル島原子力発電所	172

せ

制御	19, 149, 156, 261
制御技術	25
制御所	25
制御棒	146, 149, 155, 156, 165
制御用計算機	59
静止	31
生成核	135, 136, 138
生成確率	138
精製錬	175
生体遮蔽	149
生体組織	163
正電荷	9, 132, 135
静翼	96, 97
赤外線	10, 17, 112
赤外線放射	112
石炭	11, 12, 13, 19, 65, 91, 93, 127
石炭ガス化複合発電	12
石炭火力	65, 127
石炭火力発電所	91
石油	11, 12, 13, 19, 65, 93
石油火力	65, 93, 127
石油危機	65
斥力	8
絶縁	264, 269
絶縁強度	257
絶縁材料	249, 260
絶縁紙	249
絶縁診断試験	259
絶縁設計	244, 245, 246
絶縁接続部	256
絶縁層	257
絶縁体	244, 249, 251, 252, 254, 259, 266
絶縁体厚さ	251
絶縁体材料	251
絶縁耐力	248, 249, 250, 260, 266, 268, 269
絶縁抵抗	259
絶縁テープ	257
絶縁テープ巻き方式	257
絶縁電線	280
絶縁特性	260
絶縁油	249, 250, 251, 256, 259
絶縁ユニット	256
絶縁劣化診断	60
石灰石スラリー法	109
設計汚損耐電圧値	246
設計水圧	45
設計値	252
設計電界強度	252
接合効率	45
接線	34
接続	256

索　引

接続工事 …… 256
接続部 …… 256, 257
接続部品 …… 256
接続方式 …… 259
絶対圧力 …… 33
節炭器 …… 90, 106
接地開閉器 …… 271
接点 …… 268
設備 …… 248
設備診断 …… 60, 274
設備の点検 …… 248
設備利用率 …… 26
セラミック燃料 …… 148
セル効率 …… 187
セルシウス温度 …… 67
セルロース …… 250
センサー …… 60
線質係数 …… 161
洗浄 …… 248
剪断応力 …… 31
全断面積 …… 138
全熱抵抗 …… 253
全負荷遮断 …… 57
線量当量 …… 161
線路の巡視 …… 259

そ

早期効果 …… 162
早期発見 …… 165
増進回収法 …… 13
装柱 …… 279
送電系統 …… 238
送電システム …… 238

送電線 …… 52, 56, 237, 238, 239, 241, 242, 244, 245, 248, 261
送電鉄塔 …… 241, 248
送電電圧 …… 241, 242, 246, 252
送電網 …… 239
送配電系統 …… 261
送配電線 …… 273
増倍率 …… 142
速度 …… 30, 34, 35, 37, 56
速度エネルギー …… 97
速度差 …… 30
速度調整 …… 55
速度調定率 …… 56
速度ベクトル …… 34
速度変動率 …… 56, 57
続流 …… 272
疎水事業 …… 29
ソフィア議定書 …… 108
損失 …… 48
損傷 …… 163, 248
損耗部品の改修 …… 59
損耗部品の交換 …… 59

た

タービン …… 63, 65, 79, 82, 86, 87, 88, 89, 96, 100, 153
タービン車室 …… 97
タービン発電機 …… 63, 65, 100, 153
第3回締結国会議 …… 117
耐塩用懸垂碍子 …… 244
大気圧 …… 33, 37
大気汚染 …… 65
大気汚染物質の排出基準 …… 108

項目	ページ
大気中	107, 111
堆積	12
体積	68, 69, 70, 71, 72, 73, 76, 78, 83, 84, 85
体積変化	87
代替燃料	19
対地絶縁	265
耐張碍子	281
耐電圧	244
大電流遮断	268
耐熱材料	65, 101
耐熱性	260
太陽エネルギー	6, 11, 15, 17, 20, 185
太陽光発電	119
太陽光発電システム	193
太陽定数	17
太陽電池	186, 187, 188, 189, 190, 191, 192, 193, 215
太陽熱	16
太陽熱発電	197, 215
太陽熱利用	215
大陸棚	12
対流型地熱資源	208
多回路開閉器	282, 284
高瀬川ダム	42
田子倉ダム	41
田子倉発電所	26
多重性	165
多重防護	156, 164
脱硝装置	106, 110, 111
脱硝反応容器	109
脱硫装置	111
立軸型	57
立軸型発電機	57, 58
縦軸形ポンプ水車	49
多導体方式	242
ダム	25, 26, 27, 41, 42, 43, 44
ダム式発電所	25, 26, 27
ダム水位	60
ダム水路式発電所	25, 26
ダムの付帯設備	44
多目的ダム	43
多様性	165
単位	33, 137
炭化ケイ素	272
炭化水素	93
単機出力	29
単機容量	61
炭酸ガス	146, 150
淡水	16
弾性散乱	136, 138, 143
弾性衝突	143
炭素	11, 94
単相2線式	276, 285
単相3線式	276, 285
タンデム・コンパウンド	98, 99
タンデム・コンパウンド機	99
タンデム式	27
断熱圧縮	76, 77, 80, 81, 82, 87
断熱体	76, 77
断熱変化	72, 73, 74, 78, 88
断熱膨張	76, 80, 82, 89
端部絶縁	265
単母線	262
断面	35
断面積	32, 35, 40, 138

短絡事故 267
断路器 261, 267, 271

ち

地域供給系統 238
チェルノブイリ原子力発電所 171
チェルノブイリ原子力発電所の事故 165
地殻変動 11
地下式 25
地下水 16
地下発電所 43
力 31
力の釣り合い 31, 32
地球温暖化 111, 112, 113, 116
地球温暖化現象 113
地球の内部構造 17
地上用変圧器 282
地層処分 178
地層の構造 13
チタン動翼 99
地中送電線 237, 248, 249, 259
地中送電線路 252, 255, 259
地中貯蓄 120
地中配電線 274, 277, 282
地中配電線路 282
地中配電用変圧器 283, 284
窒素 11
窒素酸化物 105, 106, 107, 108
チップ廃材 18
地熱エネルギー 11, 20
地熱資源 207, 208, 209
地熱発電 18, 21
着火 81
中間貯蔵 176

中間貯蔵施設 176
抽気 89
中実碍子 281
柱上変圧器 281
中性子 9, 10, 13, 132, 133, 134, 135, 136, 138, 139, 140, 141, 143, 144, 145, 146, 149, 156, 157
中性子エネルギー 143
中性子吸収量 156
中性子源 155
中性子サイクル 141
中性子散乱角 143
中性子数 132, 142
中性子線 160, 163, 173
中性子のサイクル 141
超ウラン元素 160
超音波探傷検査 60
長距離送電 241
超高圧変電所 262
調整 29, 55
調整池 26
潮汐エネルギー 17
調相設備 266
調速機 52, 55, 56
潮流エネルギー 17
超臨界圧 91
直埋式 283
直埋布設 253
貯水 26
貯水槽 44
貯水池式発電所 60
貯水池用ダム 42
貯蔵プール 178

直径	38
地絡	267
沈砂池	26, 44

つ

通信用電線	259
敦賀発電所	131

て

低 NO_X バーナ	109
低圧ケーブル	282
低圧配電線	275, 276
定圧比熱	72
低圧分岐装置	282, 284
ディーゼルエンジン	65, 81
ディーゼルサイクル	81
低温	69, 71, 79
低温熱源	76, 77, 79
低温物体	69
低下	54
定格	264
定格回転速度	50, 51, 52, 56
定格出力	52
定格電圧	252, 257
定期点検	274
低減率	253
停止	155
定常流	34
低水量	40
定積比熱	72
低騒音電線	244
低粘度	250
低濃縮ウラン	13, 148
低密度ポリエチレン	260
底面	32
低落差	61
定例巡視	248
低レベル廃棄物	177
低レベル放射性廃棄物	177
デービー	22
適用限度	52
適用落差	46
鉄筋コンクリート柱	279
鉄心	264
鉄塔	242
デフレクタ	46
電圧	264
電圧調整	261, 266
点火	80
電荷	9, 10, 132
点火栓	105
転換	175
転換反応	150
電気	275
電気エネルギー	1, 4, 10, 19, 21, 27, 30, 63, 100, 125, 181, 237
電気回転に関する実験	22
電気回転の実験	22
電機子	100
電気式	55
電気式コットレル集塵器	110
電気式調速機	55
電気自動車	119
電気絶縁	265
電気絶縁特性	260
電気設備技術基準	285
電気的エネルギー	21
電気特性	251
電気分解	22

索引

電気用品安全法 285
電極 40
点検 26, 59, 248, 259
電源 29
電源開発株式会社 26, 27
電子 9, 66, 132, 133, 134, 157
電磁気エネルギー 5
電子軌道 9
電磁波 160
電子付着率 269
電磁誘導 22
電磁誘導現象 23, 264
電磁誘導の法則 21
電線 19, 241, 243, 244, 253, 272, 273, 274
電線外径 247
電線導体 242, 247
電柱 274
電灯回路 285, 286
電動機 28
電灯負荷 286
天然ウラン 13, 148, 175
天然ガス 11, 12, 13, 127
天然ガス火力 65
天然放射性核種 157
電離 160, 161
電離作用 163, 164
電流 23, 40, 264
電流遮断時 268
電力 18, 27, 29, 237, 238
電力系統 28, 56
電力ケーブル 248, 249, 250, 255, 274, 282
電力需要 58, 65
電力損失 238
電力潮流制御 261
電力輸送 237, 238
電力輸送システム 237, 238
電力用コンデンサ 266
電力用変圧器 263

と

等圧加熱 82, 86, 87
等圧変化 72, 74, 88
等圧放熱 87
等圧冷却 82
同位元素 132, 138, 148
等エントロピー変化 76, 77
等温 86
等温圧縮 76, 77
等温条件 78
等温変化 72, 78, 85
等温膨張 76, 77, 78
東海発電所 131
等価塩分付着密度 246
同期速度 52
同期調相機 266
同期発電機 57, 100
東京電力株式会社 26, 27, 42, 49
導水路 44
等積圧縮 80
等積変化 72
等積膨張 80
導体 244, 247, 249
導体許容温度 253
導電性汚損物質 245
洞道 248, 255, 274
洞道内 248

洞道内布設	255
等方散乱	144
動翼	96, 97, 98, 99
動力回路	285
特性	25
毒物質	156
特別高圧配電線	275
特別巡視	59
独立性	165
都市ガス	101
閉じた系	7, 67
土砂吐き	44
土壌の酸性化	107
突極型	57
突然変異	164
砥の粉	245
ドプラー効果	156
土木設備	25, 41
トラフ	255
ドラム	91, 256
トリウム	13
トリウム232	18, 158
トリウム系列	158
トリチェリーの定理	37, 50
トリプレックス型ケーブル	283
トル	33
トンネル	44

な

内径	45
内線規定	285
内燃機関	7, 65, 79, 80
内燃機関発電	65
内部エネルギー	7, 67, 68, 69, 70, 73, 78
内部被曝	163
内部被曝管理	164
内部摩擦	30
流れ込み式発電所	60
流れの連続性	34
流れの連続の式	34

に

ニードル開度	55
二酸化炭素	111
二重	152
二重母線	262
二重母線 $1\frac{1}{2}$ 遮断器方式	262
二重母線4バスタイ方式	262
二段燃焼法	109
日常巡視	248
日射	241
日射のエネルギー	112
日本原子力研究所	131
日本原子力発電株式会社	131
入射粒子	135
入力	53

ね

熱	66, 67, 68, 69, 71, 72, 76, 79, 88
熱移動	76
熱運動	66
熱エネルギー	5, 7, 8, 18, 19, 63, 65, 66, 67, 74, 79, 83, 126
熱機関	20, 63, 65, 74, 79, 80, 95
熱機関サイクル	79, 80, 81, 82, 86
熱源	4, 7, 69, 71, 76, 79
熱効率	66, 75, 77, 87, 88, 89, 90, 99, 101, 103, 127
熱サイクル	74, 75, 76 79, 123

索　引

熱サイクルの熱効率 ………………………… 75
熱遮蔽 ………………………………………… 149
熱水 …………………………………… 18, 146
熱中性子………………………………………
　　140, 141, 142, 143, 144, 145, 146,
　　148, 149, 156
熱中性子核分裂断面積 ……………………… 143
熱中性子利用率 ……………………… 142, 143
熱中性子炉 …………………………………… 146
熱的プロセス ………………………………… 108
熱伝導 ………………………………………… 260
ネットワークプロテクター ………………… 277
ネットワーク方式 …………………………… 276
熱の仕事当量 ………………………………… 2, 8
熱平衡 ………………………………………… 66
熱放散 ………………………………………… 253
熱放散係数 …………………………………… 247
熱力学的 ………………………………… 66, 69
熱力学的温度 ……………………… 66, 67, 71
熱力学的関数 ………………………………… 87
熱力学的系 ………………… 69, 70, 71, 74, 75
熱力学的状態 …………………………… 70, 74
熱力学の第1法則 ……… 7, 8, 67, 68, 74, 78
熱力学の第2法則 ……………… 8, 68, 69, 70
熱力学の法則 …………………………… 63, 67
熱量 …………………………………………
　　8, 68, 71, 73, 75, 76, 77, 78, 79, 87,
　　88, 89
年間降雨量 …………………………………… 16
年間降水量 …………………………………… 39
燃焼 ……………… 18, 65, 79, 91, 93, 94, 107, 108
燃焼温度 ……………………………………… 101
燃焼ガス ……………………… 65, 82, 101, 105
燃焼器 …………………………… 82, 105, 106

燃焼効率 ………………………………… 90, 105
燃焼筒 ………………………………………… 105
燃焼熱 …………………………………… 86, 90
燃焼反応 ………………………………… 8, 94
燃焼反応式 …………………………………… 94
燃焼プロセス ………………………………… 108
粘性 ……………………………………… 30, 35
粘度 …………………………………………… 31
燃費 …………………………………………… 118
燃料 …………………………………………
　　65, 66, 79, 81, 86, 90, 91, 93, 94, 101
燃料ガス ………………………………… 105, 105
燃料集合体 ……………………………… 148, 149
燃料貯蔵設備 ………………………………… 63
燃料デブリ …………………………………… 181
燃料転換 ……………………………………… 65
燃料電池 ……………………………………… 216
燃料被覆管 …………………………………… 164
燃料棒 ………………………………………… 148
燃料用アルコール …………………………… 18

の

農業灌漑 ……………………………………… 43
農業用水 ……………………………………… 26
濃縮 ……………………………………… 174, 177
ノズル ……………………………… 46, 50, 96, 105

は

バーナ …………………………………… 90, 91
バール ………………………………………… 33
バーン ………………………………………… 137
煤煙 …………………………………………… 245
排煙脱硝法 …………………………………… 109
排煙脱硫 ……………………………………… 109
排煙脱硫装置 ………………………………… 109
バイオ ………………………………………… 18

バイオマス	18, 19
バイオマスエネルギー	18
排気	80, 81
排気ガス	65, 90, 101, 106, 109
排気ガス処理施設	63
廃棄処理	178
廃棄物	18
廃止措置	179
廃止措置計画	179
排出基準	108
排出削減	118
排出物	107, 108
煤塵	110
配電系統	238
配電システム	274
配電線	237, 274, 275, 282
配電線路	274
配電変電所	262, 275, 276
配電方式	275, 276
配電用変電所	238
排熱回収型	105
排熱回収式複合サイクル発電プラント	103
排熱回収ボイラ	101, 105, 106
排熱回収方式	101
パイプライン	65
ハイブリッド自動車	118
パイロット碍子	248
白内障	162
白熱電灯	10, 64
爆発	81
バケット	54
パスカル	33
パスカルの原理	31

破損	59
破損碍子	248
発ガン	164
白血病	162
発電	16, 19, 26, 27, 38, 39, 44, 66, 126, 127, 152
発電機	21, 25, 26, 28, 48, 52, 56, 57, 58, 59, 60, 63, 97
発電機出力	56
発電機出力の調整	59
発電機の極数	52
発電機の効率	39
発電所	25, 26, 27, 29, 39, 58, 59, 60, 63, 65, 101, 152, 166, 237, 241, 251, 255
発電所出力	39, 60
発電電力	25, 29, 63, 121, 238
発電電力量	65, 127
発電プラント	130
発電方式	19, 25, 26, 30, 63, 65, 66, 83, 101
発電用	43
発電用ガスタービン	105
発電用原子	124
発電用原子炉	131, 150
発電量	25, 26
パッドマウント変圧器	283
バットレス	42
発熱	71, 253
発熱反応	9
発熱量	11, 93
パッファ型	269

索　引

羽根車 ·· 79, 96
ハフニウム ·· 149
パワーエレクトロニクス技術 ············ 28
半屋外式 ·· 25
半減期 ······························· 157, 158, 159
半合成紙 ·· 250
反跳陽子 ·· 163
反動式タービン ······································ 97
反動水車 ································ 45, 46, 55, 57
反動タービン ···································· 97, 98
反応度 ······························· 155, 156, 164
晩発性効果 ·· 162

ひ

非圧縮性液体 ·· 87
非圧縮性の流体 ···································· 35
非圧縮性流体 ·· 30
ピーク負荷 ······································· 26, 27
光エネルギー ·· 5
引き込み線 ·· 279
引き出し線 ·· 251
非常用炉心冷却装置 ··············· 165, 172
ピストン ·································· 6, 69, 79
ピストン機関 ·· 79
微生物 ·· 12
比速度 ········· 46, 48, 50, 51, 52, 53, 54, 61
ひだ ·· 244
非弾性散乱 ································· 136, 138
必要厚さ ·· 45
被曝 ································ 162, 163, 164, 172
被曝者 ·· 173
被曝線量 ·· 172
被曝量 ·· 162
被覆管内 ·· 148
微粉炭 ·· 91

微粉炭燃焼方式 ···································· 91
微粉炭バーナ ·· 91
ビュードロン発電所 ···························· 46
ヒューム管 ·· 255
ピューレックス法 ······························ 176
評価報告書 ·· 113
標準回転速度 ·· 52
標準大気圧 ·· 33
表層 ·· 17
標的核 ·· 135
避雷器 ······································· 261, 272
ピン ·· 244

ふ

ファラデー ······································· 22, 23
フィルファクタ ·································· 187
風速 ·· 17
風力エネルギー
　　6, 11, 17, 20, 185, 200, 202, 203, 216
風力発電 ···································· 21, 118
風力発電システム
　　　　　201, 202, 203, 204, 205, 207
フールプルーフ ·································· 165
フェールセーフ ·································· 165
負荷 ·································· 27, 55, 56
不可逆過程 ·· 69
不可逆的 ·· 71
不可逆的変化 ·· 71
不可逆変化 ······································· 8, 71
負荷遮断 ·· 57
負荷電流 ·· 267
負荷変化 ·· 46
負荷変動 ·· 45
不完全燃焼 ·· 94
複合核 ·· 136

複合型 ··271
複合サイクル発電 ································
　　　　63, 65, 101, 103, 104, 105, 127
複合サイクル発電所 ················103, 105
複合絶縁体 ···265
複合柱 ··279
福島原子力発電所 ·····························131
輻射 ···10
輻射スペクトル ···································17
輻射のエネルギー ································9
復水・給水設備 ·································63
復水器 ·························86, 87, 89, 100
復水設備 ···100
布設 ···255
布設工事 ···255
布設方式 ·································252, 255
布設方法 ···255
付帯設備 ···44
ブタン ···12
普通巡視 ···59
普通接続部 ·······································256
普通点検 ···59
物質 ···66, 69
物体 ···71
沸点 ···12
沸騰水型原子炉 ············146, 153, 171
沸騰水型炉 ·····················146, 153, 155
物理特性 ···30
物理量 ···································34, 66, 70
負電荷 ···132
不動時間 ···57
部分放電検出 ·····································60
部分放電試験 ···························259, 274
プラスチック絶縁材料 ····················249

フラッシオーバ ···················242, 245, 246
フラッシオーバ電圧 ····················245, 246
ブランケット ·······································151
フランシス形 ··49
フランシス水車 ················46, 47, 53, 54, 57
不良碍子 ···248
プルサーマル ·····································177
プルトニウム ···························151, 176, 177
プルトニウム 239 ················142, 150, 151
ブルネイ産 LNG ································93
ブレイトンサイクル ·····························82
プレート ··18
プレハブ式接続部 ···························257
プロセス ···143
プロパン ···12
プロペラ形 ···49
プロペラ水車 ··················46, 48, 53, 54
フロン ···112
分解点検 ···59
分子 ···························7, 66, 68, 69, 135
分離回収 ···176
噴流 ···46
分路リアクトル ··································266

へ

閉曲線 ·······································74, 75
平均エネルギー ································141
平衡 ···66
閉鎖時間 ···57
並進運動 ···································7, 66
平水量 ··40, 41
平和目的 ···131
平和利用 ···131
ベース負荷 ·······························26, 127
ベース負荷用 ···································155

索　引

- β 線 ………………… 135, 157, 160, 163
- β 崩壊 ……………………………… 156, 157
- ベーン ……………………………………… 47
- ベクレル ………………………………… 160
- 別置式 …………………………………… 27
- ヘッドタンク …………………………… 44
- ヘリウム …………………………… 132, 133
- ヘリウムガス …………………………… 146
- ヘリウム原子 ……………………… 132, 133
- ヘリウム原子核 …………………… 133, 134
- ヘリウム原子核の結合エネルギー … 134
- ヘルシンキ議定書 ……………………… 108
- ペルトン水車 …………… 46, 47, 53, 54, 55
- ベルヌーイの定理 ……………… 35, 36, 37
- ペレット ……………………… 148, 164, 176
- 変圧器 ………………………………………
  261, 262, 263, 264, 265, 266, 277, 278, 279, 281
- 変圧器の変台装柱 ……………………… 279
- 変圧器容量 ……………………………… 264
- 変位 ………………………………………… 6
- 変換 ………………………… 10, 27, 30, 97, 143
- 変換効率 ………………………………… 19
- 変質 ……………………………………… 163
- 変台装柱 ………………………………… 279
- ベンチュリー管 ……………………… 37, 38
- 変電機器 ………………………………… 271
- 変電所 ………………………………………
  237, 248, 251, 261, 262, 263, 264, 268, 272, 273
- 変電所母線 ……………………………… 262
- 変流器 …………………………………… 271

ほ

- ボイド …………………………………… 251
- ボイラ ………………………………………
  63, 66, 72, 86, 87, 88, 89, 90, 91, 100, 106, 107 110, 126
- ボイラ水 ………………………………… 91
- 崩壊定数 ………………………………… 157
- 崩壊熱 …………………………………… 18
- 防災 ………………………… 43, 44 156, 164
- 防災性 …………………………… 251, 260
- 防災対策 ………………………………… 125
- 放射壊変 ………………………………… 156
- 放射性核種 ……… 156, 157, 158, 159, 160
- 放射性気体 ……………………………… 150
- 放射性元素 ……………………………… 160
- 放射性同位元素 ………………………… 132
- 放射性廃棄物 ……… 125, 127, 174, 176, 177
- 放射性物質 …………………………………
  18, 150, 164, 165, 171, 172, 174, 178
- 放射性物質の放出 ……………………… 171
- 放射性崩壊 ………………… 156, 157, 158, 160
- 放射性捕獲 ………………………… 136, 138
- 放射線 ………………………………………
  127, 149, 156, 160, 161, 162, 163, 164, 165, 172
- 放射線管理 ……………………………… 164
- 放射線源 ………………………………… 160
- 放射線障害 ……………………………… 164
- 放射線の管理 …………………………… 156
- 放射線の特性 …………………………… 156
- 放射線被曝 ………………………… 163, 172
- 放射線モニター ………………………… 164
- 放射線モニタリング …………………… 164
- 放射線量 …………………………… 160, 164
- 放射線レベル …………………………… 164

放射能	127, 153, 160, 173, 176	ポリエチレン絶縁ケーブル	260
放射能汚染	152, 174	ポリプロピレン	266
放射能漏れ	149, 164	ポリプロピレンフィルム	250, 266
放射能レベル	178	ボルツマン定数	66
放出	77, 165	本線・予備線方式	277
放出粒子	135, 136	ポンプ	27, 49
豊水量	40, 41	ポンプ水車	27, 29, 49
放水路	26, 44	ポンプ水車式	27
ホウ素	149		

ま

膨張	79, 80, 81	埋設式	45
放電	10	埋設処分	178
放電路	268	埋蔵量	13
飽和圧力	83, 85	マイヤー	7
飽和温度	83, 86	巻線	60, 264
飽和蒸気	72, 83, 84, 89, 91	巻線内絶縁	265
飽和蒸気線	85	マグマ	18
飽和水	72, 83, 86, 87, 91	マクロ断面積	137
飽和水線	85	摩擦力	7
ボールソケット型	244	マントル	18
捕獲	136	マンハッタン計画	131

み

捕獲断面積	138, 140	ミクロ断面積	136, 137
保護	261	水	33
保守	25, 26, 248, 259, 273	水トリー劣化の有無	259
保守監視作業	274	水の圧縮率	30
保守監視システム	262	水の三重点	66
保守作業	248	水の通路	44
保守点検	48	水の粘度	30
保障措置	181	水の密度	32
保障措置協定	181	水の力学的性質	25, 30
母線	261, 262, 263, 271, 277	密度	30, 32, 35, 38, 136
母線方式	261	密閉型変電所	262
保存	136	美浜	153
ポテンシャルエネルギー	6, 7, 8	美浜原子力発電所	131, 173
ポリエチレン	251		

索引

む

無圧水路	44
ムーンライト計画	215
無煙炭	11, 93
無限増倍率	142
無拘束速度	52, 53
無効放流	26
無負荷	52
無負荷状態	52

め

メタン	12, 93, 112
メタンガス	65

も

モータ	10
モータ負荷	286
モールド	257
モールド絶縁体	259
木材	11
木柱	279
モジュール効率	187
モニタリングスポット	164
モル質量	137
モル数	70
漏れ電流の測定	259

ゆ

油圧	259
有効落差	28, 39, 50, 52
融点	67
誘電正接	250, 259
誘電正接の測定	60, 259
誘電体損	252, 254
誘電体損失	251
誘電特性	250
誘電率	250, 260
誘導放射性核種	158, 159
油隙	265
油浸クラフト紙	265
油浸紙	249
油浸紙絶縁体	250
油浸プレスボード	265
油層	13
油通路	250, 256
油田	13
油止め接続部	256
ユニット方式	262
油入開閉器	282
油入変圧器	263
油量のチェック	259

よ

陽子	9, 10, 132, 133, 134, 135, 156, 157
陽子数	132
陽子線	163
揚水式発電所	27
揚水発電	27
揚水発電所	27, 28, 29, 42, 49, 60
揚程	29, 47
陽電子	157
溶融岩石	18
溶融炭酸塩形	229
容量	264
横軸型	57
予混合燃焼器	105, 106
余剰電力	27
余水吐き	44
より線	244
4因子公式	142

ら

雷サージ	242, 246, 272

ライフサイクル……………………127
落差……
　25, 26, 38, 46, 47, 48, 49, 50, 51, 57, 60, 61
ラド………………………………161
ランキンサイクル…63, 83, 86, 87, 88, 89
ランナー………………46, 47, 48, 50, 54
ランナーバンド……………………47
ランナーベーン……………………47

り

リアクトル…………………………266
リード絶縁…………………………265
離隔距離……………………………246
力学エネルギー………………5, 6, 10
力学的エネルギー……
　　　　8, 21, 27, 30, 45, 79, 83, 100
力学的エネルギー保存の法則………67
力学的仕事……
　1, 6, 7, 67, 68, 72, 73, 75, 78, 79, 86, 95
力学的仕事量………………………68
力学的性質…………………………31
力学的特性…………………………34
力学的な仕事……………………73, 75
力率改善……………………………266
理想気体………………70, 72, 77, 78, 83
理想気体の状態方程式………………70
理想流体……………………………35
リチウム…………………………132, 133
立地地点の選定……………………60
流管……………………………34, 35
流況曲線…………………………40, 60
硫酸イオン…………………………107
粒子…………………………………66

粒子数………………………………70
粒子線………………………………160
流出…………………………………164
流水…………………………………40
流線……………………………31, 34
流線上…………………………34, 36
流速………………17, 30, 34, 35, 50
流速計………………………………40
流速測定……………………………40
流体………………30, 31, 32, 34, 35
流体のエネルギー……………36, 201
流体の粘度…………………………31
流体の密度…………………………34
流量……
　17, 34, 37, 38, 39, 40, 41, 46, 48, 50, 53, 60, 61
理論空気量…………………………94
理論酸素量…………………………94
理論水力……………………………53
臨界………………141, 152, 155, 173
臨界圧………………………………91
臨界圧力……………………………85
臨界温度……………………………85
臨界事故……………………………172
臨界状態……………………………172
臨界超過……………………………141
臨界点………………………………85
臨界未満……………………………141
臨界量………………………………173
リン酸形……………………………229
臨時巡視……………………………59
臨時点検……………………………274

れ

励起作用……………………………163

索　引

励起状態 …………………………………… 136
冷却系 ……………………………………… 152
冷却材 ………………………………………
　　　　146, 148, 149, 150, 151, 152, 153
瀝青炭 …………………………………… 11, 93
レギュラーネットワーク方式 … 276, 277
劣化 …………………………… 251, 253, 274
劣化状況 …………………………………… 59, 60
劣化診断法 ………………………………… 60
連鎖反応 …………………………………… 139
連続の式 ………………………………… 34, 36, 37
連絡線方式 ………………………………… 277

ろ

炉心 …………………………… 150, 151, 164, 166
炉心溶融 …………………………………… 165
炉心溶融事故 ……………………………… 172
六ヶ所村 …………………………………… 176, 177
ロックフィルダム ………………………… 43
ロボット工学 ……………………………… 25

―― 著 者 略 歴 ――

関井　康雄（せきい　やすお）
1936年生まれ
1965年　東京大学大学院数物系研究科電気工学専攻修士課程修了
　　　同年　日立電線株式会社　入社
1994年～2007年　千葉工業大学工学部電気電子情報工学科教授
　　　　現在（2018年1月）一般社団法人電線総合技術センター顧問
　　　　工学博士，技術士（電気電子部門），
　　　　電気学会上級終身会員，IEEJプロフェッショナル，
　　　　IEEE（米国電気電子学会）Life Fellow

脇本　隆之（わきもと　たかゆき）
1964年生まれ
2007年　千葉工業大学工学部電気電子工学科教授
　　　　博士（工学）東京大学
　　　　電気学会，IEEE（米国電気電子学会），
　　　　CIGRE（国際大電力システム会議）会員
　　　　JHILL（日本高電圧・インパルス試験所委員会），JAB（日本適合性認定協会），
　　　　ならびにIAJAPANなどで活動中

● 執筆担当
　　第1章～第4章・第7章　　　関井　康雄
　　第5章・第6章　　　　　　　脇本　隆之

©Yasuo Sekii, Takayuki Wakimoto 2018

改訂2版 エネルギー工学

2011年1月5日	第1版第1刷発行
2012年1月20日	改訂第1版第1刷発行
2018年3月1日	改訂第2版第1刷発行
2024年2月8日	改訂第2版第2刷発行

著 者 関井 康雄（せき い やす お）
　　　　脇本 隆之（わき もと たか ゆき）

発行者 田中 聡

発行所
株式会社 電気書院
ホームページ　www.denkishoin.co.jp
（振替口座　00190-5-18837）
〒101-0051　東京都千代田区神田神保町1-3 ミヤタビル2F
電話(03)5259-9160／FAX(03)5259-9162

印刷　株式会社 サンエムカラー
Printed in Japan／ISBN978-4-485-30256-9

・落丁・乱丁の際は，送料弊社負担にてお取り替えいたします．

JCOPY 〈出版者著作権管理機構 委託出版物〉

本書の無断複写（電子化含む）は著作権法上での例外を除き禁じられています．複写される場合は，そのつど事前に，出版者著作権管理機構（電話：03-5244-5088，FAX：03-5244-5089，e-mail：info@jcopy.or.jp）の許諾を得てください．また本書を代行業者等の第三者に依頼してスキャンやデジタル化することは，たとえ個人や家庭内での利用であっても一切認められません．

書籍の正誤について

万一，内容に誤りと思われる箇所がございましたら，以下の方法でご確認いただきますようお願いいたします．

なお，正誤のお問合せ以外の書籍の内容に関する解説や受験指導などは**行っておりません**．このようなお問合せにつきましては，お答えいたしかねますので，予めご了承ください．

正誤表の確認方法

最新の正誤表は，弊社Webページに掲載しております．「キーワード検索」などを用いて，書籍詳細ページをご覧ください．

正誤表があるものに関しましては，書影の下の方に正誤表をダウンロードできるリンクが表示されます．表示されないものに関しましては，正誤表がございません．

弊社Webページアドレス
https://www.denkishoin.co.jp/

正誤のお問合せ方法

正誤表がない場合，あるいは当該箇所が掲載されていない場合は，書名，版刷，発行年月日，お客様のお名前，ご連絡先を明記の上，具体的な記載場所とお問合せの内容を添えて，下記のいずれかの方法でお問合せください．

回答まで，時間がかかる場合もございますので，予めご了承ください．

郵送先　〒101-0051
東京都千代田区神田神保町1-3
ミヤタビル2F
㈱電気書院　出版部　正誤問合せ係

ファクス番号　**03-5259-9162**

弊社Webページ右上の「**お問い合わせ**」から
https://www.denkishoin.co.jp/

お電話でのお問合せは，承れません

(2021年6月現在)